面向"十二五"示范应用型高校规划教材

生物质能源工程

主编　孙传伯

参编　陈存武　贾玉成

张传海

合肥工业大学出版社

图书在版编目(CIP)数据

生物质能源工程/孙传伯主编．—合肥：合肥工业大学出版社，2015.9
ISBN 978-7-5650-2294-4

Ⅰ.①生…　Ⅱ.①孙…　Ⅲ.①生物能源—教材　Ⅳ.①TK6

中国版本图书馆CIP数据核字(2015)第153787号

生物质能源工程

孙传伯　主编　　　　责任编辑　马成勋

出　版	合肥工业大学出版社	版　次	2015年9月第1版
地　址	合肥市屯溪路193号	印　次	2015年9月第1次印刷
邮　编	230009	开　本	710毫米×1000毫米　1/16
电　话	理工编辑部：0551-62903200	印　张	15.75
	市场营销中心：0551-62903198	字　数	310千字
网　址	www.hfutpress.com.cn	印　刷	合肥杏花印务股份有限公司
E-mail	hfutpress@163.com	发　行	全国新华书店

ISBN 978-7-5650-2294-4　　　定价：32.00元

序　言

生物质能源工程是高等学校生物工程、能源工程、环境工程等相关专业的重要专业核心课程。2010年，皖西学院生物工程专业列为安徽省高校质量工程省级特色专业（项目编号20100869）、生物工程专业综合实验教学团队列为省级教学团队（项目编号20100872）、生物工程教育部专业综合改革试点，根据皖西学院示范应用型人才培养目标要求和生物工程省级特色专业、教育改革示范专业建设规划，我们着力进行了生物工程专业的课程体系和实践教学模式改革，整合力量，组织编写了《植物生物技术》、《微生物发酵工程》、《蛋白质与酶工程》、《生物质能源工程》、《植物天然产物开发》等专业核心课程的系列教材和实验用书。

本书涵盖了生物质能源工程的重要领域，内容包括可再生能源与生物质能源、沼气工程、燃料乙醇工程、生物柴油工程、生物质气化、液化和致密成型、生物制氢及能源生态等主要部分，简明扼要地介绍了生物能源发酵技术的基本原理、技术方法和工程实践，理论联系实际，突出案例教学与实践认知，并兼顾到知识的延伸拓展，介绍一些较新的前沿动态，力求形成自己的特色。

本书由皖西学院孙传伯老师担任主编，皖西学院陈存武老师，六安市环境监测中心站贾玉成老师，武夷学院张传海老师参与了本书编写。

本书可作为高等学校生物工程和相关专业本科生的教材，也可供有关专业的教学工作者、科学工作者和工程技术人员参考使用。

本书在组织和编写过程中，得到了皖西学院优秀青年人才项目（WXYQ1307）、安徽省高校自然科学基金项目（KJ103762015B15）和安徽省质量工程省级规划教材项目（2013ghjc252）的支撑，特此致谢。

由于编者水平有限，书中难免会有错误或不妥之处，恳请读者不吝赐教，提出宝贵意见。

编　者

2015年8月

目 录

第一章　可再生能源与生物质能源

第一节　可再生能源与生物质能源概况

一、可再生能源

可再生能源（Renewable Energy）为来自大自然的能源，例如太阳能、风力、潮汐能、地热能等，是取之不尽，用之不竭的能源，会自动再生，是相对于会穷尽的不可再生能源的一种能源。根据国际能源署可再生能源工作小组，可再生能源是指“从持续不断地补充的自然过程中得到的能量来源”。可再生能源泛指多种取之不竭的能源，严谨来说，是人类有生之年都不会耗尽的能源。可再生能源不包含现时有限的能源，如化石燃料和核能。各种主要可再生能源的形式有太阳能、风能、水能、生物质能、地热能、海洋能等。

1. 太阳能

太阳能一般是指太阳光的辐射能量，在现代一般用作发电。自地球形成生物就主要以太阳提供的热和光生存，而自古人类也懂得以阳光晒干物件，并作为保存食物的方法，如制盐和晒咸鱼等。

太阳能的利用有被动式利用（光热转换）和光电转换两种方式。主动式太阳能技术，包括利用太阳能光伏板和太阳能集热器储存能量。被动式太阳能技术，包括导向建筑物在阳光下，选择材料具有良好的热质量或光分散性能和设计自然空气流通的空间。太阳能发电一种新兴的可再生能源。广义上的太阳能是地球上许多能量的来源，如风能，化学能，水的势能，化石燃料可以称为远古的太阳能。其他太阳能应用的部分可包括通过太阳能建筑、采光、太阳能热水、太阳能烹调、高温工艺散热和用于工业用途的空间加热和冷却。

2. 风能

空气中随着温度高低，气流会移动，即为“风”，风力发电机利用风能可以转变成机械能，再将机械能转成电能，现代的风力发电机一开始系由丹麦研究进入商业运行，起始于 20 世纪 70 年代后期的石油危机，丹麦意识到自己国家缺乏自产能源，高度仰仗进口能源将危害国家中长期发展，所以在此危机意识下，大力推动风力发电。现代的风机在 1980 年后至今有突飞猛进的进步，不论在技术的进步以及成本的下降，都足以和传统电能分庭抗礼。现代风机的单机容量在 1.5～3MW 之间。由于风的能量与其速度为 2 的立方比（8 倍），所以风速增加一些些，其能产生的能量就大得许多。风力发电从 2000 年至 2007 年成长 5 倍，每年以 30％成长当中，至 2010 年的全球装机容量为 175GW。最近数年来，中国是异军突起的黑马，中国风机安装数量激增，从过去二十年来累积（1980－2001 年）的 400MW，一下子近四年来（2007－2010 年），单年就分别安装了 3GW，6GW，13.8GW，19GW，现在达到总安装容量达 44.7GW，不论是去年单年安装容量或截至去年的累积容量，中国都荣登世界冠座，而且国内自己的厂商的市占率近 90％。

在风能的发展值得一提的是位于海上的离岸风电场，由于海上的风更强以及更加持续稳定，而且海上面积大，所以离岸风电场的规模接近传统电厂，唯技术上及经济上都有一些尚待克服的障碍。不过，离岸风电场想必是未来再生能源发展不可或缺的一环。

3. 水能

在水中的能量亦为人类所驱，因为水比空气的密度高 800 倍，即使是慢慢流的水都可以产生很大的能量。目前基本上有多种水力使用方式如：堤坝式水电厂、引水式水电厂、混合式水电厂、潮汐水电厂、海流水电厂、抽水蓄能电厂等。虽然水力发电，在种种再生能源中历史最为悠久，但相关技术仍然有不少更新的潜力。

4. 地热能

地热能是由地壳抽取的天然热能，这种能量来自地球内部的熔岩，并以热力形式存在，是引致火山爆发及地震的能量。地球内部的温度高达摄氏 7000 度，而在 80 至 100 公里的深度处，温度会降至摄氏 650 度至 1200 度。透过地下水的流动和熔岩涌至离地面 1 至 5 公里的地壳，热力得以被转送至较接近地面的地方。高温的熔岩将附近的地下水加热，这些加热了的水最终会渗出地面。运用地热能最简单和最合乎成本效益的方法，就是直接取用这些热源，并抽取其能量。

5. 海洋能

海洋能源（有时也简称为海洋能）是指由海浪、潮汐、海水盐度的和海洋温度的差异产生能量。海洋能是一种新兴技术，地球上的海洋运动提供庞大的动能力量或运动中的能量。可以利用这种能量发电，以供家庭、运输和工业用电。

6. 生物质能

生物质能是指能够当作燃料或者工业原料，活着或刚死去的有机物。生物质能最常见于种植植物所制造的生质燃料，或者用来生产纤维、化学制品和热能的动物或植物。也包括以生物可降解的废弃物（Biodegradable waste）制造的燃料。但那些已经变质成为煤炭或石油等的有机物质除外。

随着时间的推移，可再生能源一般越来越便宜，而化石燃料变得越来越昂贵。在2011年国际能源署（IEA）的一份报告说："成本竞争力的可再生能源技术的投资组合变得日益广泛的情况下，在某些情况下提供的投资机会，而不需要具体的经济支持，在关键技术上成本的降低，如风能和太阳能等，都将继续下去。"

二、生物质能概况

生物质是指利用大气、水、土地等通过光合作用而产生的各种有机体，即一切有生命的可以生长的有机物质通称为生物质。它包括植物、动物和微生物。生物质广义包括所有的植物、微生物以及以植物、微生物为食物的动物及其生产的废弃物。有代表性的生物质如农作物、农作物废弃物、木材、木材废弃物和动物粪便。生物质狭义主要是指农林业生产过程中除粮食、果实以外的秸秆、树木等木质纤维素、农产品加工业下脚料、农林废弃物及畜牧业生产过程中的禽畜粪便和废弃物等物质。

生物质能就是太阳能以化学能形式贮存在生物质中的能量形式，即以生物质为载体的能量。它直接或间接地来源于绿色植物的光合作用，可转化为常规的固态、液态和气态燃料，取之不尽、用之不竭，是一种可再生能源，同时也是唯一一种可再生的碳源。生物质能的原始能量来源于太阳，所以从广义上讲，生物质能是太阳能的一种表现形式。目前，很多国家都在积极研究和开发利用生物质能。生物质能蕴藏在植物、动物和微生物等可以生长的有机物中，它是由太阳能转化而来的。有机物中除矿物燃料以外的所有来源于动植物的能源物质均属于生物质能，通常包括木材及森林废弃物、农业废弃物、水生植物、油料植物、城市和工业有机废弃物、动物粪便等。地球上的生物质能资源较为丰富，而且是一种无害的能源。地球每年经光合作用产生的物质有1730亿吨，其中蕴含的能量相当于全世界能源消耗总量的10～20倍，但目前的利用率不到3％。

第二节 世界能源的趋势及政策

一、世界能源趋势

1. 2013 年世界能源消费结构与可再生能源发电行业利用

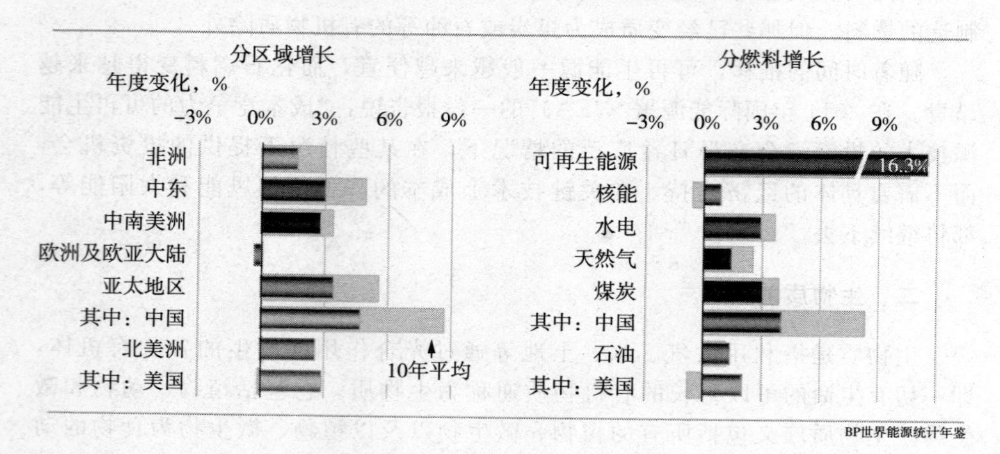

图 1－1　2013 年世界能源消费结构（来自 BP 能源统计）

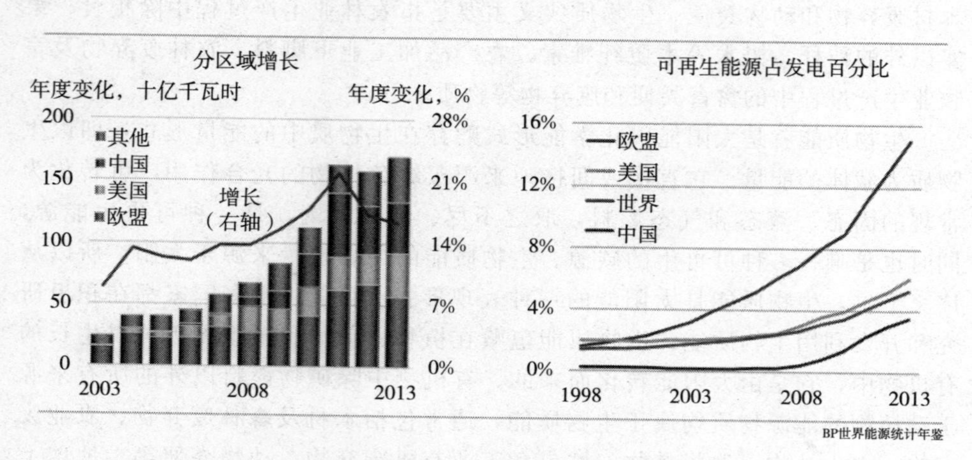

图 1－2　2013 年非化石能源发电行业利用（来自 BP 能源统计）

2. 全球风电发展特征

风力发电是目前技术最成熟和最具商业应用价值的可再生能源之一，与传统能源相比，风力发电有着清洁、安全、可再生等优点。在忽略火力发电环境治理投资和运营费用的基础上，“成本过高”曾经被认为是风电的弱点，但作为全球减排的最重要手段之一，风力发电的经济性受到越来越多的关注，随着风电在能源供应中的比例日益增大，各风电运营企业不断提高成本意识，致力于减少风电与传统电力间的成本差异，推动产业发展。风电产业在全球普及的程度有所提高，目前已有100多个国家开始发展风电，但主要市场还是相对集中，并受欧洲、亚洲和北美的主导，根据全球风能理事会的统计数据，2007年上述三个地区在全球风电累计装机容量中占据97.62%比例，至2013年底，依然保持96.91%的比例。从国家来看，截至2013年底，全球前十大风电装机容量国家合计装机容量占全球总量的84.8%，其中前五大国家合计占全球总量的72.2%。2013年全球前十大新增装机容量国家新增容量合占全球新增总量的81.0%，其中前五大国家新增装机容量合计占全球总量的69.2%。

除了欧洲、北美、亚洲之外，非洲和拉丁美洲也显现出快速发展的迹象。根据全球风能理事会的预测，拉丁美洲风机装机容量在2010年至2015年间将56.75%的年复合增长率，其中巴西和墨西哥是拉丁美洲风电发展较集中的地区。根据全球风能理事会（Global Wind Energy Council）统计数据，在2001年至2013年间，全球风电累计装机容量的年复合增长率为24.08%，累计总装机容量从截至2001年12月31日的23，900MW增至截至2013年12月31日的318，137MW。

3. 世界范围内新能源和可再生能源科学技术投资构成

目前世界范围内，对新能源与可再生能源的开发都非常重视，对其在技术领域的投资见图1－4.

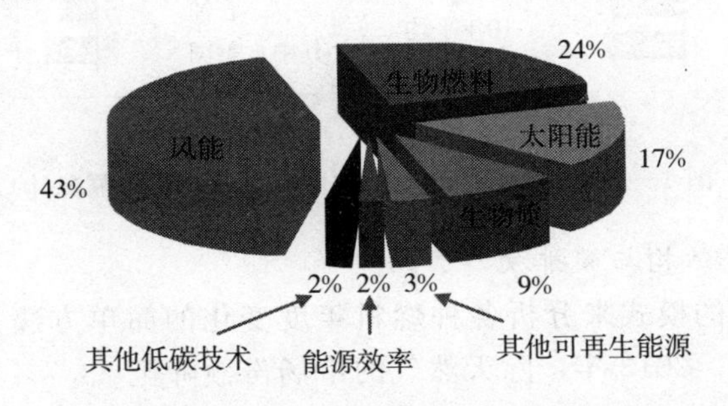

图1－3 世界范围内新能源和可再生能源科学技术投资构成（2009年统计）

4. 2008年各类发电技术的投资比较分析

图1－5从沼气发电、风电、水电、太阳能、核能、燃料电池、生物质发电、光伏发电、液体燃料发电等方面对新能源发电技术投资作一个详细的比较。

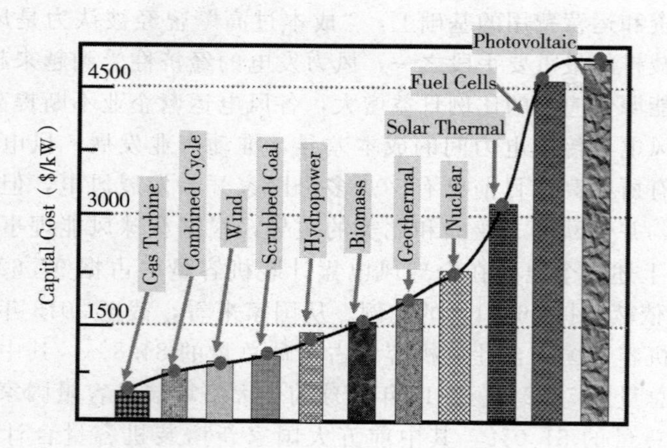

图 1－4　2008 年各类发电技术的投资比较（来源 BP 能源）

5. 2013 年世界能源消费

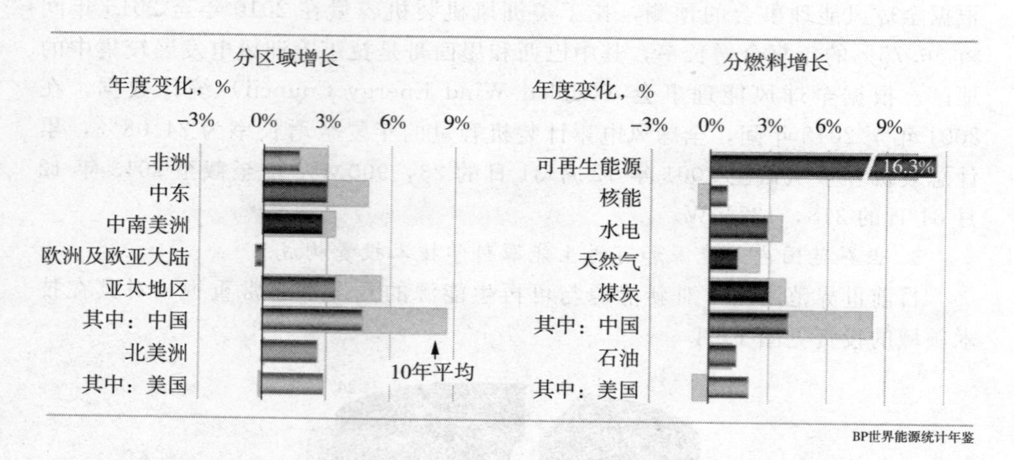

图 1－5　世界能源消费结构图（来源 BP 能源统计）

6. 全球燃料结构与碳排放

以协调一致的模式来分析各种燃料年度变化的简单方法是探讨其对全球燃料结构的影响。2013 年，除天然气的市场份额降至 23.7％外，其他各种燃料的市场份额都进入了不常见的区间。石油的市场份额降至 32.9％，是我们建立数据集以来的新低，并延续了 1973 年首次石油危机以来连续 40 年的下降趋势。随着非经合组织工业化开始火力全开，煤炭的市场份额延续了 2002 年开始的稳步攀升曲线，并再创新高。煤炭的市场份额增至 30.1％，达到 1970 年以来的最高水平。

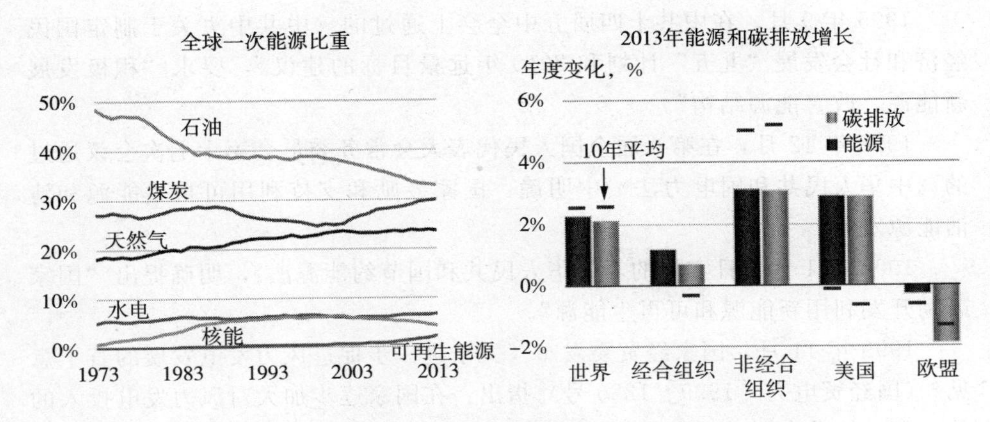

图 1-6　全球燃料结构与碳排放趋势（BP 能源）

7. 我国可再生能源装机容量及目标

表 1-1　中国可再生能源装机容量及目标

类型	2007 装机	2020 发改委目标
水电	145GW	300GW（包括 75GW 小水电）
风电	6GW	30GW
太阳能光伏	100MW	1.8GW
太阳能热水器	1.3 亿平方米	3 亿平方米
生物质能发电	3GM	30GW
沼气	99 亿平方米	440 亿立方米
生物固体燃料	无	5000 万吨
生物酒精	16 亿公升	127 亿公升
生物柴油	1.19 亿公升	24 亿公升
地热能	32GW（电力）	12m tce
潮汐能	无	100MW

二、中国新能源法律政策

1995 年 1 月，国家计委、国家科委、国家经贸委制订的《1996－2010 年新能源和可再生能源发展纲要》，明确了要按照社会主义市场经济的要求，加快新能源和可再生能源的发展和产业建设步伐。

1995年9月，在中共十四届五中全会上通过的《中共中央关于制定国民经济和社会发展“九五”计划和2010年远景目标的建议》，要求“积极发展新能源，改善能源结构”。

1995年12月，在第八届全国人民代表大会常务委员会第十七次会议通过的《中华人民共和国电力法》中明确：国家鼓励和支持利用可再生能源和清洁能源发电。

1998年1月1日实施的《中华人民共和国节约能源法》，明确提出“国家鼓励开发利用新能源和可再生能源”。

1999年11月，国家经贸委发布《关于进一步促进风力发电发展的若干意见》（国经贸电力［1999］1286号）指出：在国家逐步加大对风力发电投入的基础上，鼓励多渠道融资发展风力发电，允许国内外企业和投资者投资风电场建设。

2000年8月，国家经贸委资源节约与综合利用司颁布的《2000－2015年新能源和可再生能源产业发展规划》，系统分析了以新能源和可再生能源为基础的能源产业发展、市场发展、预期效益、制约因素和问题，并从以下几个阶段来规划新能源和可再生能源发展。

第一阶段：2000－2005年。逐步建立新能源和可再生能源系统和经济激励措施，以适应行业管理体制的制定；建立和实施质量保证、监测、服务体系；加大对重点行业，重点产品的扶持力度，促进产业发展；新能源和可再生能源的开发和利用占全部商品能源消费量的0.7%，达到1300万吨标准煤。

第二阶段：2006－2010年。提高可再生能源产业的配套技术服务体系，进一步规范市场；完善新能源和可再生能源经济激励制度。新能源和可再生能源的开发将达到2500万吨标准煤，占商品能源消费总量的12.5%。

第三阶段：2011－2015年。新能源和可再生能源技术的大规模应用，大部分产品实现商业化生产；完善新能源和可再生能源产业体系，使之成为中国国民经济的一个重要新兴产业，其产值达到670亿人民币；新能源和可再生能源的开发将达到4300万吨标准煤，占当时能源消费总量的2%。

2002年6月实施的《中华人民共和国清洁生产促进法》，提出了清洁生产的概念。清洁生产是指不断采取改进设计，使用清洁的能源和原料，采用先进的技术和设备，改进管理措施，提高利用率等，在源头上减少污染；减少或避免污染物的产生和排放，以减少或消除对人类健康环境的危害。法律规定税收激励和清洁生产的目标和标准。

2005年2月第十届全国人民代表大会常务委员会第十四次会议通过并实施的《中华人民共和国可再生能源法》（2006年1月1日起开始实施），确定了可再生能源的范围，鼓励和支持可再生能源并网发电，同时规定对上网电价进行管制。

2005年7月，国务院发布了《国务院关于加快发展循环经济的若干意见》，制定了对节水、节能、环保装备的技术支持目录，规定运用价格杠杆促进节能、节水和控制污染，制定支持循环经济发展的财税和收费政策。

2006年3月发布的《中华人民共和国国民经济和社会发展第十一个五年规划纲要》，明确了全面落实科学发展观，建设资源节约型和环境友好型社会的目标。

2006年9月，由财政部、国家发展改革委、农业部、国家税务总局、国家林业局等五部委发布的《关于发展生物能源和生物化工财税扶持政策的实施意见》（财建［2006］702号），重点推进生物燃料乙醇、生物柴油、生物化工新产品等生物石油替代品的发展，同时合理引导其他生物能源产品发展。鼓励利用秸秆、树枝等农林废弃物，利用薯类、甜高粱等非粮农作物，小桐子、黄连木等木本油料树种为原料加工生产生物能源，鼓励开发利用盐碱地、荒山和荒地等未利用土地建设生物能源原料基地。促进实现粮食安全与能源安全的“双赢”局面。

2007年6月国务院常务会议通过的《可再生能源中长期发展规划》指出可再生能源包括水能、生物质能、风能、太阳能、地热能和海洋能等，资源潜力大、环境污染低、可永续利用，是有利于人与自然和谐发展的重要能源，鼓励生产和消费可再生能源，提高在一次能源消费中的比重。促进节能减排，积极应对气候变化，更好地满足经济和社会可持发展的需要。

2007年10月实施的《中华人民共和国节约能源法（修正案）》，其改进之处包括：提高能源利用效率，反映了市场调节与政府管理相结合，增强了法律的针对性和可操作性，提高了能效标准和监管体系，加大政策激励力度。

2008年8月，《中华人民共和国循环经济促进法》明确了循环经济概念。所谓循环经济是指生产、流通和消费过程中进行的减量化、再利用、资源化活动的总称。国务院循环经济发展综合管理部门会同国务院环境保护等有关主管部门编制全国循环经济发展规划，并制定具体措施。

2009年3月，财政部、住房和城乡建设部联合发布了《关于加快推进太阳能光电建筑应用的实施意见》（财建［2009］128号）指出：中国太阳能源资源丰富，开发利用太阳能是提高可再生能源应用比重，调整能源结构的重要抓手。

2009年8月《可再生能源法修正案（草案）》发布，此草案的几个重要内容包括：中国的可再生能源发电将全面获得政府补贴，可再生能源发电电价管理也将进一步提高；设立一个关于可再生能源发展的基金；草案还对可再生能源发电全额保障性收购制度进一步完善，需要国家有关部门制定年度采购目标和实施计划，确定并公布对电网企业的可再生能源发电量应达到的最小目标，充分保护可再生能源的发电量，电网企业用可再生能源发电项目不得低于最低目标线。

2010 年 1 月，国家能源局、国家海洋局联合发布《国家能源局发布海上风电开发建设管理暂行办法》（国能新能［2010］29 号），强调要规范海上风电项目开发建设管理、促进海上风电有序开发、规范建设和持续发展；海上风电发展规划应当与全国可再生能源发展规划、海洋功能区划、海洋经济发展规划相协调。

2010 年 9 月《中国清洁发展机制基金管理办法》发布，强调以基金带项目，以项目促方案，以资金保证方案有效执行，促进节能减排、发展新能源等一系列活动。

2010 年 10 月《国务院关于加快培育和发展战略性新兴产业的决定》中明确指出要加快培育和发展战略性新兴产业、构建国际竞争新优势，推动节能环保、新能源等新兴产业快速发展。积极开发新一代核反应堆技术和先进核工业的发展；加快太阳能热利用技术推广应用，开拓多元化的太阳能光伏光热发电市场；提高风力发电技术和设备水平，有序推进风能规模化发展，以适应新的智能电网体系建设和能源发展的运行，因地制宜地开发和利用生物质能。

2010 年 10 月，《中华人民共和国国民经济和社会发展第十二个五年规划纲要》中专辟章节论述促进清洁能源多元化发展：安全高效煤矿的发展，推动煤炭资源整合和煤矿企业兼并重组，大型煤炭企业集团的发展。推进煤制天然气，煤制液体燃料和煤基多联产研示范有序开展，稳步推进产业化。增加石油和天然气的勘探和开发力度，稳定国内石油产量，促进天然气产量快速增长，推进煤层气，页岩气等非常规油气资源开发利用。发展清洁高效，大容量燃煤机组，优先考虑利用城市的电厂、工业园区热电联产机组以及大型燃煤和煤矸石的电厂。在良好的生态保护和移民安置的前提下积极发展水电，重点推进水电站建设，因地制宜地开发水电资源，科学规划建设抽水蓄能电站。保证核电高效发展的安全基础。加强和支持网络建设，风电的有效发展。积极开发其他新能源，如太阳能、生物质能、地热能等，促进分布式能源系统的推广应用。

2011 年 3 月，《关于进一步推进可再生能源建筑应用的通知》中明确指出：要切实提高太阳能、浅层地热能、生物质能等可再生能源在建筑用能中的比重，到 2020 年，实现可再生能源在建筑领域消费比例占建筑能耗的 15% 以上。力争到 2015 年底，新增可再生能源建筑应用面积 25 亿平方米以上，重点区域内可再生能源消费量占建筑能耗的比例达到10%以下，形成常规能源替代能源3000万吨标准煤。

2011年3月，发展改革委令2011年第9号《产业结构调整指导目录(2011年本)》在鼓励类的“新能源”方向设置了10个方面的鼓励支持类目录，在“核能”方向设置了11个方面的鼓励支持类目录，在“电力”方向设置了24个方面的鼓励支持类目录。

2011年4月，发改委、财政部、商务部在《鼓励进口技术和产品目录(2011年版)》中与新能源有关的“鼓励引进的先进技术”有A54、A55、A64、A67、A68、A105、A119、A120、A134、A135、A136、A137、A138、A139、A140等15个方面；与新能源有关的“鼓励进口的重要装备”有B44（商品编码84145930)、B56（商品编码85044099）两个方面；与新能源有关的“鼓励发展的重点行业”有C7、C8、C9、C40四个方面；与新能源有关的“资源性产品、原材料”有D14（商品编码28441000）天然铀。

2012年2月，工信部发布了《太阳能光伏产业“十二五”发展规划》，进一步明确了光伏的建设重点和产量等。

2012年6月，国家能源局发布了《关于鼓励和引导民间资本进一步扩大能源领域投资的意见》，进一步鼓励民间资本进入新能源领域。

2012年7月，国家发改委制订了《可再生能源“十二五”发展规划》，明确了新能源的“十二五”规划布局和建设重点工作。

2013年7月，国务院下发了《关于促进光伏产业健康发展的若干意见》；国家发改委下发了《分布式发电管理暂行办法》。

根据近几年来国家颁布的法律，关于新能源方面的进行统计如下：

《中华人民共和国可再生能源法》

《中华人民共和国节约能源法》

《“十二五”能源发展规划纲要》

《可再生能源的中长期发展规划》

《可再生能源产业发展指导目录》

《可再生能源发电价格和费用分摊管理试行办法》

《可再生能源发电有关管理规定》

《可再生能源电价附加收入调配暂行办法》

《可再生能源发展专项资金管理暂行办法》

《生物质能开发利用的环境影响评价办法》

《生物质发电项目环境影响评价文件审查的技术要点》

《国家发改委、财政部关于加强生物燃料乙醇项目建设管理，促进产业健康发展的通知》

《国家发展改革委办公厅关于印发非粮生物液体燃料工作会议纪要的通知》

《非粮生物液体燃料工作会议纪要》

《可再生能源建筑应用专项资金管理暂行办法》

《可再生能源建筑应用示范项目评审办法》

《可再生能源与新能源国际合作计划》

三、国家与地方政府对可再生能源的财税支持

(1) 建立风险基金制度，实施弹性亏损补贴；

(2) 原料基地补助；

(3) 示范补助；

(4) 税收优惠。

第三节　能源相关概念及单位

一、新能源概念

(1) 能源：提供能量的自然资源。主要来自太阳辐射、地球内部的热能、核能及地球、月亮、太阳的相互作用四个方面。

(2) 可再生能源：一次能源中通过自然循环再生可持续重复使用的能源。

(3) 非再生能源：不可自然循环再生或短期内不可再生的能源。

(4) 新能源：又称非常规能源，是相对于常规能源而言的，泛指传统能源之外的各种能源形式，如太阳能、风能、地热能、海洋能、潮汐能和生物质能等。牛津词典解释：以不耗尽天然资源或危害环境的方式作为燃料的能源。

(5) 可再生能源：相对不可再生能源而言的，指具有自我恢复原有特性，并可持续利用的一次能源。包括太阳能、水能、生物质能、氢能、风能、波浪能以及海洋表面与深层之间的热循环等。地热能也可算作可再生能源。根据国际能源署可再生能源工作小组定义，可再生能源是指“从持续不断地补充自然过程中得到的能量来源”。可再生能源泛指多种取之不竭的能源，严谨来说，是人类有生之年都不会耗尽的能源。可再生能源不包含现时有限的能源，如化石燃烧和核能。

(6) 清洁能源：指在生产和使用过程、不产生有害物质排放的能源。包括可再生的、消耗后可得到恢复，或非再生的经洁净技术处理过的能源（如洁净煤油等）。

（7）生物质能：利用自然界的植物、粪便以及城乡有机废弃物转化成的能源。

（8）一次能源：指从自然界开采，直接被使用的能源，是自然资源（如煤炭、原油、阳光、铀等）中所蕴含的未经人为转化或转换的能源。

（9）二次能源：指由一次能源经过加工转换以后得到的能源，包括电能、汽油、柴油、液化石油气和氢能等。

二、常见能源的分类

按照新能源内部关系进行归类，分为四类分别是一类太阳能关系；二类属地球内部关系类；三类属核反应关系类；四类属星球相互作用关系类。其具体类别与其相互关系见表 1－4.

表 1－4　能源分类表

能源类别		一	二	三	四
一次能源	可再生能源	太阳能、风能、海洋能、水能、生物质能	地热能		潮汐能
	非再生能源	煤炭、石油、天然气		核能	
二次能源		焦炭、电力、汽油、沼气、煤气、液化气			

三、能源统计时使用的单位

（1）国际上多使用油当量吨 toe，1toe＝10000Kcal

（2）中国普遍使用煤当量吨 tce，1tce＝7000Kcal

（3）能源折标准煤的折算系数＝某种能源每千克实际热值/每千克标准煤热值（7000 千卡）；标准煤的计算目前尚无国际公认的统一标准，1 千克标准煤的热值，中国、苏联、日本按 7000 千卡计算，联合国按 6880 千卡计算。

（4）平均热值也称平均发热量，是指不同种类或品种的能源实测发热量的加权平均值。计算公式如下：

平均热值（千卡/千克）＝｛Σ（某种能源实测低位发热量）（千卡/千克）

×该能源数量（吨）｝/能源总量（吨）

第四节　生物质资源与能源利用特点

一、生物质能资源

1. 生物质能源概念

是太阳能以化学能形式储存在生物中的一种能量形式。

2. 生物质能主要形式

a. 木材及森林工业废弃物 b. 工业废弃物 c. 野生植物 d. 油料植物 e. 城市和工业有机废弃物 f. 动物粪便。

3. 生物质能的资源量

地球上生物数量巨大，地球上每年生长的生物能总量约 1400～1800 亿吨（干重），相当于目前世界总能耗的 10 倍；全球能源消费总量中，生物质能约占 14%，仅次于煤炭、石油、天然气，居第四位。

中国的生物质能资源：①秸秆，近年农村的秸秆年产量约 7 亿吨，相当于 5 亿吨标煤。②畜禽粪便，1999 年，我国畜禽粪便产生总量约为 19 亿吨，而同期全国各工业行业工业固体废弃物为 7.8 亿吨，畜禽粪便产生量是工业固体废弃物的 2.4 倍。

4. 生物质能的地位

(1) 世界能耗中的生物质能：约占 14%，仅次于煤炭、石油和天然气而居于世界能源消费总量第四位。不发达地区生物质能占 60%以上。约 25 亿人的生活能源的 90%以上是生物质能。全球秸秆年产量约 29 亿吨，其中小麦秸 21%，稻草 19%，大麦秸 10%，玉米秸 35%，黑麦秸 2%，燕麦秸 3%，谷草 5%，高粱 5%见图 1-7。

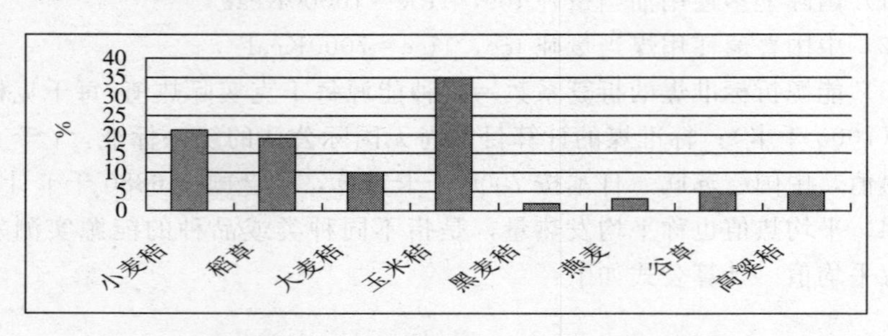

图 1-7　世界秸秆产量比例图（2009 年）

(2) 中国农村生活能源结构：具有发展中国家的特点，现阶段仍以秸秆和薪柴等生物质能为主。每年的秸秆产量为 7 亿吨到 8 亿吨。80%人口生活在农村，秸秆和薪柴等是农村主要生活燃料。2006 年，我国农村消费能源达

353M 吨标准煤当量，其中农村生活用能占 56%，而农村生活用能以秸秆、煤炭和薪柴为主，其中秸秆和薪柴的比重共达 57%，其次为煤炭 31%。当随着人民生活水平的提高，能源消费结构也在发生着变化，表 1－5 是 2014 年王效华等研究的典型农村能源的结构消费表。

（3）生物质能的应用前景：生物质能被普认为会成为未来可持续能源系统的重要组成部分。

① 中国高度重视沼气技术的开发与应用

据《中国的环境保护（2006 — 2010）》白皮书公布的数据，“十一五”期间，国家先后投入 75 亿元人民币，重点推广以沼气建设为纽带的能源生态模式。到 2010 年底，全国沼气用户已达 4000 多万户，年生产沼气 65 亿 m^3。国家大力发展畜禽养殖废弃物沼气工程，已建成 2200 多处，年处理畜禽粪便 6000 多万吨；建成生活污水净化沼气池 13.7 万处，秸秆气化集中供气工程 500 多处。我国的沼气利用近十年来得到了较大的发展。

③ 中国高度重视生物质液体燃料的开发

发改委能源研究所副所长韩文科在“第二届中国分布式能源国际研讨会（2006 年 5 月）”上预测，到 2020 年，我国生物质液体燃料将替代 1000 万吨中国成品油消费。届时可再生能源将为中国每年新增 4 至 5 亿吨标煤的能源供应能力，占中国能源消耗比重的 10%。

目前中国以玉米为原料的燃料乙醇年生产能力为 102 万吨，以甜高粱为原料的燃料乙醇试产规模为 5000 吨。而来自餐饮等行业废油回收或以麻疯树、黄连木、油菜籽等为原料的生物柴油的年生产能力大约为 2 万吨。中国已在黑龙江、吉林、辽宁、河南、安徽五省进行乙醇汽油试点工作。

5. 欧美高度重视生物质能开发

2006 年 3 月 14 日欧洲理事会（欧盟的主要组织机构之一）通过了一项新能源政策，成员国能源部长们在“2006 年春季欧洲理事会”上达成了共识。能源政策包括几个方面，如可再生能源、生物质能行动计划、生物量行动计划、能效和国内市场业务。法国制定的目标，2010 年让生物燃料比重占到所有燃料的 7%，2015 年达到 10%。英国计划可再生能源发电比例在 2010 年达到 10%，并在 2020 年翻一番。进入 21 世纪，美国的酒精汽油使用已得到普及。汽车燃料用酒精生产量 1980 年以后、年率平均 12%递增，到 1998 年达到了 14 亿加仑。2001 年美国汽油消费的 1%为酒精代用燃料。1999 年 8 月、克林顿总统颁布 13134 号令，推出了到 2010 年为止增加生物能源产业和生物能源消费 3 倍的方针。美国有关生物质能技术咨询委员会提出，2020 年美国生物质能液体燃料将可代替 10%的运输燃料，生物质发电量将占总发电量的 5%，虽然比例不高，但对于耗能巨大的美国来说其实际数量十分庞大。

表 1-5 典型县农村家庭年人均能源消费（引自2014农业工程学报）

		电力 Electricity	薪柴 Firewood	秸杆 Staik	煤炭 Coal	液化石油气 Liquefied petroleum gas	沼气 Biogas	总计 Total
景县 Jingxian	能源消费量 Energy consumption/MJ	2776. 0	2. 3	13074. 6	5743. 3	699. 3	—	22295. 5
	能源消费比例 Percent of energy consumption/%	12. 45	—	58. 65	25. 76	3. 14	—	100
金湖 Jinhu	能源消费量 Energy consumption/MJ	4158. 5	6832. 5	4254. 3	1. 8	807. 8	532. 6	16587. 4
	能源消费比例 Percent of energy consumption/%	25. 07	41. 19	25. 65	0. 01	4. 87	3. 21	100
上杭 Shanghang	能源消费量 Energy consumption/MJ	3077. 6	4263. 7	26. 1	—	897. 8	2167. 5	10435. 2
	能源消费比例 Percent of energy consumption/%	29. 49	40. 86	0. 28		8. 60	20. 77	100
舒兰 Shulan	能源消费量 Energy consumption/MJ	2272. 4	2472. 6	62504. 1	1611. 5	129. 3	17579. 0	86568. 8
	能源消费比例 Percent of energy consumption/%	2. 62	2. 86	72. 20	1. 86	0. 15	20. 31	100
新密 Xinmi	能源消费量 Energy consumption/MJ	2562. 0	80. 3	17. 3	3296. 8	847. 9	5477. 5	12281. 8
	能源消费比例 Percent of energy consumption/%	20. 86	0. 65	0. 14	26. 84	6. 91	44. 60	100

（续表）

		电力 Electricity	薪柴 Firewood	秸杆 Staik	煤炭 Coal	液化石油气 Liquefied petroleum gas	沼气 Biogas	总计 Total
云梦 Yunmeng	能源消费量 Energy consumption/MJ	2591.6	2305.5	3574.4	1164.2	841.8	148.6	10626.0
	能源消费比例 Percent of energy consumption/%	24.39	21.70	33.63	10.96	7.92	1.40	100
渭源 Weiyuan	能源消费量 Energy consumption/MJ	1170.3	2199.4	6361.4	5005.3	36.3	23267.2	38040.0
	能源消费比例 Percent of energy consumption/%	3.08	5.78	16.72	13.16	0.10	61.16	100
潼南 Tongnan	能源消费量 Energy consumption/MJ	1926.3	9185.2	4955.1	7.6	622.5	270.2	16967.0
	能源消费比例 Percent of energy consumption/%	11.35	54.14	29.20	0.04	3.67	1.60	100
平均 Average	能源消费量 Energy consumption/MJ	2567.0	3417.8	11846.2	2103.9	610.2	6180.3	26725.2
	能源消费比例 Percent of energy consumption/%	9.61	12.97	44.33	7.87	2.28	23.13	100

二、生物质能源利用特点

1. 与常规能源的相似性及可获得性

以实物形式存在，是唯一一种与常规一次能源石油、煤炭一样可以运输和储存的可再生能源。而且生物质与煤、石油内部结构和特性相似，便于采用相似的处理或利用技术。来源广泛，利用方式多样。

2. 对温室气体的减排作用

利于缓解全球变暖趋势。生物质能源对温室气体的减排作用表现在：矿物燃料是把原为固定的碳通过燃烧使其流动化，并以二氧化碳的形式累积于大气环境中，造成温室效应。而生物质中的碳来自空气中流动的二氧化碳，如果速度合适，二氧化碳甚至可以达到平衡，整个生物质能循环就能实现二氧化碳零排放，从根本上解决矿物能源消耗带来的温室效应问题。

3. 变废为宝、改善环境作用

生物质能源主要是利用生活或生产的有机废弃物、畜禽粪便等污染物的能源技术；生物质能被普遍认为极有可能成为未来可持续能源系统的组成部分。

4. 资源分散、多样化，利用技术复杂

相对常规能源而言能源密度低，热值及热效率低，体积大而不易运输；生物质多样性、高挥发性使得利用技术复杂化；资源分散不利于集中处理利用，最终增加了成本。

三、利用生物质能技术的多样性与方法

1. 利用生物质能技术的多样性

（1）热化学转换法　获得木炭、焦油和可燃气体等品位高的能源产品，该方法又按其热加工的方法不同，分为高温干馏、热解、生物质液化等方法。

（2）生物化学转换法　主要指生物质在微生物的发酵作用下，生成沼气、酒精等能源产品；

（3）利用油料植物所产生的生物油；

（4）成型燃料法　把生物质压制成成型燃料（如块型、棒型燃料），以便集中利用和提高热效率。

2. 利用生物质能的主要方法

（1）直接燃烧法：成型燃料技术、柴灶直接燃烧；

（2）物理化学方法：生物质气化技术、生物质热解技术；

（3）生物化学法：沼气发酵技术、乙醇发酵技术、其他生物燃料技术。

四、中国生物质资源

生物质能源是指通过光合作用而形成的各种有机体，包括所有的动植物和微生物。而所谓生物质能源，就是太阳能以化学能形式储存在生物质中的能量形式，即以生物质为载体的能量。它直接或间接地来源于绿色植物的光合作用，可转化为常规的固态、液态、气态燃料，取之不尽、用之不竭，是一种可再生能源。生物质能源的原始能量来源于太阳，所以从广义上讲，生物质能源是太阳能的一种表现形式。目前，很多国家都在积极研究和开发利用生物质能源。

中国人口众多，资源相对不足，能源供应不能充分满足国民经济发展需要；随着经济的进步发展和全面小康社会建设的推进，对能源供应必将提出新的要求。从中国未来生物质能源的需求来看，城镇交通运输和农村生活用能将为现代生物质能源提供巨大的潜在市场。

中国沼气产业的规模呈现逐年递增的趋势，尤其是户用沼气池的数量增加明显，已经成为沼气产业的主力。中国农村户用沼气池近几年来逐年增加，2000 年底，农村户用沼气池达到 848 万户，2006 年底已达到 2200 万户，2007 年底为 2650 万户，2008 年底为 3050 万户，2009 年底为 3500 万户，2010 年底已经超过 4000 万户，可以看出，户用沼气池数量一直呈现递增的发展趋势，并以平均每年约 17%的速度增长。

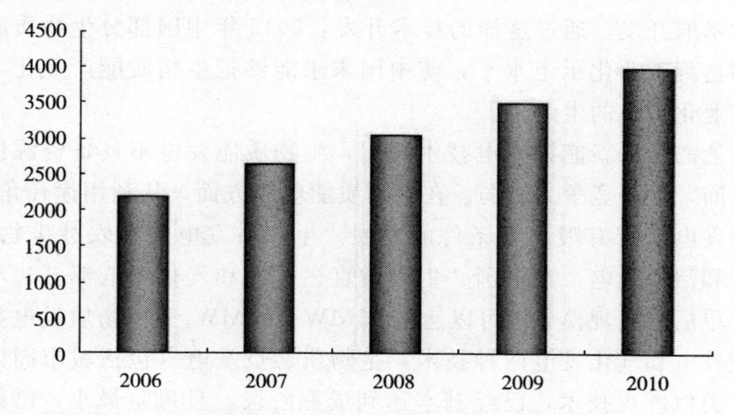

图 1－8　中国农村户用沼气池增长情况（单位：万户）

中国发展林业生物质能源有着巨大的资源优势和发展潜力。目前，中国陆地林木生物质资源总量在 18 亿吨以上，可用生产生物质能源的主要是薪炭林、林业“三剩物”、平茬灌木等。

国家林业局组织有关单位对中国林业生物质能源资源总量、开发利用和发展潜力等情况进行了调研，初步查明中国油料植物有 151 科 697 属 1554

种，其中种子含油量在40%以上的植物有154种，能够规模化利用的生物质燃料油木本植物资源约有10种，可用来建立规模化生物燃料油原料基地的树种有30多种，如黄连木、文冠果、麻风树、光皮树等。中国林业生物质资源丰富，现有林业生物质中可用作工业能源原料的生物量有3亿吨，如全部开发利用，可替代3亿吨标准煤，相当于中国化石能源消耗量的1/10。据专家初步估计，中国仅现有的农林废弃物有15亿吨，约合7.4亿吨标准煤，可开发量约为4.6亿吨标准煤，预测到2020年将分别达到11.65亿吨和8.3亿吨标准煤。

另外，中国现有300多万公顷薪炭林，每年约可获得0.8～1亿吨高燃烧值（生物量）。在中国北方地区，有大面积的灌木林亟待利用，估计每年可采集木质燃料资源1亿吨左右；全国用材林已形成大约5700多万公顷的中幼龄林，如正常抚育间伐，可提供1亿多吨的生物质能源原料；同时，林区木材采伐加工剩余物、城市街道绿化修枝也能提供可观的生物质能源原料。

中国现有不适宜农耕的宜林荒山地5400多万公顷，如果利用其中20%的土地来种植能源植物，每年可产生的生物质能源可达2亿吨，相当于1亿多吨标准煤。中国还有近1亿公顷的盐碱地、沙地、矿山、油田复垦地等不适宜发展农业的边际性土地，这些都可以成为发展林业生物质能源的基地。

目前，中国已经掌握了成熟的生物质能源开发技术，中国利用现有黄连木种子生产生物柴油10万吨。在“十二五”期间将重点发展生物材料和生物质能源技术的开发，通过这样的技术开发，2015年中国部分生物质能利用技术将能够达到工业化示范水平，使中国未来能够把生物质能产业化，真正能够实现工业化规模的生产。

与其他的未来新能源发电技术相比，生物质能发电不具备资源优势和成本下降空间，经济竞争力较弱。在生物质能应用方面，从利用途径角度考虑，对生物质发电实行有限和有条件的发展。生物质发电包括农林生物质发电、垃圾发电和沼气发电。在中国“生物质直燃发电和气化发电都已初步实现了产业化，单厂最大规模分别可以达到25MW和5MW。”生物质发电技术主要分为燃烧发电和气化发电两种技术。生物质燃烧发电（包括城市固体废物发电）技术类似燃煤技术，已经基本达到成熟阶段，且风险最小，已经进入商业化应用阶段。气化发电技术能获得较高效率，目前尚处于商业化的早期阶段，也有将气化装置应用于混合燃烧中用于发电。生物质与煤混合燃烧发电技术在挪威、瑞典和北美地区得到应用。尤其在美国，“装机容量已达6000MW，预计还有更多的发电厂将有可能采用此技术。”在经济合作发展组织，生物质能在发电中所占的份额在2020年预计将提高到2.1%。例如，预计美国到2020年生物质发电量将达到200TW h。发电常用于热电联产。大部分生物质发电都在OECD国家，占发电量的比例为1%～3%。除了拉丁美洲各国从糖厂出来的蔗渣都是最重要的商业化生物质来源，生物质发电在发展中国家不普遍。在今后的20年，生物质发电生产期望增加2倍，生物质在全球作为发电的燃料将增长到2%；大部分重要的增长都来自OECD欧洲，生物质发电将上升到4%。

● 中国主要生物质能资源汇总

表1-5　中国主要生物质能资源汇总

类型	实物总蕴藏量/10^8 t	总蕴藏潜力量/10^8 tce	理论可获得量/10^8 tce	所占比例/%
秸秆及农业加工剩余物	7.28	3.58	1.79	38.9
畜禽粪便	39.26	18.8	1.02	22.14
薪柴和林木生物质能	21.75	12.42	1.66	36.01
城市垃圾	1.55	0.22	0.089	1.93
城市废水	482.4	0.09	0.047	1.02
合计		35.11	4.6	100

● 中国生物质能源的分布特点

（1）总体上分布不均，省际差异较大，西南、东北以及河南、山东等地是我国生物质能的主要分布区；

（2）生物质能分布在一定程度上与常规一次能源分布呈现互补状态；

（3）中国生物质能蕴藏丰富，可开发潜力巨大。

● 中国生物质能源现状问题

中国现阶段生物质能利用以农村为主，多数为传统利用和直接燃烧，效率低下，严重威胁着农村生态环境和健康；低效和浪费使用生物质能一方面很容易使这些地区陷入能源短缺和生态破坏的恶性循环之中，另一方面人畜粪便和室内空气污染已成为农村地区危害人们健康的主要原因之一；在未来，大力发展生物燃油、生物质发电等生物质能利用技术，科学高效地开发利用生物质能源将成为解决我国能源环境问题的有力措施之一。

第二章　沼气工程技术与实例分析

第一节　沼气相关法律及发展沼气的重要性

一、"十二五"规划

（1）生物燃气高效制备及综合利用技术规划

● 起止时间：2011－2016 年；

● Y36）生物燃气高效制备及综合利用技术；

● 目标：实现生物质燃气的高效生产与高值化利用，形成自主知识产权的关键技术。

● 研究内容：高浓度、混合原料的湿发酵、干发酵技术；大型治气及热电联供技术；高效热解汽化技术；燃气净化及高值化利用技术。

（2）农业废弃物制备生物燃气及其综合利用示范工程

● 起止时间：2011－2015 年；

● S34）农业废弃物制备生物燃气及其综合利用示范工程；

● 目标：建设日产 5000～10000m^3 农业废弃物制备生物燃气及其综合利用示范工程，制定相关的技术标准。

● 研究内容：农业废弃物（畜禽粪便、作物秸秆或农业加工废弃物等）高效制备甲烷化生物燃气技术；生物燃气净化提质技术；秸秆热化学转化合成车用燃气技术；生物燃气制备车用燃气研究与示范应用。

二、发展沼气的重要性

能源对于现代社会至关重要，是社会经济发展最重要的指标之一。尽管科技不断发展，但仍然有约 30 亿人（主要集中在发展中国家的农村地区），继续通过在传统的炉灶中燃烧生物质资源（如柴薪、秸秆、动物粪便）的方式来满足烹饪的能源需求。这种方式对环境、社会、经济、公众健康都带来极大负面影响。这些地区要实现可持续性发展，开发干净清洁、价格低廉的可再生能源就势在必行。把现有的生物质资源（动物粪便、秸秆、餐厨垃圾、绿色废弃物）提炼成更加清洁高效的能源载体（例如厌氧发酵产生的沼气），不仅具有提供清洁、可靠能源的独特潜力，同时又能保护当地和全球的环境。

近年，世界能源委员会和联合国可持续发展委员会重申发展清洁、负担得起的可再生能源对于可持续发展的重要性。联合国把2012年作为“可再生能源国际年”，旨在2030年前让全世界的人民能够获得现代能源。利用传统生物质资源（例如厨房垃圾、牛粪、秸秆、绿色垃圾、工业和城市垃圾的有机部分），通过厌氧发酵生产清洁的可再生能源，能够改善公民健康以及当地环境和社会经济状况。厌氧发酵过程是在无氧的情况下把有机物质转化成能量丰富的沼气。沼气是由 CH_4 和 CO_2 组成的混合气体，是一种清洁的可再生能源，可用于做饭、供暖、供电，也可以通过进一步提炼成生物甲烷用作运输燃料。沼气发酵后产生的沼渣沼液营养十分丰富，可用作土壤改良剂和有机肥。由此可见，厌氧消耗对解决发展中国家和欠发达国家的能源和废弃物管理问题发挥着重大作用，同时还能提高农业生产力。

在2013年中央一号文件中，提出了建设“美丽乡村”的奋斗目标；社会主义新农村建设是我国现代化进程中的重大任务。农村沼气建设是社会主义新农村建设遵循科学发展观，按照农村实现庭院美化、厨房亮化、圈厕净化、道路硬化、生活污水无公害化的标准和要求。逐步改善农村生产和生活条件，提高农民的生活质量，促使农村整体面貌改观，这对于满足农民生产生活用能需求、增加农民收入、繁荣农村经济、优化农村环境、提高农村文明程度的意义重大，是社会主义新农村建设的重要内容。以沼气建设为纽带，不仅带动农村种植业、养殖业的良性发展，保护农村生态环境，改善农村卫生条件，而且使农业的经济增长与生态建设协调发展，实现了农业增效、农民增收的“新农村”建设要求。“美丽乡村”建设是以点带面，示范带动新农村建设的重要平台。

安徽省对沼气的开发利用起源于20世纪30年代，经过80多年的发展，具有了一定的基础。进入21世纪后，安徽沼气产业开发利用呈现加速推进的态势，整个“十一五”期间，全省争取国家农村沼气建设国债项目建设任务60.5299万户，中央补助资金5.3亿元。根据《安徽省农村沼气发展第十二个五年规划》制定的目标，到2015年，全省户用沼气池总数要超过100万户，达到适宜建设沼气户数的15%以上，比2010年要多出260处大中型沼气工程、60处县级服务站、1500个乡村服务网点，服务网点覆盖率达90%以上。在沼气推广利用的基础上，安徽省调整农业生产结构，充分适应各地的生产条件，形成了多种形式的经济结构，满足了不同的市场需求。利用饲料、农作物秸秆发展养殖业，利用畜禽粪便制取沼气，再利用沼气作为能源进行生活生产，利用沼渣、沼液作为绿色化肥、绿色农药以及养殖饲料等，形成了“猪沼粮”、“猪沼果”、“猪沼茶”、“猪沼渔”、“猪沼菌”等一系列循环生产模式，有效地利用了资源，实现了循环经济发展。畜禽养殖产生的粪便污水和诸多生活废弃物进入沼气池产生沼气，沼渣、沼液的使用大大减少了化肥农药造成的污染，农村污染状况和农村生态卫生环境得到显著改善，村容村貌更加整洁，极大地保护了农民的身体健康，也对发展优势农产品、绿色农产品有重要意义。

三、发展沼气工程的重要性

沼气工程主要通过厌氧发酵处理的方法，首先把养殖场排放出来的动物粪便和污水进行分离，产生的沼渣和农业废弃物一起高温堆肥，最后作为有机肥料用于农、林、牧、副业开展综合利用，促进了无公害农产品、绿色食品的生产。沼液部分通过厌氧发酵处理后，产生的沼气可用来发电和日常生活所用。通过沼气工程技术对禽畜粪便进行处理，不仅促进了粪便处理的综合利用，还提高了农村空气环境，有利于经济效益和社会效益的提高。从2000年到2009年期间，建设的各类规模化沼气工程从当时的1042处增加至约6万处，总池容达714.96万 m^3，年产沼气9.17亿 m^3（图2-1）。

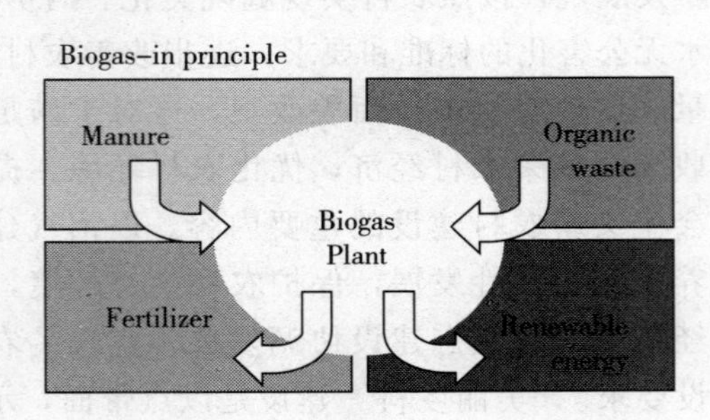

图2-1　建沼气工程目的

随着国家经济的不断发展，对能源的需求迅速增长，特别是农村的发展模式对农村产业结构和可持续发展有很大的压力，所以沼气工程的建设对农村农业的可持续发展起到了促进作用，也成为农村经济发展中必不可少的重要项目。

第一，沼气工程建设有利于农村生活环境的改善，促进和调整了农村结构的发展，大大提高了农民的经济效益。

沼气工程的建设和发展与农民日常生活和农作物的种植息息相关。沼气的广泛的利用，解决了农民在日常生活和农业发展方面对能源的需要，并且促进了养殖业和种植业的发展，实现了“四体一位”的产业模式。这样不仅增加了农民的经济收入，还解决了粪便和农作物废弃物对生活环境的污染，同时也减少了对所需日常能源的支出。

第二，开发对可再生能源的利用，缓解国家在能源使用方面的压力。

中国人口众多，经济快速发展，对能源的人均利用率过低，能源短缺是中国长期以来困扰的问题。中国是农业大国，对农业废弃物的传统处理方面不仅污染环境，还对农作物本身进行了破坏，对农民也是一种负担。沼气作为一种清洁能源的出现，使环境得到了保护，使农业废弃物得到了资源的再利用，也增加了新的优质能源，优化农村产业结构，缓解了国家能源压力。

第三，沼气工程的建设有利于改善和保护生态环境，促进农业的可持续发展。

在中国农村由于大量土地被征用、森林的过度砍伐、化肥农药的过多使用、污水粪便的直接排放以及农作物秸秆等的燃烧都成为环境污染的根源所在。而农村沼气工程的出现，遏制了水土的流失，使禽畜粪便和生活污水等得以无害化处理，防止了污染的进一步恶化。禽畜粪便经过发酵处理，降低有机质的含量，生活污水采用净化沼气池加以处理，减少废水排放对土壤的污染。发展农村沼气工程，有利于促进资源的再利用，资源的节约。农村沼气工程建设使生活废弃品变废为宝，提高了农业资源的利用率，促进了农业的可持续发展。

第四，沼气工程建设提高了农民的生活质量，促进了农村精神文明建设。

沼气相对其他能源来说，是一种廉价的、可再生的能源。长期使用可以节省家庭日常生活能源费用的支出。发展农村沼气工程建设使农民的家庭环境和卫生大大改善，沼气工程建设推行“一池三改”后使厨房变得干净整洁，使厕所无臭气臭味，更使家庭主妇们从繁重的家庭劳动中脱离出来，可以从事自己喜欢的活动，享受现代文明的生活，提高了生活质量和健康水平。沼气的使用实现了农村资源的再利用，清洁了农村脏、乱、差的生活环境，根除了疾病的传播渠道，使农村在消化方面的疾病发生率大大降低。沼气的出现促进农民生活方式的改变，提高了生活质量，使农民走上了干净、健康的生活。

综上所述，中国沼气工程建设作为新能源和综合性极强的技术在新的历史形势下发展得很好，具有一定的规模。并且沼气的建设已经被列入国家应对国际金融危机，扩大内需，振兴经济的发展计划中，它为优化农业结构调整，带动各地循环农业经济发展，进一步改善农村生态环境等都做出了贡献。沼气产业是既经济又环保的新型能源产业，它能高效益、多领域地利用；即在工业废弃物的处理上也同样具有重要的意义。

图 2-2　温氏宁河沼气工程（潘君庭提供）与六安银源沼气工程（贾玉成提供）

第二节　沼气发展简史

一、国际沼气发展史

沼气是由意大利物理学家 A. 沃尔塔于 1776 年在沼泽地发现的。1916 年俄国人 B. П. 奥梅良斯基分离出了第一株甲烷菌（但不是纯种）。中国于 1980 年首次分离甲烷八叠球菌成功。目前世界上已分离出的甲烷菌种近 20 株。

世界上第一个沼气发生器（又称自动净化器）是由法国 L. 穆拉于 1860 年将简易沉淀池改进而成的。1925 年在德国、1926 年在美国分别建造了备有加热设施及集气装置的消化池，这是现代大、中型沼气发生装置的原型。第二次世界大战后，沼气发酵技术曾在西欧一些国家得到发展，但由于廉价的石油大量涌入市场而受到影响。后随着世界性能源危机的出现，沼气又重新引起人们重视。1955 年新的沼气发酵工艺流程——高速率厌氧消化工艺产生。它突破了传统的工艺流程，使单位池容积产气量（即产气率）在中温下由每天 1 立方米容积产生 0.7～1.5 立方米沼气，提高到 4～8 立方米沼气，滞留时间由 15 天或更长的时间缩短到几天甚至几个小时。

中国于 20 世纪 20 年代初期由罗国瑞在广东省潮梅地区建成了第一个沼气池，随之成立了中华国瑞瓦斯总行，以推广沼气技术。目前中国农村户用沼气池的数量达 1300 万座。而高速率厌氧消化工艺生产性试验装置已在糖厂和酒厂正常运行。具体时间发展历程见下表 2-1。

表 2-1 沼气发展简史历程

1866	Bechamp	甲烷形成是微生物过程
1896	England（埃塞特）	沼气街灯开发应用
1900	India 人粪沼气池	
1927	Germany 沼气发电	
1936	Thames	厌氧消化技术
1950—1955	England	高速消化期——厌氧发酵工艺
1969—1979		厌氧滤器——厌氧污泥床
20 世纪 70 年代		沼气发酵系统

二、中国沼气发展史

1. 经历四个时期

1921 年，中国台湾人民罗国瑞先生首次研制出人工制取沼气的水压式沼气装置——中华国瑞天然瓦斯库；1930 年，罗国瑞建立了“中华国瑞瓦斯总行”并相继在中国南方十三个省建造了几百个沼气池；1957—1958 年，中国湖北重建一批沼气示范池。中国农业部举办沼气学习班。1968 年，中国广西、四川农民自发重建沼气池获得成功。1978—1979 年，中国成立全国沼气建设领导小组及其办公室，自此将沼气建设纳入了国民经济建设，1978 年全国拥有家用沼气池 700 多万个。

2. 沼气发展的四个阶段

沼气发展从 1973 年开始至 2010 年经历了四个发展历程，具体趋势变化见图 2-3。

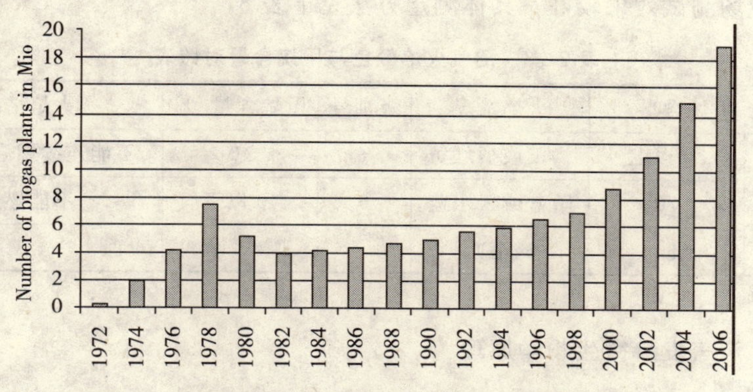

图 2-3 中国沼气发展四个阶段沼气项目数趋势图

数据来源：Biogas from waste and Renewable Resources（wiley）

第三节 沼气发酵原理

一、沼气燃料的特点

沼气是一种混合气体，其中主要成分是 CH_4 占总体积的 50%～70%，其次是 CO_2 占 25%～45%。除此之外，还含有少量的 N_2、H_2、O_2、NH_3、CO、和 H_2S 等气体。沼气的主要成分甲烷是一种理想的气体燃料，它无色无味，与适量空气混合后燃烧。每立方米纯甲烷的发热量为 35822 千焦，每立方米沼气的发热量约为 20800～23600 千焦。即 1 立方米沼气完全燃烧后，能产生相当于 0.7 千克无烟煤提供的热量。与其他燃气相比，其抗爆性能较好，是一种很好的清洁燃料。其燃烧热值见下表 7。

表 2－2 部分能源燃烧热值表

燃料名称	单位	热量/KJ	燃料名称	单位	热量/KJ
甲烷	$1M^3$	35822	汽油	1kg	43681～47025
煤气	$1M^3$	16720	柴油	1kg	39170
沼气	$1M^3$（70%）	25075	原煤	1kg	22990

二、沼气甲烷含量的测定

沼气甲烷含量测定目前有两种方法：一种是仪器测定法，如气体测定仪或专用甲烷测定仪；另外一种是燃烧火焰颜色判断法，此法在实际工程运作过程中现场测试效果较好，具体测定方法见下表 8。

表 2－3 沼气火焰颜色与甲烷含量对照表

级别号	甲烷含量/%	火焰情况	级别号	甲烷含量/%	火焰情况
＋＋＋	70 以上	橘黄或橘红黄	—	40	不能连续燃烧，微蓝
＋＋	70	晴蓝或云水蓝	0	40 以下	不能燃烧
＋	55	淡晴蓝			

三、沼气发酵微生物学原理

1. 沼气发酵阶段理论

利用厌氧微生物进行有机废弃物厌氧分解的工艺称之为厌氧处理；以产

出沼气为重要指标的厌氧处理就是沼气发酵工艺。有机物要经过水解，产酸等多种不同的微生物降解过程，最终由产甲烷细菌作用而生成甲烷和二氧化碳。其厌氧发酵特点是厌氧分解过程产生的能量少，细胞产量和污染物分解速率低，其优点是能耗低、需要二次处理的污泥量少、运行费用低并且处理有机负荷强度高。

有机污染物厌氧分解生成甲烷过程是复杂的有机物首先在发酵性细菌产生的胞外酶的作用下分解成简单的溶解性的有机物，并进入细胞内由胞内酶分解为乙酸、丙酸、丁酸、乳酸等脂肪酸和乙醇等醇类，同时产生氢气和二氧化碳。起重要作用的第二类细菌是产氢产乙酸菌，它们把丙酸、丁酸等脂肪酸和乙醇等转化为乙酸。第三类微生物是产甲烷细菌，它们分别通过以下两种途径之一生成甲烷。

途径 1：利用氢气和二氧化碳生成甲烷：

$$4H_2+CO_2\rightarrow CH_4+2H_2O$$

途径 2：利用乙酸生成甲烷：

$$CH_3COOH\rightarrow CH_4+CO_2$$

（1）两阶段理论

该理论是由 Thumm，Reichie（1914 年）和 Imhoff（1916 年）提出，经 Buswell，NeaVe 完善而成的，它将有机物厌氧消化过程分为酸性发酵和碱性发酵两个阶段。二阶段理论如图 2-4 所示。

在第一阶段，复杂的有机物（如糖类、脂类和蛋白质等）在产酸菌（厌氧和兼性厌氧菌）的作用下被分解成为低分子的中间产物，主要是一些低分子有机酸（如乙酸、丙酸、丁酸等）和醇类（如乙醇），并有氢、CO_2，NH_4，H_2S 等气体产生。由于该阶段有大量的脂肪酸产生，使发酵液的 pH 值降低，所以此阶段被称为酸性发酵阶段，又称为产酸阶段。

在第二阶段，产甲烷菌（专性厌氧菌）将第一阶段产生的中间产物继续分解成 CH_4，CO_2 等。由于有机酸在第二阶段的不断被转化为 CH_4 和 CO_2 等，同时系统中有 NH_4+存在，使发酵液的 pH 值升高，所以此阶段被称为碱性发酵阶段，又称为产甲烷阶段。

因为有机物厌氧消化的最终产物主要是 CH_4 和 CO_2，而 CH_4 的能量含量很高，所以有机物厌氧消化过程释放的能量比较少，这与好氧反应不同，好氧反应的主要产物是 CO_2 和 H_2O，H_2O 是一般反应的最终产物，含能低，在反应的过程中自身将释放大量的能量，所以好氧反应的温度较高，而厌氧反应，若要维持较高的温度，将从外界输入热量。

厌氧消化的两阶段理论，几十年来一直占统治地位，在国内外厌氧消化的专著和教科书中一直被广泛应用。

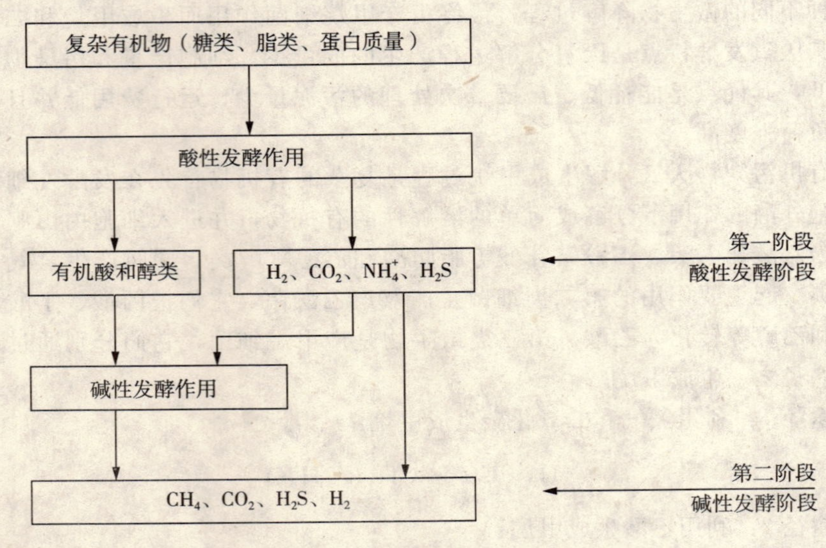

图 2-4　二阶段理论示意图

(2) 三阶段理论

沼气的发酵过程，实质上是指有机物质（如人畜家禽粪便、秸秆、杂草等）在一定的水分、温度和厌氧条件下，通过各类微生物的分解代谢，最终形成甲烷（CH_4）和二氧化碳（CO_2）等可燃性混合气体的过程。在厌氧条件下，各类有机物不断地被微生物分解，构成了自然界能量和物质循环的重要环节。研究数据表明：约有 90％的有机物被微生物转化成沼气，而剩余的 10％则被微生物用于自身新陈代谢所消耗。

V. L. Omeliansky 于 1906 年提出了甲烷形成的一个阶段理论，即碳水化合、蛋白质等有机物经过产甲烷微生物分解直接生成 CH_4 和 CO_2；从 20 世纪 30 年代起，一些科研人员将沼气发酵中甲烷的形成分成产酸阶段和产气阶段；一直到 1979 年，M. P. Bryant 根据大量的研究结果，将甲烷的形成过程分成 3 个阶段：

① 液化阶段

用作沼气发酵原料的有机物种类繁多，如禽畜粪便、作物秸秆、食品加工废物和废水，以及酒精废料等，其主要化学成分为多糖、蛋白质和脂类。其中多糖类物质是发酵原料的主要成分，它包括淀粉、纤维素、半纤维素、果胶质等。这些复杂有机物大多数在水中不能溶解，必须首先被发酵细菌所分泌的胞外酶水解为可溶性糖、肽、氨基酸和脂肪酸后，才能被微生物所吸收利用。发酵性细菌将上述可溶性物质吸收进入细胞后，经过发酵作用将它们转化为乙酸、丙酸、丁酸等脂肪酸和醇类及一定量的氢、二氧化碳。在沼气发酵测定过程中，发酵液中的乙酸、丙酸、丁酸总量称为中挥发酸(TVA)。蛋白质类物质被发酵性细菌分解为氨基酸，又可被细菌合成细胞物质而加以利用，多余时也可以进一步被分解生成脂肪酸、氨和硫化氢等。蛋白质含量的多少，直接影响沼气中氨及硫化氢的含量，而氨基酸分解时所生成的有机酸类，则可继续转化而生成甲烷、二氧化碳和水。脂类物质在细菌脂肪酶的作用下，首先水解生成甘油和脂肪酸，甘油可进一步按糖代谢途径被分解，脂肪酸则进一步被微生物分解为多个乙酸。

由于厌氧和水解性细菌或发酵性细菌将复杂的碳水化合物水解为单糖，并在三羧酸循环中形成丙酮酸；将蛋白质水解成氨基酸，进而形成有机酸和氨；将脂类最终转化为丙酸、丁酸乙醇等。本阶段的水解性细菌，主要包括梭菌属（Clostridium）、优杆菌属（Eubacterium）、双歧杆菌属(Bifidobacterium)、丁酸弧菌属（Butyrivibrio）等专性厌氧细菌；兼性厌氧菌包括链球菌属（Streptococcus）和一些肠道菌等。前人研究表明，在此发酵阶段中，液化细菌只能存活几个小时，而液化是一个缓慢的过程，水解液化速度的快慢决定着整个发酵过程的快慢，因此，该阶段是整个沼气厌氧发酵的限速步骤。

② 产酸阶段

1967 年，M. P. Bryant 发现了产氢产乙酸微生物的存在。这类微生物可以利用第一阶段产生的各种有机酸，将其分解为乙酸、H_2 和 CO_2。他对沼泥中含量最为丰富的“奥氏甲烷杆菌（Methanobacteriumomelianskii)”研究后发现，此菌是两种细菌的共同体。产氢、产乙酸微生物菌群在沼气发酵中的主要功能，是将第一阶段的分解产物（三碳以上的有机酸、醇和芳香族酸类等物质）氧化分解成乙酸和分子氢。第一阶段和第二阶段是一个连续的过程，统称为不产甲烷阶段。在此阶段中，除了产生大量的 CO_2 和小分子化合物，还形成了少量的氢气，这些都是合成甲烷的前提物质。

发酵性细菌中的产氢产乙酸菌将复杂有机物分解发酵所产生的有机酸和醇类，除甲酸、乙酸和甲醇外，均不能被产甲烷菌所利用，必须由产氢产乙酸菌将其分解转化为乙酸、氢和二氧化碳。耗氢产乙酸菌也称同型乙酸菌，这是一类既能自养生活又能异养生活的混合营养型细菌。它们既能利用 H_2+CO_2 生成乙酸，也能代谢产生乙酸。通过上述微生物的活动，各种复杂有机物可生成有机酸和 H_2/CO_2 等。

③ 产甲烷阶段

此阶段的反应由严格厌氧的产甲烷菌群（methanogens 或 methane－producingbacteria）来完成。这类微生物只能利用一碳化合物、乙酸和氢气形成甲烷。在其形成过程中，约有30%的甲烷是来自 H_2 的氧化和 CO_2 的还原；另外70%的甲烷则来自乙酸盐的转化。在沼气发酵的三个阶段中，产甲烷微生物是自然界碳素循环中的最后一个成员，对自然界物质和能量的循环起着重要作用。

产甲烷菌包括食氢产甲烷菌和食乙酸产甲烷菌两大类群。在沼气发酵过程中，甲烷的形成是由一群生理上高度专业化的古细菌—产甲烷菌所引起的，产甲烷菌包括食氢产甲烷菌和食乙酸产甲烷菌，它们是厌氧消化过程食物链中的最后一组成员，尽管它们具有各种各样的形态，但它们在食物链中的地位使它们具有共同的生理特性。它们在厌氧条件下将前三群细菌代谢终产物，在没有外源受氢体的情况下把乙酸和 H_2/CO_2 转化为气体产生－CH_4/CO_2，使有机物在厌氧条件下的分解作用以顺利完成。目前已知的甲烷产生过程由以上两组不同的产甲烷菌完成。在这一阶段中，甲烷的合成主要有以下几种途径：

a. 由挥发酸生成甲烷

$$2CH_3CH_2COOH+2H_2O+CO_2 \rightarrow 4CH_3COOH+CH_4 CH_3COOH \rightarrow CH_4+CO_2$$

b. 由醇和二氧化碳生成甲烷

$$2CH_3CH_2OH+CO_2 \rightarrow 2CH_3COOH+CH_4$$

$$4CH_3OH \rightarrow 3CH_4+CO_2+2H_2O$$

c. 由氢还原二氧化碳生成甲烷

$$CO_2+H_2 \rightarrow CH_4+2H_2O$$

沼气发酵是一个非常复杂的过程。在沼气池中存在着数量巨大、种类繁杂、功能各异的微生物，在有机物的发酵分解过程中，此类微生物按照不同的生理特性和营养需求各自承担着不同的角色。

综上所述：三阶段理论脉络图如图2-5所示。

从发酵原料的物性变化来看，水解的结果使悬浮的固态有机物溶解，称之为“液化”。发酵菌和产氢产乙酸菌依次将水解产物转化为有机酸，使溶液显酸性称之为“酸化”。甲烷菌将乙酸等转化为甲烷和二氧化碳等气体，称之为“气化”。三阶段理论是目前厌氧消化理论研究相对透彻，相对得到公认的一种理论。三阶段理论如图2-4所示。

沼气发酵过程理论虽分为三个阶段，然而在实际的沼气发酵过程中，这三个阶段是不能完全孤立分开的，各类细菌相互依赖、相互制约，主要表现在以下几点：(1) 不产甲烷菌为产甲烷菌提供生长、代谢所必需的底物，产甲烷菌为不产甲烷菌的生化反应解除反馈抑制；(2) 不产甲烷菌为产甲烷菌

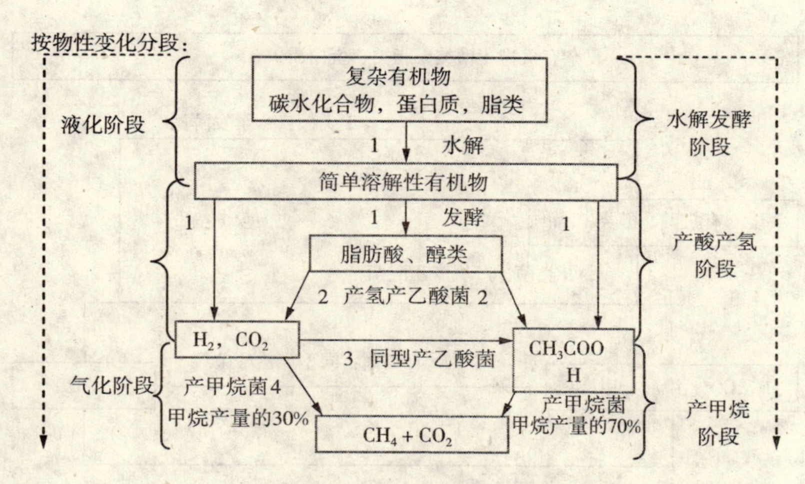

图 2-5 沼气发酵三阶段理论脉络图

创造一个适宜的氧化还原条件，为产甲烷菌消除部分有毒物质；(3) 不产甲烷菌与产甲烷菌共同维持适宜的 pH 环境。因此不产甲烷细菌通过其生命活动为沼气发酵提供基质与能量，而产甲烷菌则对整个发酵过程起到调节和促进作用，使系统处于稳定的动态平衡中。

(3) 四种群理论

1979 年，J. GZeikus 在第一届国际厌氧消化会议上提出了四种群说理论(四阶段理论)。该理论认为参与厌氧消化菌，除水解发酵菌、产氢产乙酸菌、产甲烷菌外，还有一个同型产乙酸菌种群。这类菌可将中间代谢物的 H_2 和 CO_2 (甲烷菌能直接利用的一组基质) 转化成乙酸 (甲烷菌能直接利用的另一组基质)。厌氧消化过程分为四个阶段，各类群菌的有效代谢均相互密切连贯，达到一定的平衡，不能单独分开，是相互制约和促进的过程。四种群说理论如图 2-6 所示。

由图 2-6 可知，复杂有机物在第 I 类菌 (水解发酵菌) 作用下被转化为有机酸和醇类，有机酸和醇类在第 II 类菌 (产氢产乙酸菌) 作用下转化为乙酸、H_2/CO_2、甲醇、甲酸等。第 Ⅲ 类菌 (同型产乙酸菌) 将少部分 H_2 和 CO_2 转化为乙酸。最后，第Ⅳ类菌 (产甲烷菌) 把乙酸、H_2/CO_2，甲醇、甲酸等分解为最终的产物—CH_4 和 CO_2。在有硫酸盐存在的条件下，硫酸盐还原菌也将参与厌氧消化过程。

2. 沼气发酵微生物

(1) 主要发酵细菌

羧菌属 (Clostridium) 降解淀粉、蛋白质等有机物，产生丙酮、丁醇、丁酸、乙酸和氢气；似杆菌属 (Bacteroides) 降解纤维素或半纤维素；丁酸

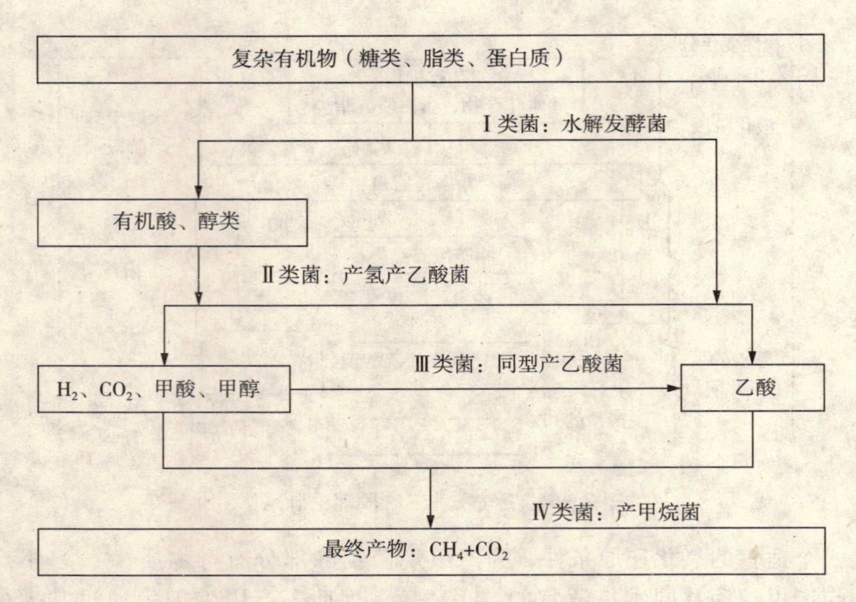

图 2－6　四种群理论示意图

弧菌属（Butyrivibrio）降解脂肪、蛋白质等；真细菌属（Eubacterium）蛋白质、糖类等的分解；双歧杆菌属（Bifidobacterium）分解蛋白质等。

发酵细菌很多，以上只列出了见于厌氧消化中的主要的一小部分。这些微生物的主要功能是通过胞外酶的作用将固形有机物水解成溶解有机物，再将可溶性的大分子有机物降解成有机酸、醇等。

（2）主要产氢产乙酸菌

互营单细胞菌属（Syntrophomonas）、互营杆菌属（Syntrophobacter）、羧菌属（Clostridium）、暗杆菌属（Pelobacter）等。这些微生物的主要功能是可将挥发性脂肪酸降解为乙酸和 H_2。这些菌的产乙酸、产氢反应，只有在氢分压很低时才能完成。

（3）产甲烷细菌

- 自然界中最古老（36 亿年左右），分布最广的微生物。
- 产甲烷菌在厌氧水系生态碳链中的最底层。
- 氢气是多数甲烷菌种可共同利用的基质，是厌氧条件下最普遍的能源物质。工程中乙酸是产甲烷菌的主要基质。
- 甲烷菌在 400nM 光源照射下，发出蓝绿色荧光。

在荧光显微镜下，容易识别区分于其他细菌。荧光来源于甲烷菌体内的辅酶 F420（Methanothrix 属细菌的 F420 含量较低，荧光不易观察）产甲烷菌的研究，70 年代后期才越来越受到重视，并取得了较快的进展。比如 80 年代时研究发现的甲烷菌共有4属11种，世代时间最快的为3小时；到1992年正式发表的甲烷菌就增加到了19属59种，世代时间最快的仅为26分钟。

甲烷菌中可代谢乙酸的甲烷菌不过两属。大多数甲烷菌是利用氢气和二氧化碳生成甲烷。

3. 有机基质的降解与甲烷化

(1) 纤维素的生物降解

纤维素是植物细胞壁的主要成分，约占植物残体干重的35～60%，是天然有机物中数量最大的一类污染物。纤维素是由300～2500个葡萄糖分子组成的高分子缩聚物，性状稳定必须在纤维素酶的作用下才能分解成二糖或单糖。纤维素酶包括三类：C1酶，C_x酶和β－葡萄糖苷酶。在好氧环境中，葡萄糖可氧化成CO_2和水；在厌氧环境中葡萄糖进行丁酸型发酵，变成丁酸，丁醇，乙酸，乙醇，CO_2，H_2O等产物。

(2) 木质素的生物降解

木质素是一种高分子的芳香族聚合物，大量存在于植物木质化组织的细胞壁，与纤维素紧密的交织在一起，有增强机械强度的功能。木质素的结构十分复杂，它是由以苯环为核心，带有丙烷支链组成的一种或多种芳香族化合物缩合而成，并常与多糖类结合在一起。木质素是植物体最难降解的物质。一般先由木质素降解菌降解成芳香族化合物，然后再由多种微生物继续进行分解。但分解速度极慢。并有一部分组分难以降解。

(3) 碳水化合物的甲烷化

碳水化合物包括纤维素、半纤维素和淀粉等，属于多糖类，同时可用(C6H10O5) x表示。这是污水中常见的有机物，其消化过程如下：

第1阶段　$C_6H_{10}O_5)_x + \begin{cases} xH_2O \longrightarrow xC_6H_{12}O_6 \\ xC_6H_{12}O_6 \xrightarrow{\text{发酵}} \text{有机酸} + \text{醇类} \end{cases}$

第2阶段　$\left.\begin{matrix}\text{有机酸}\\ \text{醇类}\end{matrix}\right\} \longrightarrow CH_3COOH + H_2$

这两阶段综合反应为

$$C_6H_{12}O_6 + 2H_2O \longrightarrow 2CH_3COOH + 4H_2 + 2CO_2$$

第3阶段　$2CH_3COOH \longrightarrow 2CH_4 + 2CO_2$

$4H_2 + CO_2 \longrightarrow CH_4 + 2H_2O$

注：由乙酸分解产生的甲烷约占甲烷总产量的2/3

(4) 脂类的甲烷化

包括脂肪和油类，也是污水中常见的有机物。其消化过程如下：

第1阶段　$\begin{matrix}\text{脂肪}\\ \text{油类}\end{matrix} + H_2O \xrightarrow{\text{酶}} \overset{\text{脂肪酸}}{R-CH_2COOH} + \overset{\text{甘油}}{CH_2OHCHOHCH_2OH}$

第 2 阶段　脂肪酸分解成乙酸和氢气。例如

$CH_3(CH_2)_{16}COO + 16H_2O \longrightarrow 9CH_3COOH + 16H_2$

第 3 阶段

$9CH_3COOH \longrightarrow 9CH_4 + 9CO_2$

$16H_2 + 4CO_2 \longrightarrow 4CH_4 + 8H_2O$

净反应为　$CH_3(CH_2)_{16}COOH + 13CH_4 + 5CO_2$

注：以脂质为基质时，最终甲烷化气体中的甲烷含量为 72%，其中 69% 是由乙酸分解产生的。

(5) 蛋白质的甲烷化

蛋白质是由若干个氨基酸分子组成的高分子化合物，其消化过程如下：

第 1 阶段　蛋白质$+H_2O \xrightarrow{\text{酶}}$氨基酸（R）

$$R-\underset{NH_2}{\overset{H}{\underset{|}{\overset{|}{C}}}}-COOH \xrightarrow{\text{发酵}} \text{有机酸} + NH_4HCO_3$$

第 2 阶段　有机酸$\longrightarrow CH_3COOH + H_2$

第 3 阶段　$CH_3COOH \longrightarrow CH_4 + CO_2$

$4H_2 + CO_2 \longrightarrow CH_4 + 2H_2O$

注：沼气甲烷含量为 73%，其中 72% 是通过乙酸途径产生的。

蛋白质水解产生的 NH_4 和 CO_2 可生成 NH_4HCO_3，这可提高消化液的碱度，并提高 pH 值。有些含硫氨基酸，如胱氨酸、蛋氨酸等，可分解产生 H_2S、形成臭味和一定的腐蚀性。

第四节　沼气发酵基本工艺方法

当废水中有机物浓度较高时，一般 BOD5 超过 1500mg/L 时，就不宜用好氧处理，而应该采用厌氧处理的方法。同好氧处理相比，厌氧处理的主要特点为：厌氧处理废水时，去除 1kgCOD 能产生 0.35m^3 的甲烷；厌氧反应器不受氧传递的限制。单位容积负荷远高于好氧系统，产生的污泥量少，运行费用低。因此废水厌氧处理在食品、酿造和制糖等工业中得到广泛运用。

厌氧处理基本工艺流程如图 2-5 所示。厌氧处理的核心是厌氧反应器，目前已经开发出多种厌氧反应器，用来提高厌氧处理的能力。

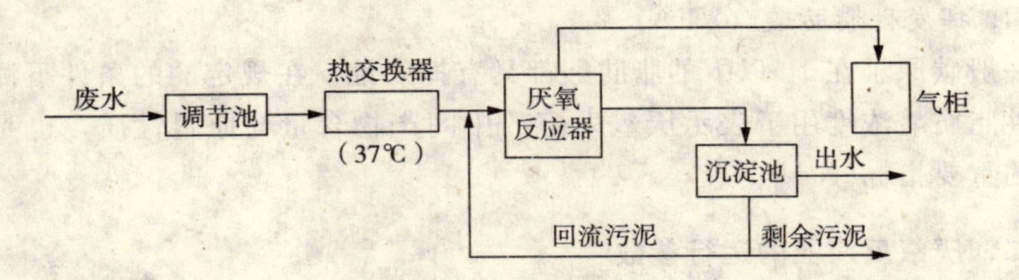

图 2-7　沼气发酵工艺流程图

一、沼气发酵的控制参数

1. 总固体（TS）

又称干物质浓度，指将一定量的原料放置在 100℃～105℃烘箱内，烘干至恒重，烘干物质占总重的百分比。单位：%

2. 悬浮固体含量（SS）

是指水中不能通过过滤器的固体物。测定方法：定量滤纸过滤水样，将滤渣于 100℃～105℃烘干称重得出。单位：g/L 或 mg/L

3. 挥发性固体（VS）和挥发性悬浮固体（VSS）

将测过 TS 和 SS 的残留物进一步放于马弗炉中，于 550±50℃灼烧至恒重，挥发部分占原烘干物的质量百分比。单位：%

4. 总有机碳（TOC）

样品中有机碳（物质）的含量，CH_4 的物质来源。单位：mg/L 或 mg/kg；

5. 化学需氧量（COD）

指在一定条件下，水中的有机物被强氧化剂（重铬酸钾）完全氧化，消耗氧化剂的量，以氧气（O_2）表示。单位：mg/L

6. 生化需氧量（COD）

由于微生物活动，将水中的有机物氧化分解所消耗的氧的量。通常用在 20℃恒温培养 5d，所消耗的溶解氧的量来衡量，用 BOD5。

7. BOD_5/COD

反应水中有机物被微生物分解程度。最大 0.58。

8. 原料产气量（产气潜力）

指单位质量或单位体积的原料，在适宜条件下经厌氧微生物完全消化所产生的沼气量。单位：L/（kg·TS）或 L/（kg·VS）

9. 产气速率

指单位时间的产气量。单位：L/h

10. 池容产气率

指单位时间、单位发酵罐容积的产气量。单位：$m^3/m^3\cdot d$

11. 挥发性脂肪酸（VFA）

一般碳原子在10以下的脂肪酸都具有挥发性。在规定的的条件下测得的挥发性脂肪酸浓度用于表示厌氧发酵的中间产物含量与原料性质，也是工艺控制的重要指标。

二、厌氧反应器的运行参数

1. 容积负荷

消化器单位体积每天所承受（能消化分解）的有机物的量，通常以 $kgCOD/m^3 \cdot d$ 表示。沼气工程上常用 $kgTS/m^3 \cdot d$ 或 $kgVS/m^3 \cdot d$ 表示。

容积负荷是消化器设计和运行的重要参数。

2. 厌氧反应器污泥负荷

指每千克厌氧活性污泥每天所承受的有机物的量，单位：kgCOD/（VSS·d）。是衡量厌氧活性污泥活性（对有机物分解能力）的重要指标。

3. 水力滞留时间（HRT）

指进入消化器的水在反应器内的平均停留时间，单位d或h。

$$HRT（d）=消化器有效容积（m^3）/每天进料量（m^3）$$

4. 污泥停留时间（SRT）

单位生物量在处理系统中的平均停留时间。

5. 污泥体积指数（SVI）

曝气池出口处的混合液在静置30min后，每克悬浮固体所占的体积（mL）。或单位体积水样在静置30min后，污泥的体积数（mL）。是衡量污泥沉降性能的重要指标。

6. 污泥的比产甲烷活性

指单位质量的厌氧活性污泥产甲烷的最大速率。单位：$m^3 \cdot CH_4/(kgVSS \cdot d)$。该参数表示了厌氧活性污泥所具有的潜在产甲烷能力。

三、沼气发酵的基本条件

厌氧消化是一个复杂的微生物学过程，在这个复杂的微生物活动过程中，厌氧消化微生物要求适宜的生存条件，它们对温度、酸碱度、氧化还原势及其各种环境因素都有一定的要求。厌氧消化的工艺条件就是在工艺上满足微生物的这些生存条件，使它们在合适的环境中生存，以达到发酵旺盛、产气量高的目的。因此，控制好发酵的工艺条件是维持正常发酵产气的关键。影响厌氧消化的主要因素有严格的厌氧环境、发酵原料、温度、pH值、接种物、搅拌及毒性物质等。

1. 严格厌氧环境

厌氧消化过程中起主导作用的细菌是厌氧细菌，其中包括各类分解菌和产甲烷细菌。在发酵过程中，产酸阶段的不产甲烷微生物大多是兼性或专性厌氧菌，把复杂的有机物分解成简单的有机酸等；而产气阶段的产甲烷细菌更是严格的专性厌氧菌，少量的氧气就会对其具有毒害作用。因此，造成良好的厌氧分解条件，为厌氧细菌的生命活动创造适宜的厌氧环境是厌氧消化顺利进行的关键。

严格说来，厌氧环境的主要标志是消化液具有低的氧化还原电位，其值应为负值。一般情况下，氧的溶入是引起厌氧消化系统的氧化还原电位升高的最主要和最直接的原因，除氧以外，其他一些氧化剂或氧化态物质的存在同样能使体系中的氧化还原电位升高，当其浓度达到一定程度时，会危害厌氧消化过程的进行。由此可见，体系中的氧化还原电位比溶解氧浓度能更全面地反映发酵液所处的厌氧状态。

不同的厌氧消化系统和不同的厌氧微生物对氧化还原电位的要求不同。兼性厌氧微生物在100mV以上时进行好氧呼吸，Eh为100mV以下时进行无氧呼吸；产酸菌对氧化还原电位的要求不甚严格，可以在－100～＋100mV的兼性条件下生长繁殖；中温及浮动温度厌氧消化系统要求的氧化还原电位应低于－380～－300mV；高温厌氧消化系统要求适宜的氧化还原电位为－600～－500mV。

在厌氧消化的过程中，不产甲烷菌中有好氧菌、专性厌氧菌和兼性厌氧菌，这些菌落构成了一个复杂的生态系统。发酵罐中原来存在有空气，以及装料时带入的一些空气因为好氧细菌的大量活动而被消耗，为厌氧消化创造适宜的厌氧环境，因此这些对厌氧消化的危害并不大，没有必要采取特殊措施除去。

2. 发酵温度（8℃～65℃）

厌氧消化微生物可以在一定的温度范围进行代谢活动，8℃～65℃可以产生沼气，温度高低不同产气速度不同。概括地讲，产气的一个高峰在35℃左右，另一个更高的高峰在55℃左右。这是因为在这两个最适宜的消化温度中，由两个不同的微生物群参与作用的结果。30℃～37℃左右嗜中温菌活跃，50℃～58℃时嗜高温菌活跃，产沼气的速率很快。40℃～50℃是沼气微生物高温菌和中温菌活动的过度区间，它们在这个温度范围内都不太适应，因而此时产气速率会下降。

厌氧消化中的微生物对温度的变化非常敏感，温度的突然变化，对沼气产量有明显影响，温度突变超过一定范围时，则会停止产气。因此要严格控制料液的消化温度，允许温度变动范围为1.5℃～2.0℃，当有3℃的变化时，就会抑制消化速率，有5℃的急剧变化时，就会突然停止产气，使有机酸大量积累而破坏厌氧消化。

根据采用发酵温度的高低，工艺上常依照此划分为常温发酵（即自然温度）、中温发酵（20℃～45℃）、高温发酵（50℃～65℃）三种厌氧消化类型，且对于不同温度下的厌氧消化，其消化器中优势细菌菌落也是不同的。

常温发酵常温发酵料液温度随季节气温变化而变化。我国农村中的沼气发酵一般没有增温设施，发酵装置建在地下，发酵料液温度随季节的变化受气温、地温的直接影响，波动较大，属于常温发酵。其优点是消化池不需升温设备和外加能源，建设费用低，原料用量少；但常温消化原料分解缓慢，产气少，特别在寒冷的冬季，往往不能正常产气。

中温发酵中温发酵时，温度在40℃以下时，产气率随温度的上升而增加，最适温度为35℃左右。温度在40℃～45℃对中温或高温发酵来说均属于效率较低的范围，在此范围内产气量反而下降，说明中温发酵和高温发酵的微生物区系是不同的。与常温发酵相比，中温发酵具有原料分解快、产气率高、气质好等特点。

高温发酵在50℃～60℃范围内，沼气发酵的产气量随温度的升高而升高，适用温度多控制在52℃～55℃。高温发酵时有机物分解旺盛，发酵快，物料在发酵罐内停留时间短，非常适于城市生活垃圾和畜禽粪便的处理，可达到杀死虫卵和病原菌的目的，但沼气中的甲烷含量略低于中温和常温消化，并需消耗大量热能。因此，在进行高温发酵时，不仅要考虑发酵周期长短和产能的多少，还应考虑为保持高温所消耗热能的多少，选择最佳温度，使发酵正常运行。目前，利用太阳能来提高沼气池温度，增加产气率是新能源综合利用的方向之一。

3. 发酵原料

充足的发酵原料是厌氧消化正常进行的物质基础，它既是产生沼气的底物，又是厌氧消化细菌赖以生长的养料来源。各种农业剩余物，如猪马牛羊等家禽的粪便，各种农作物的秸秆、杂草、树叶等，农产品加工的废水、废物，如酒糟、糖渣、豆制品和淀粉加工废水等都是良好的厌氧消化原料，或者说各种有机废物、废水都可以用厌氧消化方法来进行处理。但不同有机物质的产气量是不同的，有一部分比较容易消化，容易分解产气，而另一些则较难分解产气。因此，各种有机物质的产气速度相差很大，产气快慢很不一致。有机质通过牲畜肠胃的消化、阴沟厌氧消化和工业发酵后变得比较简单，进入发酵罐后可以迅速被进一步消化，很快产生沼气。

4. 料液浓度

发酵原料的浓度即总固体含量决定于有机物和水分的含量，有机物是厌氧消化过程的主体，水分是微生物活动不可缺少的重要因素。沼气发酵原料的干物质浓度以7～10%为宜。但原料浓度也不能过高，浓度过高时产甲烷缓慢，甚至停止，这是由于某些毒物，如过高的氨态氮和挥发酸抑制了产甲烷细菌的生长和新陈代谢。反之，原料浓度过低，会造成细菌营养不足，发酵产气不旺，产气时间短促，不能充分利用发酵罐容积，发酵效率低。

传统的厌氧消化多采用常规液体发酵工艺，发酵浓度在10%以下，属于稀发酵。当发酵原料浓度提高到17%以上时，属于固体发酵。

5. 适宜的酸碱度

厌氧微生物的生命活动、物质代谢与pH有密切的关系，pH值的变化直接影响着消化过程和消化产物，不同的微生物要求不同的pH值，过高或过低的pH对微生物是不利的，表现在：

(1) 由于pH的变化引起微生物体表面的电荷变化，进而影响微生物对营养物的吸收；

(2) pH除了对微生物细胞有直接影响外，还可以促使有机化合物的离子化作用，从而对微生物产生间接影响，因为多数非离子状态化合物比离子状态化合物更容易渗入细胞；

(3) pH强烈地影响酶的活性，酶只有在最适宜的pH值时才能发挥最大活性，不适宜的pH值使酶的活性降低，进而影响微生物细胞内的生物化学过程。厌氧消化体系中的产甲烷菌对pH的变化非常敏感，大多数产甲烷菌适合的pH范围在6.17～7.14之间，pH在6.8～7.2时产甲烷菌的活性最高，当pH低于6.2或高于7.5，产甲烷活性会明显下降。pH低于6.2时产甲烷效率明显下降是由于此时甲烷的形成速率低于有机酸的形成速率，此时，产甲烷菌的生长则被明显抑制，而产酸菌的活性仍很旺盛，常导致pH降至4.5～5.0，这种酸化状态对甲烷菌是有毒害作用的。pH高于7.5时产甲烷效率的明显下降是由于NH_4＋转变成了对产甲烷菌有毒的、非离子化的NH_3。在发酵系统中，如果水解发酵阶段与产酸阶段的反应速度超过产甲烷阶段，则pH值会降低，影响甲烷菌的生活环境。在起动过程中，原料浓度较高时常有这种现象发生，即酸中毒，这往往是造成发酵起动失败的原因。因此，在厌氧消化过程中pH是一个最重要的控制参数。

在厌氧消化过程中有机物质在水解、酸化和产氢产乙酸菌的作用下，系统的pH值会下降，而产甲烷菌分解有机酸时产生的重碳酸盐使得系统的pH值有所升高。因此系统的酸碱平衡十分重要。发酵罐内pH值有一个相似的变化过程。变化的速度与发酵温度等各种因素有关，发酵速度越快，变化过程的时间越短；发酵速度越慢，变化过程的时间越长。在正常的情况下，厌氧消化过程中的pH值变化是一个自然平衡过程，系统有自我调节的能力，无须进行随时调节。只有在配料管理不当的情况下才会出现挥发酸大量积累，pH 值下降。此时需要采取措施进行调节，使之恢复正常。常用调节办法有以下几种：

①稀释发酵液中的挥发酸，提高 pH 值。

②采用加适量氨水进行调节 pH 值。

③用石灰水调节 pH 值，特别是发酵液过酸时加石灰水调节 pH 值是行之有效的。如果采用加水稀释发酵原料的方法提高 pH 值，发酵罐的容积有限，而且将会使发酵后的产物浓度很低，加大了发酵后产物的脱水干燥处理的难度。如果采用加氨水进行调节 pH 值，发酵后产物在干燥处理中会损失大量氮元素，造成浪费，因此选择加入澄清石灰水调节 pH 值。应该特别指出的是：加石灰水调节时最好是加石灰澄清液，同时保证石灰水与发酵液完全混合，否则在强碱区域内微生物活性受到破坏。加石灰水的量也要严格控制，如果加量过度就会造成 pH 值过高，超出微生物的适宜 pH 值范围，降低罐内的生物活性，使消化速度减慢，甚至停止。

④如果 pH 值过度降低，一般在 6.0 以下，则应大量投入接种物或重新进行起动。

6. C、N、P 等营养元素比例

厌氧消化过程本质上是微生物的培养、繁殖过程，发酵原料或所处理的废水应看作是微生物的营养物质。在厌氧消化过程中，各种微生物需要不断地分解有机物，从中吸收营养以获得生命活动所需的能量。因此，有机物中含有的营养物质的种类和数量就显得非常重要。微生物生长所必需的营养成分主要包括碳、氮、磷以及其他微量元素等。除了需要保持足够的营养“量”之外，还需要保持各营养成分之间合适的比例，以为微生物提供“足”且“平衡”的养分，其中原料中碳与氮的平衡，亦即碳氮比（C/N）尤为重要。发酵原料的 C/N 比值是指发酵原料中有机碳素含量和氮素含量的比例关系。C/N 比值较低时，微生物在转化有机氮素时，有一部分氮素合成菌体维持生长，多余的氮素则会被分解成无机氮素而放出氨，这样就增加了发酵液的碱度，这对防止发酵起动过程中酸化现象的产生有一定作用。但氮元素含量过高，则容易引起氨氮浓度过高，导致氨氮的毒性；氮含量过低，则不能提供细胞正常生长的营养。碳在反应过程中不仅提供反应过程的能源还负担着合成新细胞的作用。一般装置启动时，应稍微多加氮元素，对微生物的增殖比较有利，同时也可以提高反应器的缓冲能力。在沼气发酵过程中，原料的 C/N 值并不是固定不变的，微生物将一部分有机碳素转化为 CH_4 和 CO_2，生成沼气放出，同时将一部分碳素和氮素合成细胞物质，多余的氮素物质则被分解以 NH_4HCO_3 的形式溶于发酵液中。经过这样一轮分解，C/N 值则下降一次，生成的细胞物质死亡后又可被用作原料。因此，消化器中发酵液的C/N值总是要比原料低得多，而微生物生长的环境是在消化器内，所以这里所说的营养物的C/N值是消化器中发酵液的C/N值。

沼气发酵适宜的C/N值范围较宽，一般认为在厌氧消化的启动阶段C/N不应大于30∶1。只要消化器内的C/N值适宜，进料的C/N则可高些。因为厌氧细菌生长缓慢，同时老细胞又可作为氮素来源。所以，污泥在消化器内的滞留期越长，对投入氮素的需求越少。发酵原料或工业污水中氮、磷不足时，可适当添加一定比例的粪尿液以补充氮源不足，有利于促进沼气发酵的进行。农村常用沼气发酵原料，如人畜粪便、秸秆和杂草等都是生物质所构成，用这些原料进行沼气发酵，从营养成分来看是比较齐全而丰富的，一般不需添加什么营养成分。常用沼气发酵原料的C/N比值见表2-4。

表2-4 常用发酵原料的C/N比值

原料种类	碳素含量	氮素含量	C/N比值
干麦秸	46	0.53	87∶1
干稻草	42	0.63	67∶1
玉米秸	40	0.75	53∶1
树叶	41	1.00	41∶1
鲜羊粪	16	0.55	29∶1
鲜牛粪	7.3	0.29	25∶1
鲜马粪	10	0.42	24∶1
鲜猪粪	7.8	0.60	13∶1

7. 添加剂和抑制剂（毒性物质）

添加剂是指促进有机物分解，并能提高产气率的各种物质统称为添加剂。添加剂的种类很多，包括一些酶类、无机盐类、有机物和其他无机物等。国外研究报道，反应器内投加活性炭有明显的促进厌氧消化进程的功效，加快挥发性固体的分解。此外，还能减少污泥的产率，增大沼气产量，改良出水水质和活性污泥的脱水性能。对于毒性有机废水的厌氧处理，活性炭尚有缓解作用。一些无机营养元素和微量金属Fe，Co，Ni，Zn，Cu，Mn，Mo，Se，W，B都能对厌氧消化起积极作用，特别是Fe，Co，Ni三种。李亚新指出厌氧消化甲烷发酵阶段对无机营养的缺乏较为敏感，补充甲烷菌所需的必要无机营养元素主要是微量金属元素，是提高厌氧消化效率的重要途径，且N、S、P、Fe、Co、Ni、Mo、Se、维生素B2、维生素B12营养元素对甲烷菌生长和活性有重要的作用。添加某些酶制剂也能促进厌氧消化过程，提高有机物的转化速率。例如，投加纤维素酶可以促进纤维素的分解。此外，投加“乳杆菌”添加剂，由于含有一些生长因子和酶类，同样可以提高产气率和有机物的分解率。相反，有许多化学物质能抑制消化微生物的生命活动，这类物质被称为抑制剂。化学物质对厌氧微生物综合生物活性的影响与其浓度有关。大多数化学物质在浓度很低时对生物活性有一定的刺激作用（或促进作用）；当浓度较高时，开始产生抑制作用；而且浓度愈高，抑制作用愈强烈。在从刺激作用向抑制作用的过渡中，必然存在一介既无刺激作用又无抑制作用的浓度区间，称为临界浓度区间。如果该浓度区间很小，表现为某一单值时，则此单值称为临界浓度。虽然许多化学物质对综合生物活性有一定的刺激作用，但多数化学物质的刺激作用表现得并不明显，或者临界浓度值很小，难于实际观察到。研究表明，各种化学物质的临界浓度相差很大，而且不同研究者提供的同一化学物质的临界浓度值也很不一致。化学物质对综合生物活性的抑制作用按程度不同大体上分为基本无抑制（即浓度在临界浓度附近时的情况）、轻度抑制、重度抑制、完全抑制等。轻度抑制和重度抑制的划分并无严格的界限。完全抑制是厌氧微生物完全失去甲烷发酵能力时的抑制。

抑制剂的种类也很多，包括部分重金属离子、酸类、醇类、苯、氰化物及去垢剂等。当其浓度超过限制值时，也会对厌氧微生物产生不同程度的抑制作用。最常见的抑制性物质为硫化物、氨氮、重金属、氰化物以及某些人工合成有机物。硫酸盐和其他硫的氧化物容易在厌氧消化过程中被还原为硫化物。可溶性的硫化物和H_2S气体在达到一定浓度时，都会对厌氧消化过程，主要是产甲烷过程产生抑制作用。NH_3是厌氧消化的缓冲剂，但高浓度的氨对厌氧消化有害，表现为挥发性脂肪酸的积累，系统的缓冲能力不能补偿pH值的降低，最终甚至使反应器失效。重金属常能使厌氧消化过程失效，表现为产气量降低和挥发酸的积累。其原因是菌的代谢酶受到破坏而失活，是一种非竞争性抑制。氰化物对厌氧消化的抑制作用决定于其浓度和接触时间。一些研究表明，无机酸的浓度不应使消化液的pH值降到6.8以下；氨氮浓度不宜高于$1500mg/dm^3$。但大多数的有毒物质是相对而言的，在一定范围内，它们也可以产生对系统有利的影响；而一些化学物质，通过对微生物的驯化，在适应这些有毒物质时，也可以降低它们对系统的危害。常见的抑制物质及其作用浓度见表2－5。

表 2－5　对厌氧消化具有抑制作用的物质

抑制物质	抑制浓度
挥发性脂肪酸	＞2000
氨氮	1500～3000
溶解性硫化物	＞200
Ca	2500～4500
Mg	1000～1500
K	2500～4500
Na	3500～5500
Cu	5
Fe	1710
Cr（Ⅵ）	3
Cr（Ⅲ）	500
Cd	150

8. 搅拌

发酵罐内的发酵液通常自然地分成四层，从上到下依次为浮渣层、上清液层、活性层和沉渣层。厌氧消化过程中的生物化学反应是依靠微生物的代谢活动而进行的，而厌氧微生物活动较为旺盛的场所只局限于活性层内，而其他各层或因原料缺乏，或因不适宜微生物的活动，使厌氧消化难以进行。在这种情况下，对发酵液进行有限制搅拌可使基质混合均匀，增加微生物与原料的接触面，打破分层现象，使活性层扩大到全部发酵液内，增加原料的分解速度，加快发酵速度，提高产气量，还可使所产生的沼气容易分离而逸出，提高产气率；同时搅拌也能防止沉渣沉淀，防止产生或破坏浮渣层，促使消化器内原料的温度均匀分布，这对微生物的生长繁殖有利。常用的搅拌方式有：机械搅拌、发酵液回流搅拌和沼气回流搅拌。

机械搅拌在发酵罐内安装叶轮等进行搅拌，但使搅拌轴与罐壁之间保持密封比较困难。浆料或固体原料作用于搅拌器上的阻力较大，需要输入功率。机械搅拌适用于高浓度发酵。

发酵液回流搅拌从外部将发酵液从罐底抽出，再从发酵液面上以一定角度喷回，靠料液流的冲击力使发酵液混合。这种方法设备简单、维修方便。

沼气回流搅拌将经过脱硫处理的沼气从发酵罐底部冲进去，产生较强的气体回流，达到搅拌目的。发酵液回流搅拌和沼气回流搅拌只适用稀发酵。

由于厌氧微生物代谢较慢，而沼气逸出时有轻微的搅动作用，所以厌氧消化器只要求间歇和轻微的搅拌作用。如果搅拌过于强烈，反而会影响微生物的絮凝作用，从而使消化能力降低。对厌氧干发酵，搅拌尤为重要，搅拌可使物料混合均匀，能避免局部酸化，并有利于沼气逸出。本试验中，发酵装置没有搅拌设备，故采用发酵罐振荡达到轻微的搅拌目的。

9. 接种物（活性污泥）

在有机物厌氧分解的各个场所，如阴沟污泥、积水粪坑、河流和湖泊的底泥、动物的粪便及肠道中，厌氧消化微生物常大量存在。在污水中这些微生物絮凝在一起并沉于水底，由于在厌氧消化过程中 H_2S 的生成，使絮凝物呈现黑色，粗看起来像是黑色的泥土，但是在这些污泥中含有大量微生物，它们具有较强的生物活性，所以称“活性污泥”。

为了与好氧状况下形成的污泥相区别，所以把厌氧消化形成的污泥叫作“厌氧活性污泥”，就是通常所说的菌种或接种物，如生活污水、污泥以及产气正常的厌氧消化残留物都可以作为接种物。

厌氧消化中菌种数量的多少和质量的优劣直接的影响厌氧消化进行的好坏。加入适量接种物可以促使优良菌种在消化器中迅速富集，加快沼气发酵启动速度，加速原料分解，提高产气量。活性污泥中的有效成分是活的微生物群体，不同来源的活性污泥其生物活性差别很大。当发酵起动时必须把大量活性污泥加入发酵罐内进行接种，这是厌氧消化起动阶段成败的关键。厌氧活性污泥在厌氧条件下可以保存数年而不需投加养料，仍能长期保持其活性，当投加原料恢复运转时，其消化能力可以很快恢复。接种活性污泥菌种可以使厌氧消化的微生物区系很快完善，以补充发酵初期菌种的不足，因而在发酵初期有明显的效果。特别是发酵罐的第一次投料，添加接种物的效果更是显著。

为了使接种物类群能适应新的生态环境，必须对接种物进行驯化。接种物最好引自同种污泥，以保持生态环境的一致性。接种应该遵循一定原则，比如在工业废水处理中可以加入生活废水作为接种物，在补充养分的同时，又可助于菌种发生有利的变异。另外，中温发酵要使用中温发酵的菌群接种，高温发酵必须使用高温发酵的菌群，否则不能达到预期的效果。这是因为不同温度条件下的优势菌落具有不同的生理特性。根据产甲烷菌对于温度的适应性，分为常温性的、中温性的和高温性的三种类型。它们有其各自的适宜温度，而且对温度相当敏感。研究表明，温度突然上升或下降 5℃，产气量显著降低，若变化过大则产气停止，说明消化过程中止。因为温度下降对产甲烷菌活力的影响要大于对产酸菌的影响，导致产酸和产甲烷之间的严重不平衡，使正常发酵失调。因此，高温发酵不能用常温或中温发酵的底物直接接种。

10. 其他因素

以上因素是影响厌氧生物处理技术中需要考虑的共同性问题，除此以外，一些其他因素也是影响反应进行的重要原因，如接种物驯化、负荷、碱度和反应器类型。

四、沼气发酵工艺类型

对沼气发酵工艺，从不同角度，有不同的分类方法。一般从投料方式、发酵温度、发酵阶段、发酵级差、料液流动方式等角度，可做如下分类：

1. 以投料方式划分

沼气发酵微生物的新陈代谢是一个连续过程，根据该过程中的投料方式的不同，可分为连续发酵、半连续发酵和批量发酵三种工艺。

（1）连续发酵工艺　沼气池发酵启动后，根据设计时预定的处理量，连续不断地或每天定量地加入新的发酵原料，同时排走相同数量的发酵料液，使发酵过程连续进行下去。发酵装置不发生意外情况或不检修时，均不进行大出料。采用这种发酵工艺，沼气池内料液的数量和质量基本堡持稳定状态，因此产气量也很均衡。这种工艺流程是先进的，但发酵装置结构和发酵系统比较复杂，造价也较昂贵，因而适用于大型的沼气发酵工程系统。如大型畜牧场粪污、城市污水和工厂废水净化处理，多采用连续发酵工艺。该工艺要求有充分的物料保证，否则就不能充分有效地发挥发酵装置的负荷能力，也不可能使发酵微生物逐渐完善和长期保存下来。因为连续发酵，不致因大换料等原因而造成沼气池利用率上的浪费，从而使原料消化能力和产气能力大大提高。

（2）半连续发酵工艺　沼气发酵装置初始投料发酵启动一次性投入较多的原料（一般占整个发酵周期投料总固体量的1/4～1/2），经过一段时间，开始正常发酵产气，随后产气逐渐下降，此时就需要每天或定期加入新物料，以维持正常发酵产气，这种工艺就称为半连续沼气发酵。我国农村的沼气池大多属于此种类型。其中的“三结合”沼气池，就是将猪圈、厕所里的粪便随时流入沼气池，在粪便不足的情况下，可定期加入铡碎并堆沤后的作物质秸秆等纤维素原料，起到补充碳源的作用。这种工艺的优点是比较容易做到均衡产气和计划用气，能与农业生产用肥紧密结合，适宜处理粪便和秸秆等混合原料。

（3）批量发酵工艺　发酵原料成批量地一次投入沼气池，待其发酵完后，将残留物全部取出，又成批地换上新料，开始第二个发酵周期，如此循环往复。农村小型沼气干发酵装置和处理城市垃圾的“卫生坑填法”均采用这种发酵工艺。这种工艺的优点是投料启动成功后，不再需要进行管理，简单省事，其缺点是产气分布不均衡，高峰期产气量高，其后产气量低，因此所产沼气适用性较差。

2. 以发酵温度划分

沼气发酵的温度范围一般在10～60℃之间，温度对沼气发酵的影响很大，温度升高沼气发酵的产气率也随之提高，通常以沼气发酵温度区分为：高温发酵、中温发酵和常温发酵工艺。

（1）高温发酵工艺　高温发酵工艺指发酵料液温度维持50～60℃的范围之间，实际控制温度多在53＋－2℃，该工艺的特点是微生物生长活跃，有机物分解速度快，产气率高，滞留时间短。采用高温发酵可以有效地杀灭各种致病菌和寄生虫卵，具有较好的卫生效果，从除害灭病和发酵剩余物肥料利用的角度看，选用高温发酵是较为实用的。但要维持消化器的高温运行，能量消耗较大。一般情况下，在有余热可利用的条件下，可采用高温发酵工艺，如处理经高温工艺流程排放的酒精废醪、柠檬酸废水和轻工食品废水等。

（2）中温发酵工艺　中温发酵工艺指发酵料液温度维持在35＋－2℃的范围之间，与高温发酵相比，这种工艺消化速度稍慢一些，产气率要低一些，但维持中温发酵的能耗较少，沼气发酵能总体维持在一个较高的水平，产气速度比较快，料液基本不结壳，可保证常年稳定运行。为减少维持发酵装置的能量消耗，工程中常采用近中温发酵工艺，其发酵料液温度为25～30℃。这种工艺因料液温度稳定，产气量也比较均衡。总之，与经济发展水平相配套，工程上采取增温保温措施是必要的。

（3）常温发酵工艺　常温发酵工艺指在自然温度下进行沼气发酵，发酵温度受气温影响而变化，我国农村户用沼气池基本上采用这种工艺。其特点是发酵料液的温度随气温、地温的变化而变化，一般料液温度最高时为25℃，低于10℃以后，产气效果很差。其好处是不需要对发酵料液温度进行控制，节省保温和加热投资，沼气池本身不消耗热量；其缺点是同样投料条件下，一年四季产气率相差较大。南方农村沼气池在地下，还可以维持用气量。北方的沼气池则需建在太阳能暖圈或日光温室下，这样可确保沼气池安全越冬，维持正常产气。

3. 以发酵阶段划分

根据沼气发酵分为“水解——产酸——产甲烷”三个阶段理论，以沼气发酵不同阶段，可将发酵工艺划分为单相发酵工艺和两相（步）发酵工艺。

（1）单相发酵工艺　将沼气发酵原料投入到一个装置中，使沼气发酵的产酸和甲烷阶段合二为一，在同一装置中自行调节完成。即“一锅煮”的形式。我国农村全混合沼气发酵装置，大多数采用这一工艺。

（2）两相发酵工艺　两相发酵也称两步发酵，或两步厌氧消化。该工艺是根据沼气发酵三个阶段的理论，把原料的水解、产酸阶段和产甲烷阶段分别安排在两个不同的消化器中进行。水解、产酸池通常采用不密封的全混合式或塞流式发酵装置，产甲烷池则采用高效厌氧消化装置，如污泥床、厌氧过滤等。

从沼气微生物的生长和代谢规律以及对环境条件的要求等方面看，产酸细菌和产甲烷细菌有着很大差别。因而为它们创造各自需要的最佳繁殖条件和生活环境，促使其优势生长，迅速的繁殖，将消化器分开来，是非常合适的。这既有利于环境条件的控制和调整，也有利于人工驯化、培养优异的菌种，总体上便于进行优化设计。也就是说，两步发酵较之单相发酵工艺过程的气量、效率、反应速度、稳定性和可控性等方面都要优越，而且生成的沼气中的甲烷含量也比较高。从经济效益看，这种苣流程加快了挥发性固体的分解速度，缩短了发酵周期，从而也就降低了生成甲烷的成本和运转费用。

4. 按发酵级差划分

（1）单级沼气发酵工艺　简单地说，就是产酸发酵和产甲烷发酵在同一个沼气发酵装置中进行，而不将发酵物再排入第二个沼气发酵装置中继续发酵。从充分提取生物质能量、杀灭虫卵和病菌的效果以及合理解决用气、用肥的矛盾等方面看，它是很不完善的，产气效率也比较低。但是这种工艺流程的装置结构比较简单，管理比较方便，因而修建和日常管理费用相对来说，比较低廉，是目前我国农村最常见的沼气发酵类型。

（2）多级沼气发酵工艺　所谓多级发酵，就是由多个沼气发酵装置串联而成。一般第一级发酵装置主要是发酵产气，产气量可占总产气量的50%左右，而未被充分消化的物料进入第二级消化装置，使残余的有机物质继续彻底分解，这既有利于物料的充分利用和彻底处理废物中的BOD，也在一定程度上能够缓解用气和用肥的矛盾。如果能进一步深入研究双池结构的形式，降低其造价，提高与会代表级发酵的运转效率和经济效果，对加速我国农村沼气建设的步伐是现实意义的。从延长沼气池中发酵原料的滞留时间和滞留路程，提高产气率，促使有机物质的彻底分解角度出发，采用多级发酵是有效的。对于大型的两级发酵装置，第一级发酵装置安装有加热系统和搅拌装置，以利于产气量，而第二级发酵装置主要是彻底处理有机废物中的BOD，不需要搅拌和加温。但若采用大量纤维素物料发酵，为防止表面结壳，第二级发酵装置中仍需设备搅拌。把多个发酵装置串联起来进行多级发酵，可以保证原料在装置中的有效停留时间，但是总的容积与单级发酵装置相同时，多级装置占地面积较大，装置成本较高。另外由于第一级池较单级池水力滞留期短，其新料所占比例较大，承受冲击负荷的能力较差。如果第一级发酵装置失效，有可能引起整个的发酵失效。

第五节　户用沼气池技术与池型介绍

一、中国户用沼气池发展趋势

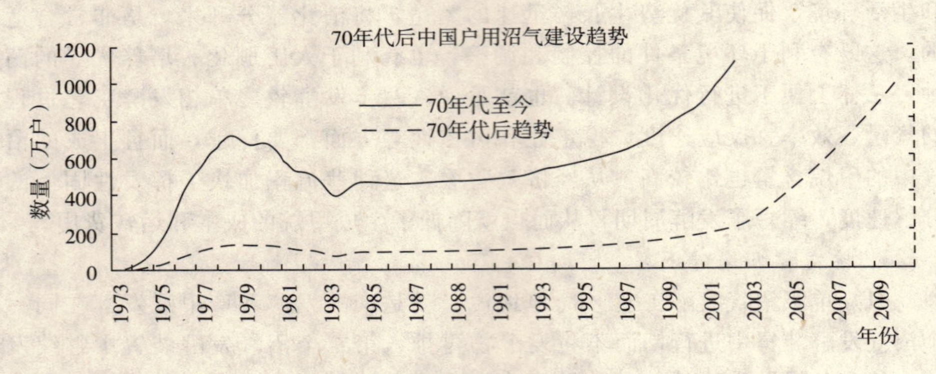

图 2-8　中国户用沼气池发展趋势

二、户用沼气池池型

1. 水压式沼气池

工作原理：在沼气池内留一个贮存沼气的小空间，当沼气池产生沼气的时候，就将沼气池内的沼气发酵液压到沼气池的水压间内，等使用沼气的时候，水压间的水在慢慢返回来。池型见图 2-9。

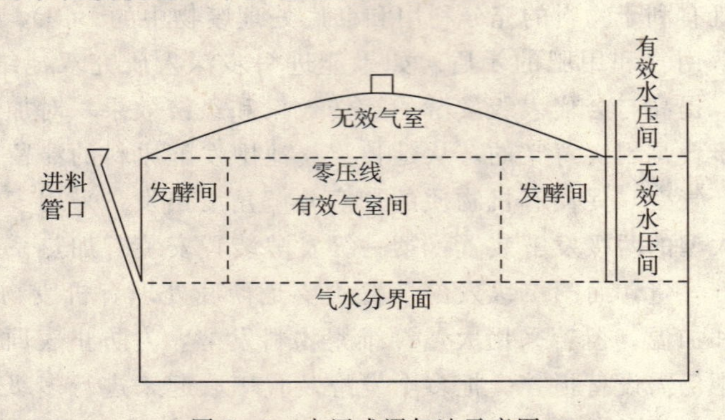

图 2-9　水压式沼气池示意图

2. 预制钢筋混凝土板装配沼气池

在现浇混凝土沼气池和砖砌沼气池基础上研制和发展起来的一种新的建

池技术。它与现浇混凝土沼气池相比较，有容易实现工厂化、规范化、商品化生产和降低成本、缩短工期、加快建设速度等优点，主要特点是把池墙、池拱、进出料管、水压间墙、各口及盖板等都先做成钢筋混凝土预制件，运到建池现场，在大开挖的池坑内进行组装。见图 2-10，图 2-11。

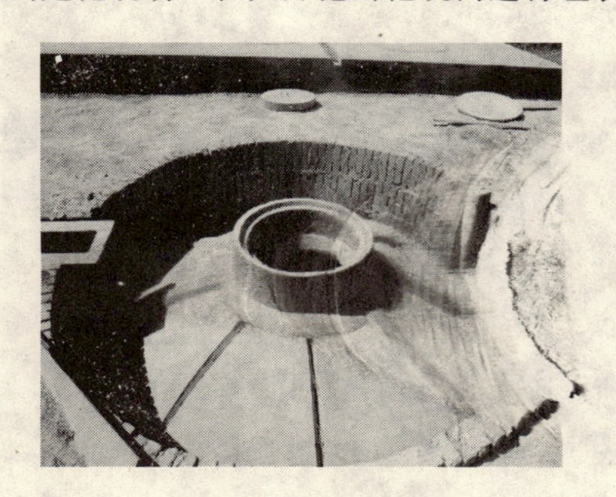

图 2-10　预制钢筋混凝土板装配沼气池

图 2-11　预制板沼气池钢模

3. 圆筒形沼气池

圆筒形沼气池系老标准中第一个池形，在我国农村 20 世纪 70 年代到 80 年代初期应用较多。优点是结构简单、施工容易；缺点是中层进出料，原料容易形成底部沉淀，上部结壳，不易流动，产气率低，每年需两次大换料，且很困难，过去因大换料，人下池出粪，发生沼气窒息事故较多。圆筒形沼气池在我国应用历史上较早，结构简单、施工容易；适应粪便、秸秆混合原料满装料工艺。

4. 曲流布料沼气池

曲流布料沼气池是在水压式沼气池基础上，针对提高产气率，使进池的发酵原料充分利用，获得较多沼气的一种沼气池型（如图 2-12 所示）。它的原理是延长发酵原料在沼气池中的时间和发酵料液在沼气池中进出路线的长

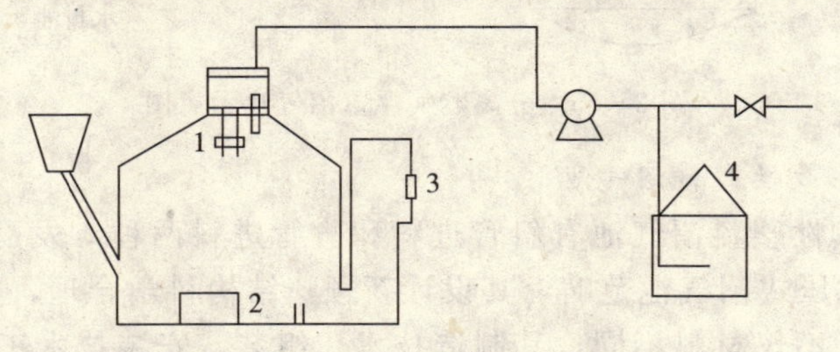

图 2-12　曲流布料沼气池示意图

1—破壳装置；2—曲流布料挡板；3—湿式流量计；4—集气罩

度，使其得到充分利用。有 A（图 2－13）、B、C（图 2－14）三种池型。优点：缩小了池容积，减少占地面积，实现了小型高效的利用，而且具有造价不高，管理操作简便易行，容易推广。

图 2－13　A 型曲流布料沼气池

图 2－14　C 型曲流布料沼气池

5. 分离贮气浮罩沼气池

分离贮气浮罩沼气池已不属于水压式沼气池范畴，发酵池与气箱分离，没有水压间，采用浮罩与配套水封池贮气，有利于扩大发酵间装料容积，最大投料量为沼气池容积的 98%，浮罩沼气相对水压式沼气池其水压在使用过程中是稳定的，示意图见图 2－15。湖南运用这种沼气池比较多，其实，这种形式在沼气工程上普遍运用。

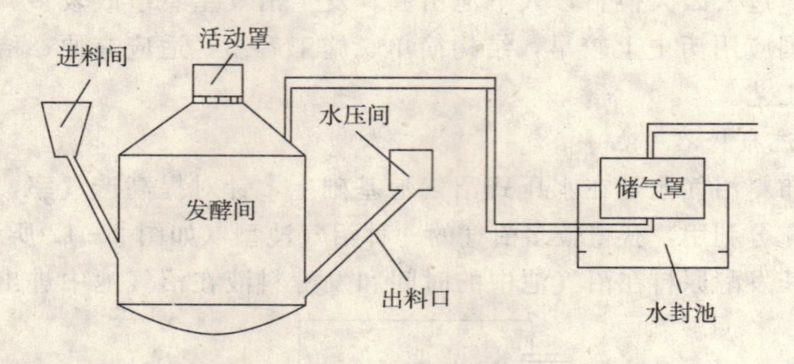

图 2－15　分离贮气浮罩沼气池示意图

6. 扁球形改性塑料沼气池

扁球形改性塑料沼气池有斜管进料和直管进料两种．发酵产气、贮气、输气原理属水压式沼气池范畴，其设计新颖，结构科学合理，与过去的各类沼气池相比，不仅材料不同，其制造技术、组装、安装技术工艺都不一样。分两种进料方式见下图 2－16，图 2－17。

图 2-16　斜管进料

图 2-17　直管进料

7. 玻璃钢沼气池

4m³商品化玻璃钢沼气池具有发酵容积小，水压间、出料口与发酵间设计紧凑，成一整体；玻璃钢材料性能稳定可靠，该沼气池使用寿命可达 20 年以上，沼气池不设置天顶盖，整体密封，水压间出料口较大，人可从出料间进入沼气池中；该沼气池生产实现了标准化、规范化、系列化作业，可进行批量化和大规模生产；该沼气池设计合理，完全符合厌氧消化的发酵特点，安装简便。见图 2-18。

图 2-18　玻璃钢沼气实物图

商品化沼气池的优点：不需要搬运 10 多吨建池材料和钢模，省力、省时；建池时间短，只需 3～5 天就能建好；建池农户不需要担心阴天下雨水泥、沙石料被冲走，也不担心地下水位高混凝土难施工等问题。

三、户用沼气池的工艺及管理

户用沼气池从投料启动使用后就要开始加强管理，三分建池、七分管理，这说明了管理对沼气使用的重要性，我们按照沼气发酵过程所需的基本条件，采取科学的管理措施是提高沼气池产气率的重要手段，要想使沼气池产气多而且能持久产气，管理上必须下功夫，根据有关资料，我把日常管理归纳为六个方面，这六个方面措施正好对应沼气发酵过程所需的六个基本条件，所以我首先和大家了解一下沼气发酵所需的六个基本条件：

第一基本条件：要有充足的碳氮比适宜的发酵原料。从理论上讲碳比为25～30∶1，为什么？因为沼气菌在发酵过程中分解碳的速度较快，分解氮的速度较慢，分解25～30个碳分子，才能分解一个氮，所以他们适宜碳氮比为25～30∶1，碳氮比25∶1最适合发酵，而目前使用的最多的发酵原料主要有猪粪13∶1，人粪2.9∶1，羊粪29∶1，鸡粪15∶1，麦草87∶1，稻草67∶1，玉米秸秆53∶1，青草26∶1所以今年夏天管镇崔岗许多农户因无发酵原料不产气，技工让他们用青草做发酵原料，效果很好。但是，实践中，在沼气正常运行过程中，碳氮的可调到10～30∶1。

第二个基本条件：要在优质足量的接种场，接种场来源：①老河塘污泥（发黑）；②老池中沼渣沼液；③粪坑。

第三个基本条件：要有严格的厌氧环境，沼气池为什么要密封，经过试气、安装就是这个道理，一是贮存沼气；二是把发酵原料与空气隔开，形成厌氧环境，因为沼气菌在厌氧环境下才能更好地发挥作用。

第四个基本条件：是适宜的发酵温度

猪粪和稻草为原料在不同发酵温度情况下产气率见表2-4。

表2-4　不同原料在不同温度下产气率

发酵原料	温度	产气率
猪粪+稻草	29～31	0.55
猪粪+稻草	24～26	0.21
猪粪+稻草	16～20	0.10
猪粪+稻草	12～15	0.07
猪粪+稻草	8以下	0

从以上数据最好的温度29～31度。

第五个基本条件：要有适宜的酸碱度，通常酸碱度用PH值表示，一般PH值在6～8均可产气，最佳值是6.5～7.5，低于6大于9均不产气。

第六个基本条件：要有适宜的发酵物浓度

发酵物浓度在4～10%均可产气，但最佳发酵浓度：夏天6%，冬天

10%，春秋 8%，浓度过高或过低都影响产气率，浓度过高还会引起池子酸化，过低产气率降低。根据以上六个发酵基本条件，管理上重点应做到以下六个方面工作：

第一条措施：进出料：勤出料、勤进料，每年年底大出料。一般沼气池启动后 2～3 个月，有机质大部分已被分解，这时开始需要进料、出料，正常以 3～5 口人用能计算，三结合池口，养猪 3～5 头（牛 1～2 头）才能满足需要，或者 1～2 头猪，不足部分用堆呕过的植物秸秆补充，非三结合池口，按要求：每 10 天进出料一次，进出料数量一般有效容积的 5%左右，或按每立方米池容投干料 3～4 千克，折合鲜料 15～20 千克，顺序先出后进，出多少、进多少，确保气箱有相对稳定的容积，另外保证出料后沼液高于进出料口 10 厘米，防止沼气跑掉。另外，大出料：一般最好结合秋播用肥，进行大出料，大出料量掌握在总量的 70%～90%，留一部分作为重新启动的接种场。

第二条措施：经常搅拌沼气池发酵物，是一项提高产气率的重要措施。一般沼气池发酵原料进池后 3－5 天开始分层，一般分三层（原料比重不一样）最上面浮渣层，主要是秸秆（牛、羊粪）；第二层活性层，最低下沉渣层，发酵菌大部分分布在活性层，但活性层发放原料不足，上层发酵原料充足，但发酵菌不足，所以必须经常搅拌，另外经常搅拌可防止结壳，因为结壳严重影响沼气进入气箱，搅拌实质是沼气菌和发放物充分混合的过程，从而能提高产气，达到一个动态发酵过程，要说明的是：搅拌能提高产气是在原料充足的情况下，才能发挥作用，如原料不足，怎么搅拌也不会起到作用，所以说平时要勤进料，勤出料。搅拌方法：一是长木棍，从进出料口，伸进发酵间来回抽动，起到搅拌作用。也可以从出料间取出部分沼液，从进料口冲入池内，这也起到搅拌作用，今后推广应用强加流装置。

第三条措施：经常测量调节 PH 值（或者说出现故障时），目前一般沼气池出现故障多数是池子酸化造成的，原因主要有三种：①启动时，发酵物浓度过高；②富碳原料过多，特别是植物的秸秆；③启动温度过低。

测定方法：PH 试纸，与比色板对照。如果出现酸化：PH≤6 时可以用以下三种方法调节：①取出一部分发酵物，加入相等量的含氮高的发酵原料和水；②将发酵原料拌草木灰加入池内；③加入适量的石灰水与发酵物充分混合加入池内；④出现酸化池，除用上述方法外，还可以加入大量的接种物重新启动。

第四条措施：保持池内适宜的发酵原料浓度。一般夏季 6%，冬季 10%，春秋 8%。测定方法，用竹竿插入池内，基本平衡，说明浓度适中，若用秸秆作为原料的池子，要经常加入适量的水。

第五条措施：越冬管理。主要是保温。①可以把沼气池建在温室内（蔬

菜大棚）；②可以把池子建在太阳能猪圈内；③在池上建立简易的小温棚，结合冬天种些蔬菜；④堆一些稻草保温

第六条措施：安全发酵与管理。包括以下几方面：

（1）禁止向池内加入有毒物质。如剧毒农药、杀虫药剂、抗生素、有机杀虫剂、重金属化合物（硫酸铜）、洗衣水、辛辣作物秸秆，如葱、蒜、辣椒、韭菜、萝卜秸秆等。因为，沼气菌是一种有生命的细菌，接触有些物质后会中毒，轻者停止繁殖，重则死亡，造成停止产气。如果中毒怎么办？将池内发酵物取出一半再投入相应的新料和接种物就能正常产气。

（2）池口要加盖板，防止人畜掉进池内造成伤害。

（3）当气压过大时，要即时用气、放气，以免涨坏气箱，冲开池盖，造成事故，如已冲开池口应注意防火。

（4）注意防火：严禁在出料口和导气管上直接点火，以免发生火灾、爆炸。

（5）经常检查管道、开关是否漏气，厨房保持通风良好，若嗅到气味，特别是厨房密封的情况下，人要立即离去，开门、开窗，切断气源，等室内无味时再维修（混合气达到8.8%时，遇火就会爆炸）。

（6）安全检修：沼气的主要成分是甲烷和CO_2，当甲烷浓度达到空气30%时，人就会窒息中毒，当达到70%时，人窒息死亡；CO_2也是这样达到6%时引起窒息中毒，达到10%时，人就会不省人事，停止呼吸，引起死亡。另外，沼气池内还有些磷化氢等剧毒气体，因此，禁止人立即下池检查维修，若需要检查维修，应做到：①下池前必须做动物试验。进入老沼气池前必须先揭开活动盖，出料到进出出料口以下，并向池内鼓风，使空气流通，下池前用小动物鸡、兔子、青蛙放入池20分钟以上，反映正常方可下池，否则，继续鼓风。②做好防护。严禁单人操作，进入池内检修，池外必须有人守护，系好安全带，若发现不适现象，立即离开池内，发生意外时，立即拉绳救人。

四、农村沼气产业面临的问题及发展建议

1. 目前农村沼气建设面临的问题

混凝土建池所需建材数量多、重量大，浪费严重并且在边远山区运输和建造困难；建池速度慢，一般需要7～10天；建池质量参差不齐。

2. 农村沼气产业发展建议

（1）尽快制定商品化沼气池产品质量标准和相关检测方法，规范企业的竞争，培育健康的沼气市场和竞争。

（2）加强政府领导和扶持力度

一是各级政府应将农村沼气发展工作列入工作议程，广泛宣传，落实各

项工作任务，加大技术推广和培训，加强检查监督，保证建设质量，使沼气技术能使用各种环境，满足更多的需要，规范农村沼气运行工作。二是加大资金投入和拓宽资金投入渠道，引导鼓励社会闲散资金农村沼气建设。

（3）加强技术管理

联合各级业务主管部门和劳动保障处，科研及有关院校，深入到地方、村寨、农户，有计划地培养一大批农村沼气技术人员，满足前沿建设需要，以利于整体化、综合化、规范化发展，做好后继服务，解决一些日常管理中出现的问题，巩固推广成果，使沼气池长期发挥效益。

（4）强化队伍建设，注入新活力

各级环保部门要加强组织领导，要把一批年轻化、知识化的专业人才充实到环境监察队伍中，增添新生力量。

第六节　大中型沼气工程技术及项目设计

一、大中型沼气工程两种类型

1. 案例Ⅰ

杭州浮山养殖场能源生态沼气工程（流程图见图 2－19）

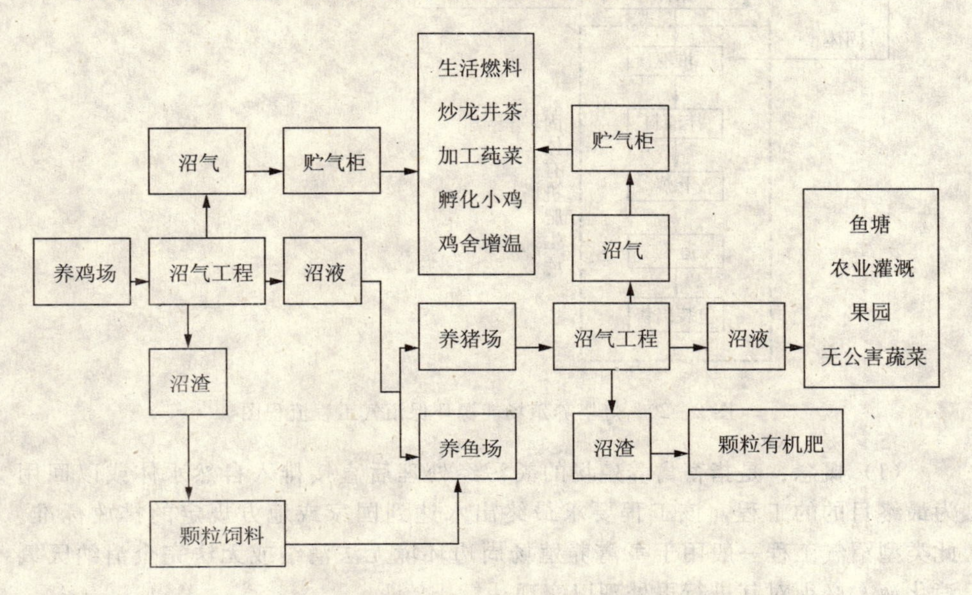

图 2－19　杭州浮山养殖场能源生态沼气工程示意图

(1) 概念：是指畜禽场污水经厌氧消化处理后消化液不直接排入自然水体，而是作为农作物的有机液体肥料的工程，这类沼气工程适用于畜禽场周边有足够的农田、鱼塘、植物塘等，能够完全消纳经沼气发酵后的沼液、沼渣，使沼气工程成为生态农业园区的纽带。

(2) 建设目标：尽可能多的生产沼气，并实现沼渣、沼液综合利用。

沼渣、沼液可作为优质有机肥料，用于生产绿色食品，并实现多层次利用，最终达到区域内畜禽场粪污的“零排放”。这种工艺遵循了循环农业原则，具有良好的经济、环境和社会效益。

(3) 适宜条件：①养殖业和种植业合理配置，沼气工程有条件成为能源生态农业的纽带；②原则上畜禽场日污水排放量不大于日粪便排放量的 3 倍；③工程周边环境容量大，排水要求不高；

(4) 工艺特点：①畜禽场粪污可全部入池（TS 浓度在 9%左右）；②沼气产量大，沼液产量相对较少；③运行费用低；④操作简单、管理方便。

2. 案例Ⅱ

灯塔养殖场能源环保型沼气工程（图 2－20）

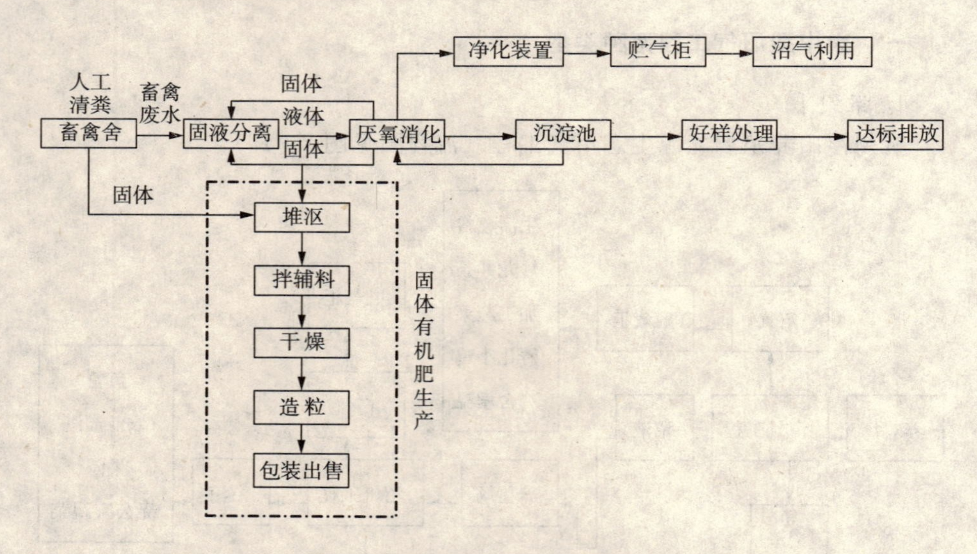

图 2－20　灯塔养殖场能源环保沼气工程流程图

(1) 概念：是指畜禽养殖场的粪污经处理后直接排入自然水体或以回用为最终目的的工程，该工程要求最终出水达到国家或地方规定的排放标准。此类型沼气工程一般用于畜禽养殖场周边环境无法消纳或无法完全消纳厌氧消化液，必须对其进行再处理以实现达标排放。

(2) 建设目标：实现污水达标排放、固体粪便制作有机肥，并通过沼气的利用降低工程运行费用。此类工程具有良好的环境、社会效益。一般采取“厌氧消化（UASB/USR/EGSB/ABR）＋好氧反应（SBR）”这一典型的工艺路线。

（3）适宜条件：规模化养殖场，污水处理量大于50t/h；项目周边排水要求高，污水需达标排放。

（4）工艺特点：①前处理时尽可能去除固形物，降低厌氧池工作负荷；
②固体粪便/粪渣可制作有机肥或直接外卖；
③污水达标排放，有效防止二次污染；
④沼气产量小；
⑤主体工程投资大，运行费用高；
⑥操作和管理水平要求较高。

二、沼气工程规模分类

近年来，随着国家对沼气工程的扶持力度不断加大，沼气工程技术日益成熟，我国沼气工程朝着农村户用沼气工程和大中型沼气工程两个方向发展。国外按照厌氧发酵池的大小将沼气工程分为以下三类。沼气池大小在1000～2500m³ 的为小型沼气池；沼气池大小在2500～5000m³ 的为中型沼气池；而大型沼气池则是大于5000m³ 小于10000m³ 的沼气池。我国则按照沼气工程的厌氧消化装置容积、日产沼气量以及配套系统的配置等综合评定将沼气工程划分为大型、中型和小型沼气工程，沼气工程根据厌氧反应器单体容积、总体容积、日常沼气量和配套系统进行分类，具体划分标准见表2-5。

表2-5　沼气工程规模分类指标

工程规模	单体容积（m³）	总体容积（m³）	日产沼气量（m³）	配套系统的配置
大型	≥300	≥1000	≥300	完整的原料预处理系统；沼渣、沼液综合利用系统；沼气贮存、输配和利用系统
中型	50－300	100－1000	≥50	原料预处理系统；沼渣、沼液综合利用系统；沼气贮存、输配和利用系统；
小型	20－50	50－100	≥20	原料计量、进出料系统；沼渣、沼液综合利用系统；沼气贮存、输配和利用系统

三、大中型沼气工程的国内外研究进展

1. 国外沼气工程发展现状

欧洲是国外沼气工程发展较早而且技术较成熟的地区。欧洲的招气工程于20世纪70年代开始发展，90年代得到了快速发展，2000年以后，飞速发展的沼气工程逐渐规模化和产业化。2004年，欧洲沼气工程由1997年的767处发展到4000多处。德国是欧洲沼气工程发展较快的国家之一，在1997年仅建设了500处，到2000年增加了一倍，截至2006年，已经达到了1997年沼气工程数量的7倍。欧洲发展沼气工程的主要目的就是获取能源，提高原料产气率是沼气工程的主要任务，因此高浓度有机废弃物联合消化工艺（CSTR）成了欧洲发展沼气工程的主要工艺之一。欧洲沼气工程所用的原料是混合型的，其中的原料有工业废水废渣、畜禽粪便，同时也包括生活垃圾、玉米稻秆等，CSTR工艺可以对这些原料进行预处理，调节进入CSTR反应器的原料的TS浓度在8%～13%范围内，使各种原料达到最大产气率（不同种类畜禽废污的产气率在0.25～0.5Nm^3）。在德国，大部分农场沼气工程都采用了CSTR工艺，所用的原料为各种农业废弃物，如畜禽粪便、新鲜的玉米稻秆等。这种采用畜禽粪便和作物稻秆进行混合发酵可以为发酵微生物提供全面的营养元素，更有利于提高沼气的产量，因此这种工艺的沼气工程在德国发展迅猛。欧洲的沼气主要用于发电和供热，绝大多数的沼气工程都配备了热电联产系统，即将工程所产生的沼气用于发电，而发电过程中产生的热量用于供热。在丹麦和德国，90%以上的沼气工程均采用了热电联产工艺。欧洲招气工程在产沼气的同时也产生了大量的沼液和沼渣，由于TS浓度和沼液COD浓度含量很高，因此大部分用于农田施肥。

(1) 德国

在欧洲国家中，德国是发展中小型农场沼气工程的典型代表，主要动力来自于一些优惠鼓励政策的出台。

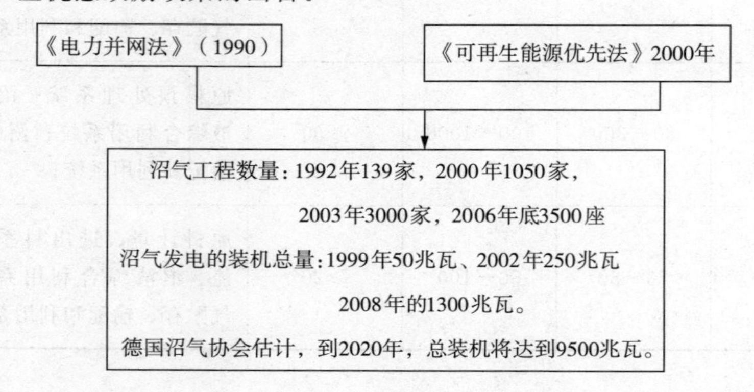

（2）瑞典

瑞典是使用沼气作汽车燃料最先进的国家。1996 年，瑞典开始把沼气提纯至甲烷含量 95%以上作为汽车燃料使用，并制定了相关标准。目前，有 779 辆沼气燃料公共汽车，4500 辆汽油、沼气与天然气混合燃料的小汽车。2004 年开始，也有火车以这种方式运行。在瑞典，交通工具所使用的气体燃料中，沼气占 54%，其余是天然气。2004 年开始，哥德堡等城市把沼气与天然气管网连接，输送到用户。瑞典沼气协会估算，若以 10%农地和林业废弃物生产沼气，沼气生产能力将达到 853 万吨油当量/年，而目前的瑞典全国能耗仅为 768 万吨油当量，到 2020 年瑞典成为世界上第一个不依赖石油的国家。

（3）英国

2002 年英国开始实行绿色证书系统—《可再生能源义务证书系统》，该系统要求电力供应商每年增加可再生能源发电的份额，2005～2006 年度为 5.7%，2015 年将达到 15.4%。该系统中，沼气是最具代表性的可再生能源，沼气份额的增加主要是填埋气发电市场的增加，填埋气是绿色证书系统的受益者。2004～2005 年度，沼气占可再生能源发电的 35.9%（填埋气占 33.6%，污水处理沼气占 2.3%）。

（4）美国

美国在沼气方面主要集中在基础研究上，如产甲烷菌的基因排序、厌氧消化的生化过程、厌氧消化微生物菌群结构及沼渣沼液中的特殊生物酶，而应用技术研究相对较少。美国把沼气作为能源开发利用主要是垃圾填埋气，目前，垃圾场是美国沼气生产的主要来源，占总数的 34%。2007 年，美国垃圾管理公司已在北美运行 281 个垃圾场，其中 100 个已经具有某些沼气转换能源的能力。美国更注重新技术研发，已开始试验沼气燃料电池替代传统的内燃机发电。

2. 中国

（1）发展历程

我国的第一座大中型沼气工程是于 1936 年由中华国瑞瓦斯总行承建的，位于浙江舟山普陀山洪按禅院内，大小为 120 立方米左右，主要用于煮饭照明的沼气池。随后，在我国经济的快速发展下，我国大中型沼气工程广泛运用于工业、农业、养殖业，并得到了快速的发展。到目前为止，我国大中型沼气工程已有七十多年的历史，从沼气技术的发展情况来看，我国大中型沼气工程的发展总体上可以分为以下三个阶段：

第一阶段为探索与起步时期，时间为 20 世纪 80 年代中期以前，这一时期多以中型沼气工程为主，受技术制约，整体发展较慢。当时，沼气工程以获取沼气能源为主要目的，原料包括养殖场畜禽粪便、作物稻秆等。所以，沼气工程除了主要组成部分沼气池外，很少配备其他设施，同时，由于大中型沼气工程技术落后，一般采用户用沼气的技术，将沼气池建于地下，采用常温发酵，导致产气率相当低，仅0.2m³/m³/d左右。

第二阶段，80年代中期至90年代初，这一时期是我国大中型沼气工程工艺技术快速发展阶段。这一阶段，通过自主研究和国外引进相结合的方法，对我国大中型沼气工程长期以来存在的问题展开了研究，如沼气池建设技术、发酵工艺等方面的研究。与此同时，还加强了沼气技术的培训和沼气工程的管理，大大提高了我国大中型沼气工程的技术水平。使我国沼气工程在设计施工上更加规范，保证了沼气工程的持续均衡的产气。

第三阶段是从20世纪90年代初至今，也是快速发展阶段。在这个时期，我国出台了各种政策法规来扶持和引导我国大中型沼气工程的发展。目前，我国大中型沼气工程注重能源效益的同时更加强调其环境效益，发展了能源环保型和能源生态型两种工程模式。不仅如此，这时期更加重视沼气、沼渣和沼液的综合利用，以此来增加沼气工程的经济效益。

(2) 建设情况及分布

与德国等大中型沼气工程发展较好的国家相比，我国的大中型沼气工程起步较晚。在户用沼气池的快速发展的背景下，我国在20世纪70年代出现了原料以畜禽粪便为主的养殖场大中型沼气工程。在最近十几年间，我国大型畜禽养殖场日益增多，工业、农业高速发展，随之产生了大量的工业污水及农业废弃物，为大中型沼气工程的发展提供了丰富的原料，推动了我国大中型沼气工程的快速发展。据农业部统计，1997年，我国大中型沼气工程建设数量仅为703处，总池容为40.98万m^3，年产气量为13229.58万m^3。其中，以农业废弃物为主要原料的大中型沼气工程为531处，处理工业废弃物的大中型沼气工程数量为172处。2000年以后，我国先后制定和出台了各种扶持鼓励政策，如《农业生态环境管理条例》、《中华人民共和国可再生能源法》、《可再生能源发电价格和费用分摊管理试行办法》等；同时，中央还投入大量的资金来支持各地区发展沼气事业，2003—2008年间累计投资国债资金105亿元，2008年底国家又紧急下拨拉动内需资金30亿。在政策的引导和资金的支持下，我国大中型沼气工程建设数量迅猛增长，特别是以农业废弃物如畜禽粪便为主要原料的大中型沼气工程。到2008年，我国处理农业废弃物的大中型沼气工程建设数量达到15625处，比1997年增加了15094处。至2010年，除去地方政府支持和大型养殖场自筹自建的项目，仅国家支持新建的大中型沼气工程达4000处左右。近年来，我国处理农业废弃物的大中型沼气工程的建设情况见下图2-20。

从布局来看，以处理农业废弃物大中型沼气工程为例，我国大中型沼气工程分布不均匀：在东部地区和中部地区集中了我国大部分沼气工程，根据

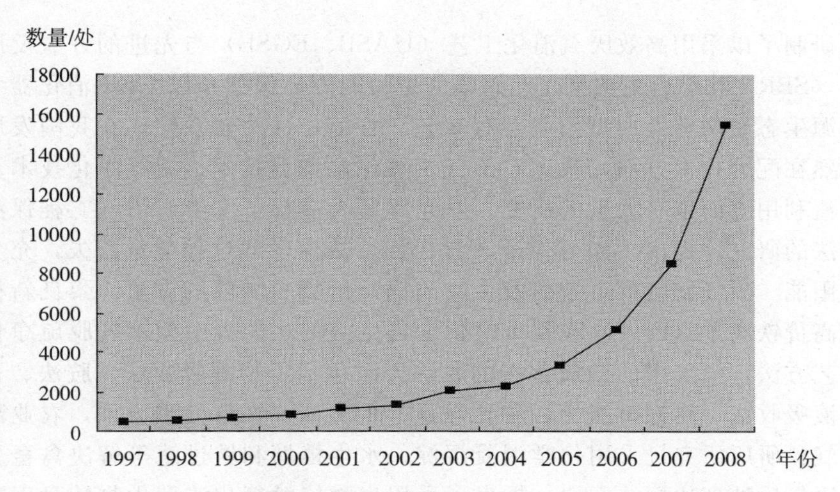

图 2－21 我国以处理农业废弃物为目的的大中型沼气工程建设分布状况

规划 2006—2010 年，新建规模化养殖场大中型沼气工程分别为 2393 处、1200 处；而在西南区、西北干旱区等西部地区及东北地区则分布较少。从省份看，2007 年浙江是建设数量最多的省份，建设量达 2151 处、总池容 40.58 万 m^3、总产气 3651.91 万 m^3，占全国的 48.8%；其次是河南和福建，数量分别为 1048 处和 988 处，总池容分别为 17.4 万 m^3 和 34.18 万 m^3,、总产气分别为 3246.36 万 m^3 和 4414.29 万 m^3，分别占全国总数的 43.0% 和 38.8%。截至 2008 年底，我国畜禽养殖场沼气工程达 39510 处，总池容 451.476 万立方米，年产沼气约 5.2 亿立方米。大型工程 2761 处，年产沼气约 2.7 亿立方米；中型工程 12864 处，年产沼气约 1.8 亿立方米；小型沼气工程 23885 处，年产沼气 7096 万立方米。

（3）技术现状

我国大中型沼气工程技术及配套设备已日趋成熟，即将接近国际水平。在大中型沼气工程的成套技术方面，可根据原料的不同，进行包括预处理、厌氧发酵、“三沼”利用及消化液后处理的全部设计。在预处理技术方面，孙辰等［28］人开展了稻草经氧氧化钠前处理后厌氧发酵产沼气的实验研究。实验结果表明，要想提高稻草的厌氧消化效率和产气量，只需采用 6%NaOH 化学预处理即可。在发酵工艺方面，我国已开展了生物厌氧发酵机理研究，研究制定了多种适合我国大中型沼气工程的发酵工艺，如 USR 工艺、CSTR 工艺、UASR 工艺、EGSB 工艺和 HCF 工艺。陈智远［29］等人以山东民和沼气工程和北京德青源沼气工程为例分析了以鸡粪为发酵原料采用 CSTR 工艺的沼气工程的运行情况。分析表明，两座采用 CSTR 工艺的沼气工程均运行稳定良好。除此之外，根据沼气工程的建设目的和周边环境条件的不同，我国研制了以采用高效厌氧消化工艺（UASB、EGSB）与先进的好氧反应工艺（（SBR）相结合的典型工艺路线为主的能源环保型和以USR消化器为主的能源生态型两套大中型沼气工程工艺。目前，这两套系统已在我国发展较为成熟在配套技术方面，我国在沼气工程保温增温技术、沼气净化技术及沼液沼渣利用方面也有大量的研究。罗光辉等人进行了大中型沼气工程保温增温方法的研究，提出了做好发酵装置保温，减少发酵过程能量流失，充分利用太阳能、沼气发电机组余热及生物质锅炉给物料增温的方法。黎良新提出了以高价铁离子（Fe^{3+}）吸收＋电化学再生溶剂法的大中型沼气脱硫净化的新工艺方法，沼气中的二氧化碳的脱除方法包括了物理吸收法、胺法、石灰水溶液吸收法、热钾碱法等四种比较适宜的方法。在后处理方面，农业部成都沼气科研所研究过采用化学混凝沉淀、水生植塘和铁过滤等解决禽畜粪便污水厌氧后处理达标的方法，提出了采用生物接触氧化法和生物转盘工艺处理畜禽粪便厌氧后的沼液，两者COD去除率均大于70％，BOD5去除率均大于80％，接触氧化法有机负荷为2kgCOD/（m^3.d），生物转盘有机负荷为15kgCOD/（m^3.d），这种方法对氮素有很高的清除效果。

（4）“三沼”的利用情况

沼气是一种以甲烷为主要燃烧成分的具有较高热值的可再生能源燃料，一般含60％左右的甲烷，燃烧一立方米沼气可产生21520KJ热量，约相当于1.45m^3 煤气或0.69m^3 天然气。除此之外，沼气的抗爆性能较其他燃气好。因此，在传统上沼气大多用于燃烧和照明。近几十年来，随着我国大中型沼气工程建设数量日益剧增，规模越来越大，沼气产量不断提高，传统的沼气利用方式已经不能满足要求。因此，利用沼气发电成为新的出路。目前，沼气发电模式运用于我国各地的沼气工程，如北京青源沼气工程、山东民和沼气工程、天津挂月酒精厂、广州珠江啤酒集团厌氧处理系统及上海、浙江等地沼气工程，沼气利用效率明显提高沼液、沼渣是发酵残留物，即厌氧发酵产生沼气后残留的液和渣，又统称沼肥。沼液沼渣含有丰富的作物生长所需的氮、磷、钾等营养元素，并且还存留了氨基酸、维生素、生长激素等物质，是很好的有机肥料。杨发明等用沼肥根施大蒜，不但提高了大蒜的产量，而且还提升了大蒜的商品性，增加了经济收入。因此，目前部分沼液沼渣作为有机肥料用于农业生产。

三、大中型沼气工程厌氧消化器

1. 分类指标

（1）水力滞留时间Hydraulic Retention Time（HRT）

HRT：一个消化器内的发酵液按体积计算被全部置换所需要的时间，单位为天（d）或小时（h）。

$$HRT\ (d)=V/Q$$

V：消化器有效容积（m^3）

Q：每天进料量（m^3）

（2）固体滞留时间 Solids Retention Time（*SRT*）

SRT 是指悬浮固体物质从消化器里被置换的时间

$$SRT=[(TSSr)(RV*Dr)]/[(TSSe)(EV*De)]$$

TSSr——消化器内总悬浮固体的平均质量分数；

TSSe——消化器出水的总悬浮固体的平均质量分数；

RV——反应器体积；*EV*——每天出水的体积；

Dr——消化器内固体物的密度；*De*——出水里的固体物的密度。

案例：奶牛场的 SRT 曲线图（图 2－22）

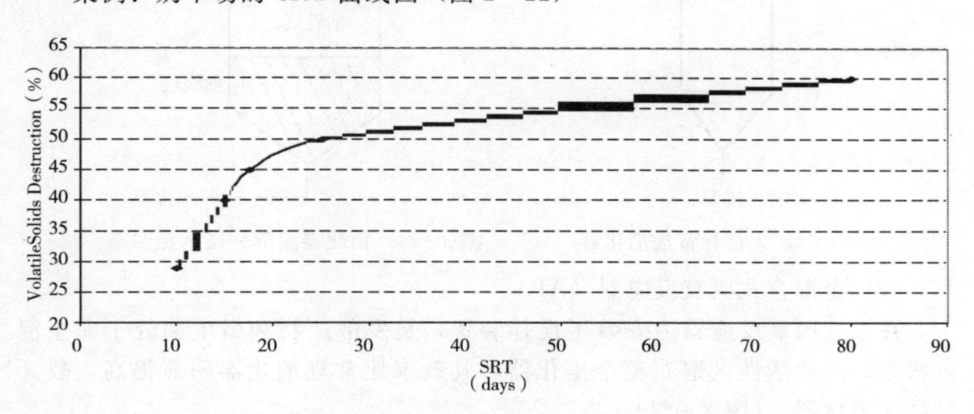

图 2－22　Dairy Waste Volatile Solids Destruction

（3）微生物滞留时间 Microb Retention Time（*MRT*）

MRT 是指微生物细胞的生成到被置换出消化器的时间。

（4）厌氧消化器分类（表 2－6）

表 2－6　厌氧消化器分类

类型	滞留期特征	消化器举例
常规型	*MRT*＝*SRT*＝*HRT*	常规消化器、塞流式、全混合式
污泥滞留型	（*MRT* 和 *SRT*）＞*HRT*	厌氧接触工艺、升流式固体反应器、折流式、升流式厌氧污泥床
附着模型	*MRT*＞（*SRT* 和 *HRT*）	厌氧滤器、流化床和膨化床

2. 厌氧消化器类型

(1) 常规型

密闭池体，无搅拌装置，结构简单、应用广泛；原料在消化器内自然沉降分层：浮渣层、上清液层、活性层、沉渣层；可见图 2－23、图 2－24。厌氧消化活动旺盛场所只限于活性层，因而效率低。多于常温下运行，批量或半批量发酵。我国农村水压式沼气池属于此类。

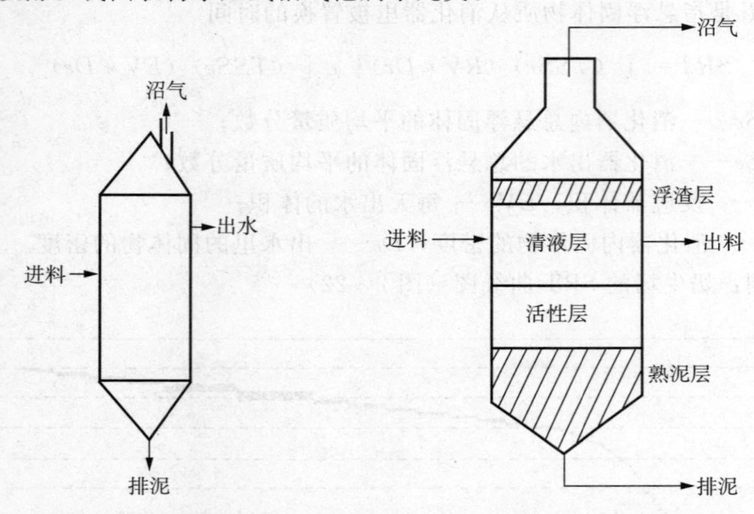

图 2－23　无搅拌常规消化器　　　　图 2－24　消化器发酵分层示意图

(2) 全混合式厌氧反应器（AP）

在常规厌氧反应器内安装了搅拌装置，是发酵原料和微生物处于完全混合状态，因此活性区遍布整个消化器，其效率比常规消化器明显提高，故又名高速消化器。(图 2－24)

运行方式上常采用恒温连续投料或半连续投料，适用于高浓度及含有大量悬浮固体原料的处理。$HRT=SRT=MRT=10\sim15$d，中温发酵负荷 3～4kgCOD/（m^3·d），高温发酵 5～6kgCOD/（m^3·d）。

优点：①可进入高悬浮固体原料；②消化器内物料混合均匀，增加了底物和微生物的接触机会；③消化器内温度分布均匀；④进入消化器的物料能够迅速分散，保持较低的浓度水平；⑤避免了浮渣、结壳、堵塞、气体逸出不畅和短流现象；

缺点：①消化器体积较大；②要有足够的搅拌，因此能耗较高；③生产用大型消化器难以做到完全混合；④底物流出该系统时未完全消化，微生物随出料而流失；

(3) 塞流式消化器（PFR）

亦称推流式反应器或活塞流反应器，是一种径高比很小（1/50）的非完全混合的消化器，高浓度悬浮固体原料从一端进入，从另一段流出，原料在消化器内的流动呈活塞式推移状态。实际应用中，为减少反应器占地及工程施工方便，常采用消化器内设置挡板的方式。（图 2－25）

优点：①不需搅拌，结构简单，能耗低；②除适用于高 SS 的废物处理外，尤其适用于牛粪的消化；③运转方便，故障少，稳定性高；

缺点：①固体物质可能沉于底部，影响消化器的有效体积，使 HRT 和 SRT 降低；②需要固体和微生物的回流作为接种物；③由于径高比（体积/面积）较小，难以保持温度恒定；④易产生结壳；

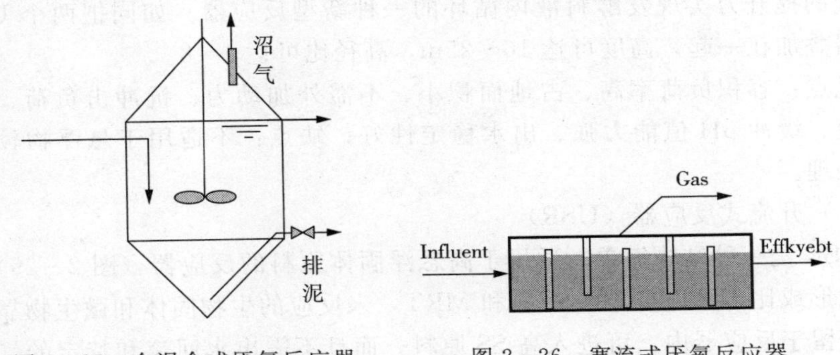

图 2－25　全混合式厌氧反应器　　图 2－26　塞流式厌氧反应器

（4）上流式厌氧污泥床反应器（UASB）

目前国内广泛应用于酒醪滤液、啤酒废水、豆制品加工废水等。

特点：自下而上流动的污水通过膨胀的颗粒状污泥床被消化分解，消化器分为三个区，即污泥床、污泥层和三相分离器。（图 2－27）

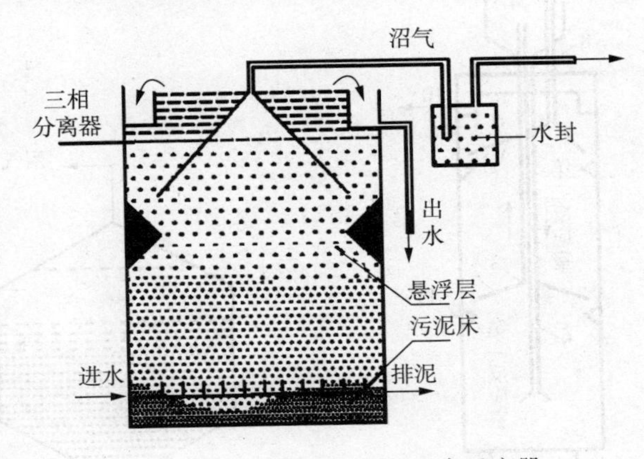

图 2－27　升流式厌氧污泥床反应器

优点：①除三相分离器外，消化器结构简单，无搅拌装置及填料；②有机负荷大大提高；③颗粒污泥的形成使厌氧微生物天然固定化，增加了工艺的稳定性；④出水 SS 含量低；

缺点：②需要安装三相分离器；②需要安装布水装置；③要求进水 SS 含量低；④在水力负荷较高或 SS 负荷较高时易流失活性污泥和微生物，运行技术要求较高。

(5) 内循环厌氧反应器

IC (Internal Circulation) 反应器（图 2-28）。1986 年由荷兰某公司研究成功并用于生产内循环厌氧反应器，是目前世界上效能最高的厌氧反应器。该反应器是集 UASB 反应器和流化床反应器的优点于一身，利用反应器内所产沼气的提升力实现发酵料液内循环的一种新型反应器。如同把两个 UASB 反应器叠加在一起，高度可达 16～25m，高径比可达 4～8。

优点：容积负荷率高、占地面积小、不需外加动力、抗冲击负荷、启动时间短、缓冲 pH 值能力强、出水稳定性好；缺点：不适用于悬浮物较多的物料处理。

(6) 升流式反应器 (USR)

USR 是一种结构简单、适用于高悬浮固体原料的反应器（图 2-29）。能够自动形成比 HRT 较长的 SRT 和 MRT，未反应的生物固体和微生物靠自然沉淀滞留于反应器内，可进入高 SS 原料，而且不需出水回流和特定的气/固/液三相分离器装置。TS 可达 12%以上，容积负荷可达 10.5kgCOD/（m^3・d）（周孟津等）。该反应器效率接近 UASB 功能，但适用于高 SS 原料，应用前景广阔。

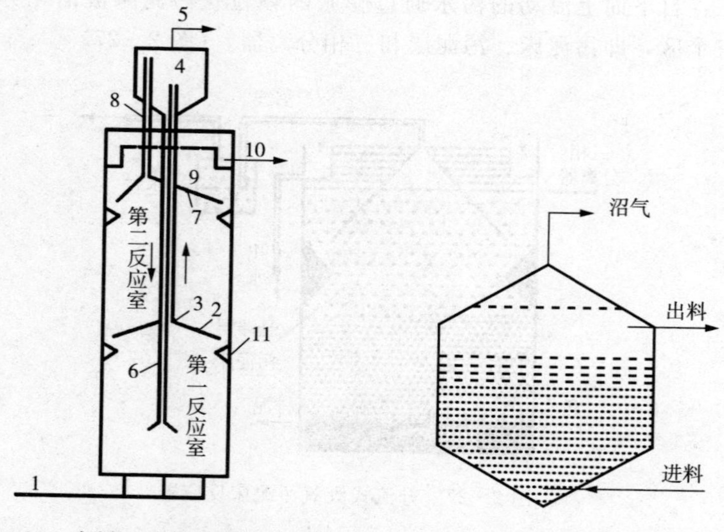

图 2-28　内循环厌氧反应器示意图　　图 2-29　升流式反应器示意图

(7) 折流式反应器

折流式反应器每个单元相当于一个反应器（图 2－30）；适用于低浓度的生活污水处理；效果不理想原因：一是因为进料负荷集中于第一个小室，超负荷运行易酸化；二是因为酸化的料液会影响后面的料液。

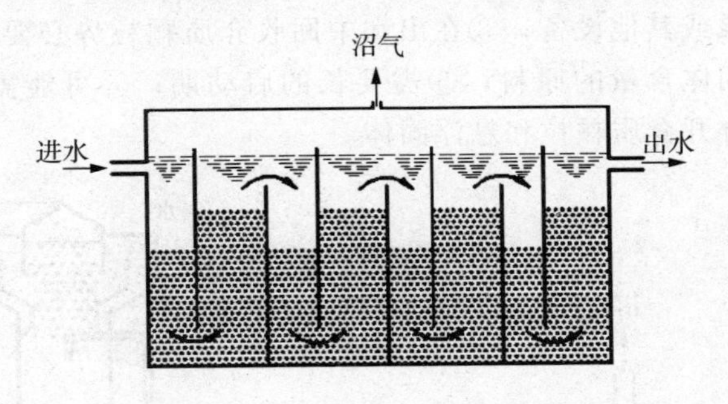

图 2－30　折流式反应器示意图

(8) 附着膜型消化器

附着膜型消化器的特征是在反应器内安装有惰性支持物（又称填料）供微生物附着，并形成生物膜。这就使进料中的液体和固体在穿流而过的情况下，滞留微生物于生物膜内，并且在 HRT 相当短的情况下，可阻止微生物冲出。这类反应器 SRT 较短，影响固体物的转化，因此只适用于处理低浓度、低 SS 有机废水。

这类消化器有：厌氧滤器、流化床和膨胀床。后两种反应器多处于实验室研究阶段。

a. 厌氧滤池（AF）：加入填料的 USR。（图 2－31）

填料的目的是①为厌氧微生物提供附着生长的表面积；②高空隙率；厌氧滤器 AF 在实用上多用纤维或硬塑料作为支持物，使细菌附着于表面形成生物膜。

优点：①不需搅拌，运行费用低；②效率高，可缩小反应器体积；③微生物固定化，MRT 相当长，微生物浓度高，运转稳定；④具有较高的抗有机负荷能力；

缺点：①填料费用过高（可达总造价 60％）；②由于微生物积累，增加了运转期间料液的阻力；③易发生堵塞和短路；④启动时间过长；⑤不适用于高 SS 原料处理。

b. 厌氧流化床（AFB）（图 2－32）

填有比表面积很大的惰性载体颗粒的反应器，载体颗粒在整个反应器内均匀分布。分为膨胀床和流化床。膨胀床运行流速控制在略高于初始流化速度，相应的膨胀率为 15％～30％；流化床一般按 40％～200％的膨胀率运行。

优点：①有大的比表面积供微生物附着；②可以达到更高的负荷；③因为有高浓度的微生物使运行更稳定；④能承受负荷的变化；⑤在长时间停运后可更快地启动；⑥消化器内混合状态较好。

缺点：①使颗粒膨胀或流态化需要高的能耗和维持费；②支持介质可能被冲出，损坏泵或其他设备；③在出水中回收介质颗粒势必要花更多的经费；④不能接受高固体含量的原料；⑤需要长的启动期；⑥可能需要脱气装置从出水中有效地分开介质颗粒和悬浮固体。

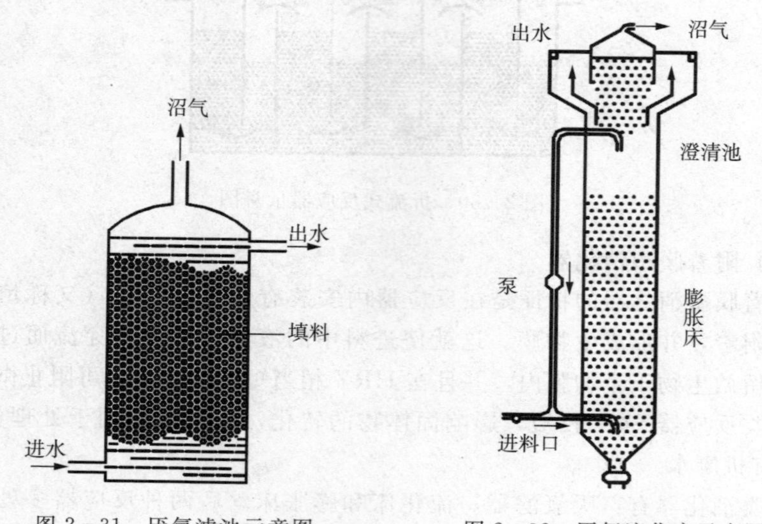

图 2－31　厌氧滤池示意图　　图 2－32　厌氧流化床示意图

(9) 固态发酵（干发酵）

20 世纪 90 年代起，以德国为代表的发达国家开始进行沼气间歇固态发酵（干法发酵）技术及工业级装备研发。目前欧洲干法发酵的工程设施主要有以下五种类型：车库型、气袋型、渗出液存贮桶型、干湿结合型和贮罐型。2002 年，德国 BIOFERM 公司、BEKON 公司等厂家生产的车库型工业级装备已进入生产性验证，在控制、安全等方面较完备，但投资较高。

中国覆膜干式厌氧发酵槽反应器（MCT），该技术是以粪便、秸秆、有机垃圾等为原料，通过堆沤或好氧升温后，批量投入厌氧消化器进行发酵生产沼气的厌氧消化技术。该技术是在没有或几乎没有自由流动水的状态下进行的沼气发酵过程，适合处理固体浓度在 20％以上的发酵物料，可同时生产沼气及固体有机肥料。覆膜干式厌氧发酵槽反应器一般需要设计多个发酵槽。示意图 2－33 是采用 8 个发酵槽的情况，其中 4 个处于厌氧产气阶段，1 个处于好氧预处理升温阶段，3 个处于脱水制肥阶段。利用好氧发酵的生物能使固体原料升温，辅以高效的保温措施，不用外加热源，可使物料在厌氧产气期内保持“中温”（35℃～42℃）状态，且每天的温降小于0.15℃，有效地提高了沼气产气率，减少了系统的能耗，降低了运行成本。

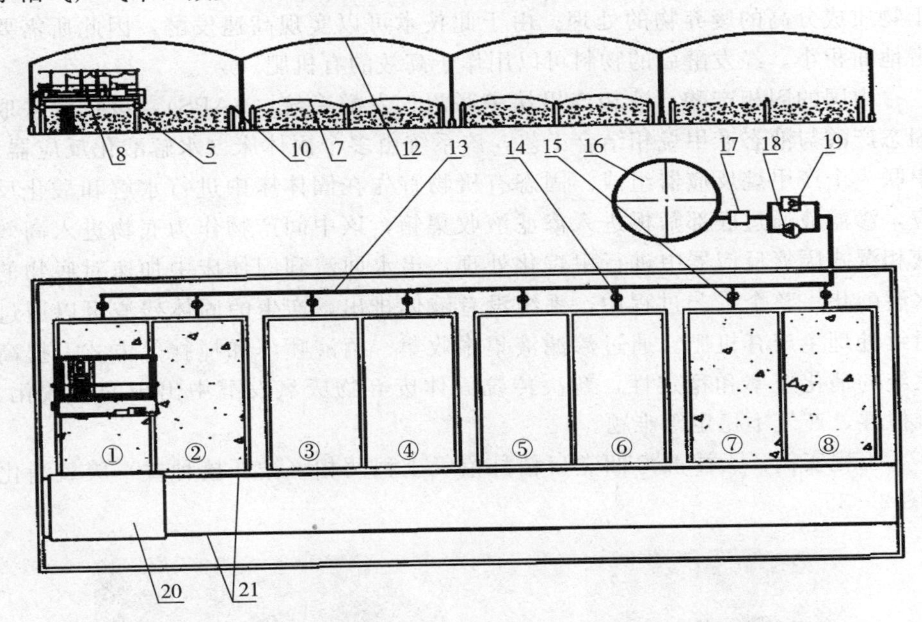

图 2-33 中国覆膜干式厌氧发酵槽反应器

工程案例：北京大兴庞各庄创新奶牛场干法沼气工程批次固态发酵（干发酵）（图 2-34）

图 2-34 北京大兴庞各庄创新奶牛场干法沼气工程图

(10) 固态物料两相沼气发酵系统

2006年美国加州大学DAVIS分校成功研制了APS技术，可以用于含有干物质成分高的废弃物的处理。由于此技术可以实现高速发酵，因此所需要占地面积小。经发酵后的物料可以用作于高效的有机肥。

中国的固相产酸、液相产甲烷串联沼气发酵系统（SAPS），该技术采取固态产酸与液态产甲烷相结合工艺，该系统由多个固体床（水解酸化反应器）串联一个产甲烷反应器组成。固态有机物首先在固体床中进行水解和酸化反应，渗滤液通过底部筛板进入渗滤液收集箱，该中间产物作为底物进入高效液相湿式厌氧反应器中进行甲烷化处理，出水回流到固体床中加速对底物的水解酸化。整个工艺过程中，系统没有液体排出，产生的固体残渣可以通过后续处理生产有机肥。通过渗滤液集中收集、沼液喷淋和搅拌等方式，提高系统的消化速率和稳定性，解决传统固体废弃物厌氧发酵中出现的易酸化、难搅拌、产气不稳定等难题。

工程实例：天津静海四党口秸秆沼气工程两相（循环接种式）厌氧消化（图2－35）

青贮池

发酵罐与操作间

高压储气柜

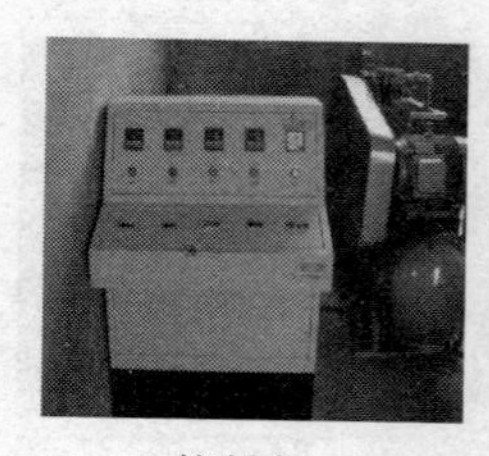

控制台

图2－35 天津静海四党口两相（循环接种式）厌氧消化沼气工程

五、沼气的净化、贮存和输配

1. 净化

净化的主要目的：去除沼气当中H_2O、H_2S气体。

沼气发酵时会有水分蒸发，与沼气一同进入管路。易造成管路、流量计等堵塞；蛋白质在硫酸盐还原菌作用下，会产生一定量 H_2S 气体。H_2S 有毒、腐蚀管路、阀门及设备；

35℃中温运行时，沼气中含水量为 $40g/m^3$ 左右；20℃时含水量 $19g/m^3$ 左右；H_2O 的去除方法（除水）：冷却、吸附（化学、物理）、缓冲；

H_2S 含量一般在 $1\sim12g/m^3$（城市煤气标准 $\leqslant20mg/m^3$）。H_2S 的去除方法（脱硫）：化学（Fe_2O_3）、生物（绿色硫细菌、氧化亚铁硫杆菌、脱氮硫杆菌、排硫硫杆菌、氧化硫硫杆菌）。

脱硫的最终结果都是将 H_2S 变为单质 S。脱硫塔一般设置两个，交替使用。

2. 贮存

浮罩式贮气柜和高压钢性贮气柜。贮气柜的作用是调节产气和用气的时间差，保证沼气用气压力恒定。贮气柜大小一般为日产沼气量的 1/3～1/2。

3. 输配

沼气的输配系统是指在沼气用于集中供气时，将其输送分配直各户（点）的整个系统。一般采用金属管道或高压聚乙烯塑料管道。远距离输配可考虑采取加压措施。另外还有灌装贮存、输配。

六、沼气工程设计

工程案例：

工程建设单位：云南省楚雄市东华镇楚雄市明宏生态科技有限责任公司

● 项目背景：楚雄市东华镇养猪场 2.8 万头猪每天产生的 $500m^3$ 粪便废水处理工程；

● 设计依据：云南省大中型沼气工程项目（国家发改委、云南省发改委共同立项），技术依托：教育部可再生能源重点研究中心；

● 目标：利用养殖场废弃物产沼气，集中供气和发电；利用沼液沼渣生产有机肥项目。

● 工艺流程（图 2-36）

1. 沼气工程工艺设计原则

（1）沼气工程的工艺设计应根据沼气工程规划年限、工程规模和建设目标，选择投资省、占地少、工期短、运行稳定、操作简便的工艺路线。做到技术先进、经济合理、安全实用。

（2）工艺设计应在不断总结生产实践经验和吸收科研成果的基础上，积极采用经过实践证明行之有效的新技术、新工艺、新材料和新设备。

（3）在经济合理的原则下，对经常操作且稳定性要求较高的设备、管道及监控系统，应尽可能采用机械化、自动化控制，以方便运行管理，降低劳动强度。

(4) 工艺设计要充分考虑邻近区域内的污泥处置及污水综合利用系统，充分利用附近的农田，同时要与邻近区域的给水、排水和雨水收集、排放系统及供电、供气系统相协调。

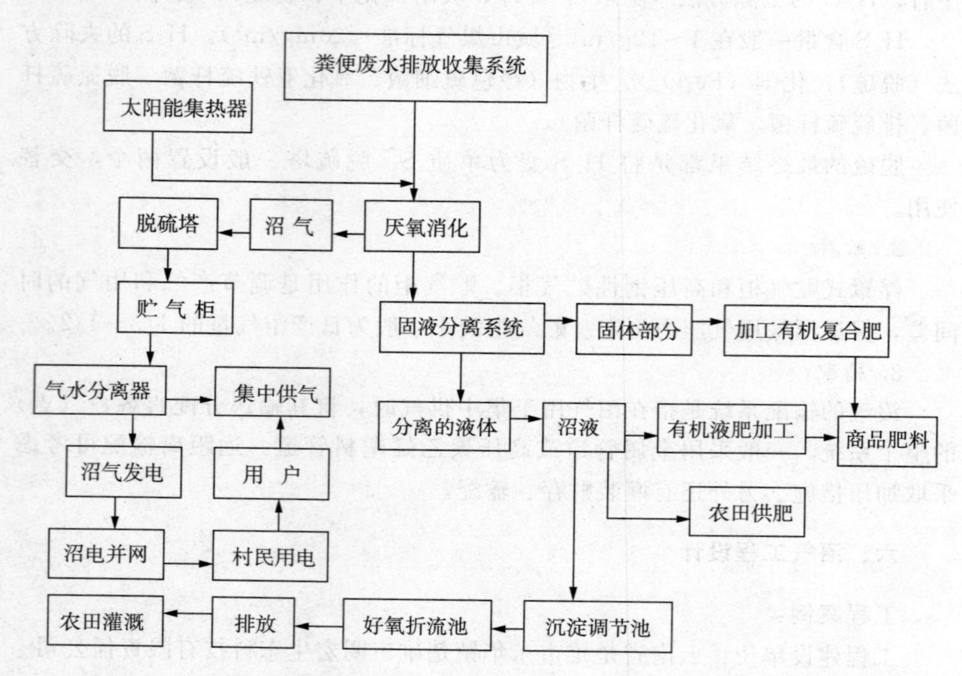

图 2-36　楚雄市东华镇楚雄市明宏生态科技有限责任公司沼气工程流程图

2. 沼气工程设计主要内容

(1) 整体工艺技术流程的选择、确定及设计；

(2) 各个处理单元的工艺技术参数的选择与确定；

(3) 全系统的物料及能量的变化和平衡计算；

(4) 各构筑物、建筑物、设施及设备单元的工艺设计；

(5) 工艺设计说明、工艺平面布置图、工艺纵向流程图、各处理构（建）筑物及设备的工艺条件图等；

(6) 预处理系统设计：粗格栅、细格栅（或水力筛）、沉砂池、调节（酸化）池、营养盐和 pH 调控系统。

(7) 厌氧消化器设计：水力滞留时间（HRT）、有机负荷、容积负荷、污泥负荷、消化器容积等。

3. 核心：厌氧消化器的设计

● 设计总体要求

（1）应最大限度地满足沼气微生物的生活条件，要求消化器内能保留大量的微生物。

（2）应具有最小表面积，有利于保温，使其散热损失量最少。

（3）要使用很少的搅拌动力，即可使新进的料液与消化器内的污泥混合均匀。

（4）易于破除浮渣，方便去除器底沉积污泥。

（5）要实现标准化、系列化生产。

（6）能适应多种原料发酵，且滞留期短。

（7）应设有超正压和超负压的安全措施。

● 消化器设计主要参考内容及关键参数

设计消化器要根据所处理原料的物理特点，以竭尽全力为沼气微生物创造良好的活动条件为目的。消化器结构形式是有该工程所处理原料的水质条件和最终要达到的处理目标要求来决定的，也与设计者的技术水平和实践经验密切相关。要明确工程最终处理目标是达标排放的环保项目，还是对沼气、沼渣、沼液综合利用的生态工程项目。

厌氧消化器设计的关键参数主要有水力滞留时间、有机负荷、容积负荷、污泥负荷、消化器容积等。

● 消化液的容积计算

消化液容积与每日处理原料量、消化液浓度、消化液密度和水力滞留期有关。

$$V_1 = (Gf \times HRT)/qy$$

V_1——消化器中消化液容积（m^3）；
G——消化器每日进原料量（kg/d）；
f——原料干物质含量（%）；
HRT——消化器水力滞留期（d）；
q——消化液浓度（TS）（%）；
y——消化料液密度（kg/m^3）。

● 消化器的总容积

消化器总容积＝消化器中消化液容积（V_1）＋消化器的储气容积（V_2）一般取 $V_2 = (8\% \sim 10\%) V_1$。

$$V = V_1 + V_2 = [(Gf \times HRT)/qy] * (1 + 10\%)$$

● 消化池容积

容积负荷与有机负荷是消化器容积设计的主要参数。

消化池容积 V＝每日能够接受并将其降解到预定程度的有机污染物

(BOD)/消化池容积负荷率(NV)

$$V=(10\times V_n)/P$$

式中 V——消化池污泥区容积,m^3;

V_n——每日需处理的污泥或废液体积,m^3/d;

P——设计投配率,%/d,通常采用5%~12%/d。

● 消化器设计注意问题

消化器的单体有效容积确定后,在设计时需要注意4点:1. 消化器的数目以不小于两座为好,以便检修时至少仍有一个消化器能工作。当设置两座消化器时,总有效容积应比计算值大10%。2. 消化器内液面的高度应考虑的因素:①有效池容应尽量大;②表面积应尽量小(面积小浮渣层易破碎);③液面升高时物料不进入沼气管;④用沼气循环搅拌时产生的飞沫不会进入沼气引出管。3. 厌氧消化器一般采用圆柱形结构,柱形池体的直径一般为6~35m,柱体高与直径之比约为0.8~2.0,池底保持一定坡度,池顶部集气罩高度常采用0.5~1.5m,池体至少应设两个直径为0.7m的入孔。4. 消化器必须附设各种工艺管道,以确保其正常运行。工艺管道包括进料管、循环管、排水管、排泥管、溢流管、沼气管和取样管等。

● 消化器排泥管道设计要点

(1)剩余污泥排泥点以设在污泥区中上部为宜。

(2)矩形池排泥应沿池纵向多点排泥。

(3)对一管多孔式布水管,可以考虑进水管兼做排泥或放空管。

(4)原则上有两种污泥排放方法:在所希望的高程处直接排放;采用泵将污泥从反应器的三相分离器的开口处泵出,可与污泥取样孔的开口一致。

排泥的高度是重要的,合理高度应是能排出低活性污泥并将最好的高活性污泥保留在反应器中。

● 消化器的保温设计

设计原则:当地最低气温确定保温层的厚度。

$$Q=24\lambda F\left[(T_2-T_1)/\delta\right]$$

$$Q=CG(T_3+T_2)$$

Q——每天进料热量或消化器散失的热量(kJ);

C——料液比热容[kJ/(kg·℃)];

G——日进料液量(kg);

T_3——进料料液温度(℃);

T_2——消化液温度(℃);

T_1——最低环境温度(℃);

λ——保温材料的热导率［kJ/（m·h·℃）］；

F——消化器导热面积（m^2）；

δ——保温层厚度（m）。

● 沼气净化设计

沼气气水分离器设计原则：①进入分离器的沼气量应按平均日产气量计算；

②分离器内的沼气供应压力应大于2000Pa；③分离器的压力损失应小于100Pa；

④沼气气水分离器的入口管内流速宜为15m/s，沼气出口管内流速宜为10m/s；

⑤沼气进口管应设置在筒体的切线方向；沼气气水分离器下部应设有积液包和排污管；⑥沼气气水分离器内宜装入填料，填料可选用不锈钢丝网，紫铜丝网，聚乙烯丝网，聚四氟乙烯丝网或陶瓷拉西环等；⑦沼气管道的最低点必须设置沼气凝水器，定期或自动排放管道中的冷凝水。沼气凝水器直径宜为进气管的3.0～5.0倍，高度宜为直径的1.5～2.0倍。

● 贮气罐设计

沼气贮气罐：低压贮气罐（湿式贮气罐或干湿贮气罐贮气；）、高压贮气罐；

设计原则：①. 低压湿式贮气罐水封池布置宜采用地下式，也可采用半地下式或地下式布置，其结构宜采用钢筋混凝土结构或钢结构，寒冷地区水封池应有防冻措施；②贮气罐钟罩与水封池内壁的间距应不小于400mm；③钟罩宜采用钢结构，对容积小于300立方米的低压湿式贮气罐钟罩，也可采用钢筋混凝土结构；④贮气罐应设置进气管、出气管、自动放空管、上水管、排水管及溢流管；当贮气罐连接有沼气加压装置时，贮气罐应设置低位限位报警和自动停止加压联锁装置；导轨、导轮应能保证贮气罐钟罩平稳升降；⑤低压湿式贮气罐应设贮气量指示器；⑥低压湿式贮气罐应有防雷接地设施，其接地电阻应小于10Ω。低压湿式贮气罐贮气气压宜设计为2000～5000Pa。当有特殊要求时，也可设置为6000～8000Pa。

● 贮气罐的容积计算：

(1) 单位时间沼气最大用气量：沼气输配管网中月、日、时都存在用气的不均匀性。沼气输配网的通过能力应该按高峰月平均小时用气量来计算确定，即：

$$GT=K_{max}\ (V_a/8760)$$

式中　GT——沼气输配管网小时通过气量（标准状态下）（m^3/h）；

V_a——年用气量（标准状态下）［m^3/（人·年）］；

K_{max}——月高峰不均匀系数；

K_{max}＝高峰月平均日用气量/全年平均日用气量

注：我国多数地区一、二月份用气量最大，最高峰月。在设计沼气站输配时，应考虑高峰月的用气量，一般取 Kmax 为 1.1～1.3。

(2) 居民年用气量计算

$$V_n = nV_r$$

V_n——居民年用气量（标准状态下）［m^3/（人·年）］；

n——用气人数；

V_r——用气定额（标准状态下）［m^3/（人·年）］

居民用气量：影响居民用气量的因素很多，包括生活水平、生活习惯、灶具、气候等诸多因素。可按居民过去使用的燃料消耗量进行折算。

(3) 储气罐中沼气的压力

一般小型储气罐内的压力为 75～90mmH_2O，大中型沼气工程储气罐内的压力为 200～350mmH_2O。

储气罐出口压力

$$P_{out} = W_c / S$$

P_{out}——储气罐出口压力（Pa）；

W_c——浮罩质量（kg）；

S_c——浮罩水平截面积（m^2）。

储气罐两种形式如图 2－37、图 2－38。

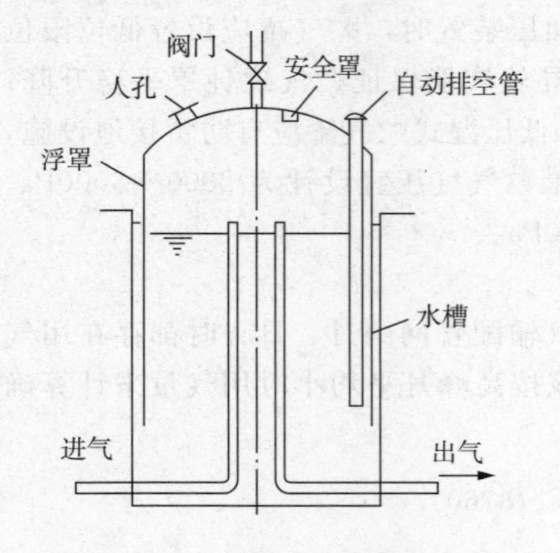

图 2－37　变容湿式低压贮气罐

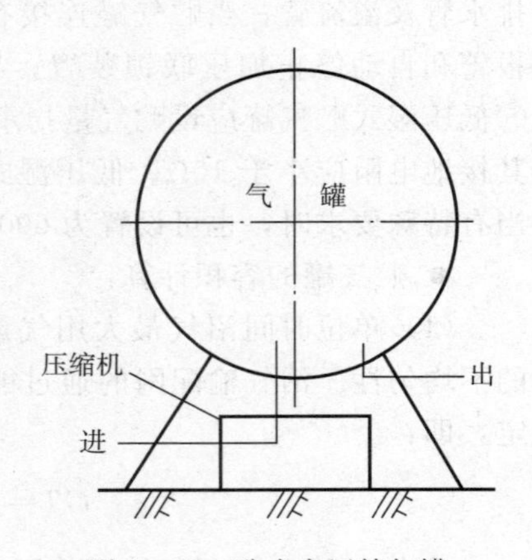

图 2－38　卧式中压储气罐

七、沼气工程可行性报告主要内容

- 项目摘要
- 项目建设的必要性和可行性
- 市场分析与预测
- 项目承担单位的基本情况
- 项目地点选择分析
- 工艺技术方案
- 项目建设目标
- 项目建设内容
- 环境保护与安全生产
- 投资估算和资金筹措
- 效益分析和风险分析
- 项目建设期限和实施进度安排
- 项目组织管理与运行
- 招标方案
- 结论与建议

附录：汽气工程可行性报告样本

天津市农村沼气国债项目
可行性研究报告

项目名称：天津市农村沼气国债项目建设
主管部门：天津市发展与改革委员会
建设地点：蓟县、宝坻、武清

2006年天津市农村沼气国债项目可行性研究报告

一、项目情况摘要

项目名称：2006年天津市农村沼气国债项目

建设性质：新建

建设地点：蓟县、宝坻、武清

项目主管部门：天津市农业局

联系电话：022—28015314

项目承担单位：

建设内容：在蓟县、宝坻、武清建设“一池三改”沼气池7297户。

建设期限：1年

投资规模：项目总投资2553.95万元。

资金筹措：申请中央财政支持583.76万元，地方财政配套291.88万元，农民自筹1678.31万元。

按照农业部办公厅、国家发展改革委办公厅“关于申报2006年农村沼气国债项目的通知”精神，我市蓟县、宝坻、武清申报2006年沼气国债项目。项目区分设在三个区县的38个乡（镇）、58个村，计划建“一池三改”户用沼气7297户。项目实施后，将极大地改善项目区所在村的环境卫生面貌，使2万余人改变炊事用能，用上清洁、高效的沼气能源，同时能有力地促进农业增效和农民增收，并带动周边地区沼气建设的深入开展。

二、项目建设的必要性和有利条件

1. 项目建设的必要性

改革开放以来，天津市的经济得到迅速发展，已成为中国北方最大的沿海开放城市，环渤海地区的经济中心。随着农业结构调整步伐的加快，农业生态环境建设与无公害农产品越来越受到全社会的普遍关注。作为东部地区的天津市现已受到农业生态环境恶化的困扰，因此，搞好以沼气为纽带的能源生态工程建设，是建设社会主义新农村的需要，是实现农业可持续发展的一条重要途径。蓟县结合生态建设已在于桥水库周围地区实施了沼气建设，并取得了初步成效。但是，规模还比较小，应用不够普遍，为此，还应加大建设力度，扩大投资规模，使农村能源沼气建设在该县迅速展开。武清区、宝坻区也同样被列为全国生态农业建设示范县，各项工作也都取得了很大成绩。3个区县都是种植业、养殖业重点地区，气候资源条件好，沼气发酵原料充足，为发展规模化农村户用沼气建设创造了极为有利的条件。

近年来，随着科学技术的发展和农民观念上的转变，对户用沼气池有了重新的认识。我市虽属北方地区，发展沼气有一定的局限性，但是试点建设的经验表明，由于沼气池结构的改进，以及深埋、保温等措施的实施，可以使产气周期延长到10个月至全年，大大提高了沼气的使用效率。加之由于农产品安全问题的逐步重视，使得沼气的副产品的使用价值越来越高。因此，广大农民对待沼气的态度也逐步发生了根本性的转变。由过去的全部政府补贴建池，变成了自己宁可花钱也要建池，使我市的户用沼气池建设进入了前所未有的大好时机，为实现家居温暖清洁化、庭院经济高效化和农业生产无害化，实现农民生活全面奔小康提供了强有力的支持手段。

2. 项目建设的有利条件

(1) 气候、地理条件适合沼气建设。项目区属暖温带大陆性季风气候，四季分明，干湿度差异大，光水热资源丰富。土壤以褐土、潮土为主，土层深厚，土壤质地为壤土和黏土，地下水位较高，最适宜各种水泥浇筑式沼气池建设。

(2) 有充足的建池资源。项目区有大量的养殖场户，目前生猪存栏5.19万头，蛋鸡、鸭、鹅17.959万只，牛存栏8087头，羊存栏1.97万只，每年可产生12.88万吨粪便。

(3) 项目区所在区县有较好的工作基础。蓟县有北京的东大门，天津的后花园和水源基地之称。近年来，先后被列入全国农村能源综合建设县、国家生态建设县、全国第一个绿色食品基地、全国第一个无公害农产品示范基地县。蓟县结合生态建设县及退耕还林工作，在于桥水库周边地区的养殖专业村开展了沼气配套建设，先后投资200万元，共建沼气池1300余户，有效地保护了引滦入津水源地，确保饮用水的质量。武清区、宝坻区也同样被列为全国生态农业建设示范县，武清区结合无公害蔬菜生产和宝坻区结合畜禽养殖建成的沼气生态模式也初步获得了成功，所建的户用沼气池都达到了预期效益，普遍受到当地农民群众的欢迎。此外，自2003年至今，该三个区县已有280余名技工获得初级沼气工资格，3人获得中级沼气工资格，拥有一支技术水平高、管理严格的建池队伍。

(4) 政府组织得力，配套资金有保障。蓟县、武清区、宝坻区政府对农村户用沼气建设十分重视，已纳入了政府的议事日程。市、区县各级政府对于国家下达的建设项目，凡要求有配套资金的都能积极配合，保证资金到位。各区县制定了发展规划，按照农业部"生态家园富民工程"和我市"文明生态村创建工程"的要求，把可再生能源建设和生态环境建设紧密结合起来。

三、项目建设方案及内容

1. 项目建设的总体思路

用科学发展观统领项目建设，围绕建设社会主义新农村奋斗目标，以沼气建设为核心，以促进农民增收、改善生态环境、提高生活质量为目的，与发展畜牧业和生态农业相结合，与退耕还林还草、保护生态相结合，与农村卫生事业建设相结合，加强示范引导和行政推动，实现沼气建设的快速发展。

2. 项目建设目标

项目建设总户数 7297 户，以沼气为纽带，促进农业增效，农民增收，实现产业结构大调整，农副产品无公害，村容庭院大改观，生态环境上水平，户均实现增收节支 1500 元以上。

3. 建设模式

农村户用沼气建设以“一池三改”为基本项目单元，即沼气池与改圈、改厕和改厨同步建设。

（1）建池：依照国标 GB/T4750－2002《户用沼气池标准图集》、国标 GB/T4725－2002《户用沼气池施工操作规程》，建一口 $10m^3$ 的沼气池，进行人畜粪便的无害化处理，减少面源污染，增加有机肥源。

（2）改厨：主要是把农户的厨房进行统一的改造，灶台上贴瓷砖，配置脉冲双眼沼气灶，调控净化器安装在高于灶 50～60 厘米偏右的墙壁上，执行同一标准，也可安装沼气灯。

（3）改厕：主要是新建和改造原有厕所，厕所与畜禽舍一体建设，内墙、地面贴瓷砖、蹲便器，安装小潜水泵设施，抽沼液水冲洗厕所、猪圈，使其达到卫生厕所的标准，美化村户环境。有条件的村，还可以安装太阳能热水器。

（4）改圈：主要是新建或改造已有的畜厩为沼气池提供充足的原料，使沼气池更好地发挥效益。猪圈为可冲洗水泥地面，也要与沼气池进料口连接，圈顶用塑膜覆盖。

（5）输气管网铺设。

（四）各区县建设规模

区县	建池村			
	乡镇（个）	村（个）	建池户数（户）	总投资（万元）
蓟县	25	33	3297	1153.95
宝坻	8	11	2000	700
武清	5	14	2000	700
合计	38	58	7297	2553.95

4. 投资估算和资金筹措

(1) 投资估算

新建"一池三改"户用沼气 7297 户，项目总投资 2553.95 万元，其中申请中央投资 583.76 万元，地方财政配套 291.88 万元，农户自筹资金 1678.31 万元。

"一池三改"沼气池用料用工预算表　　单位：元

品名	数量	单位	单价	金额	备注
水泥	2.4	吨	270	648	425 号
石料	4	立方米	40	160	4～6 分、寸料
沙料	4	立方米	50	200	纯河沙
钢筋	20	Kg	3.0	60	φ6φ8 盘园，其中 φ30/1M1 根
φ300 缸管	2	节	45	90	进料管道
φ150 缸管	1	节	8	8	出料器护管
红砖	700	块	200/千块	140	布料墙，出料池，酸化池
沼灶、灯具管路及配件		套		400	安装用铁丝钢钉胶布及附件费
防水材料		立方米		60	做池内防水密封
技工费用	17	个	50/天	850	建池费
挖池费	主池 1 水压箱 1	个		300	深 2.7M，直径 3.2M，深 3 米，直径 1.2 米
模具费				200	一次折旧磨损
运输费				100	模具、器具、搬捣
PVC 管出料器		个	120	120	出料器、PVC 管、弯头
安装费			100	60	安检、测试
合计				3396	

项目管理及其他不可预见费 75.89 万元，其中项目管理费 26.3 万元（主要用于项目调研、论证、检查、验收等管理费用开支）。

本项目实施后，将实现巨大的经济、社会和生态效益。通过配套工程的实施，人畜粪便经过沼气池处理，每年每户产沼气 600m^3，满足每日炊事用能，可代替标煤 0.43 吨，有利于减少薪柴砍伐量；产沼肥 10 吨，沼液养猪，沼液浸种，可形成以沼气池为纽带的高效设施生态家园综合用能格局，实现家庭用能的多能互补，循环利用。预计每户可实现增收节支1500元以上，每年可获得经济效益1094.55万元。

（2）资金筹措（见下表）

资金筹措表　　单位：万元

县（区）	中央投资	地方配套	集体及农户自筹	合计
蓟县	263.76	131.88	758.31	1153.95
武清区	160	80	460	700
宝坻区	160	80	460	700
总计	583.76	291.88	1678.31	2553.95

5．项目建设期限和进度

项目实施期1年，施工期为2006年5月至2007年10月底完成。具体进度为：2006年4月宣传发动，落实村户；5－11月施工安装阶段；12月－2007年4月。验收总结。如资金到位推迟，则项目进度安排顺延。

6．组织实施与管理

（1）项目管理规范化

从项目的准备到实施，从项目验收到跟踪服务，从项目的资金来源到资金使用等各个方面，实行全程规范化管理，切实推进项目建设工作的有序进行。项目根据《农村沼气建设国债项目管理办法》，建立目标管理责任制度，层层分解任务，抓好责任落实。对于承担上级有关部门审批的项目，既不允许无故变更项目计划，也不允许截流或挪用项目经费，应该做到专款专用，切实按项目的标准，将国家投资补助到用户。设置健全的项目实施机构，分工明确、各负其责，做到项目收支两条线，该收取的有偿技物服务费用，由经营单位（即供应站和施工队）直接向业主收取，该发放的补助资金，则由项目组织单位分文不少地发放给建池户。

（2）项目建设标准化

标准化是确保质量的前提，在项目建设过程中，要切实从技术培训、工程施工（安装）及其质量监督等环节抓起，严格贯彻技术规范或质量标准，确保项目建设取得持续、稳定的实效。将规范的技术与因村制宜、因户制宜的个性化设计有机地结合在一起，使庭院内的“三结合”沼气系统与人们日常生活区适当隔离，既方便猪圈、厕所、沼气池的使用管理，又促进卫生条件的改善，起到美化庭院的作用。

（3）项目施工专业化

专业化是确保质量的基础。农村能源建设是一项跨学科的应用技术，专业性较强。为此，国家劳动部和农业部联合颁文，对农村能源建设实行职业资格鉴定和就业准入制度，要严格推行这一制度，根据实际工作需要，每个项目县（区）至少培养沼气生产工 50 名。与此同时，还应积极探索工程建设质量的专业化监督，借助专业监理队伍的力量，重点对土建、管道安装、模式配套等环节的工程质量进行监督，对施工人员的工作实行“一人一评”、“一户一议”，并切实将评议结果与技术员的报酬挂起钩来，加强对施工人员的从业管理，促进工程质量的提高。

（4）项目经营产业化

产业是事业的依托，在实施项目的过程中，要注重农村能源产业的发展，积极建立健全产业体系，实现项目经营的产业化。结合我市当前的实际情况，发展农村能源产业首先要注重后期技物服务体系的建立、健全。在具体推进这一新目标实现的过程中，坚持两条原则，一是要充分尊重市场经济规律，积极引导社会力量介入农村能源技物服务。二是要积极营造公平、合理的市场平台，通过加强市场监管，积极协调服务主体和服务对象之间的利益关系，切实提高服务效能。

（5）项目服务优质化

实现优质化服务是农村能源管理部门的重要职责。各级农村能源管理部门应加强对技物服务机构的指导与监管，确保优质原材料及配套产品的供应，杜绝劣质产品流入项目区，要及时传递农村能源利用的科技知识，对于用户使用过程中出现的问题，必须做到随叫随到，随时准备帮助用户排除运行故障，保证各种能源设施的正常运转。

7. 结论与建议

通过本项目的建设，可有效利用本地区农村丰富的有机肥源，发展沼气产业，解决农村畜禽粪便乱堆乱放、卫生条件差等问题；净化美化农村生产、生活环境，加快小康社会建设，其中沼气用来为农户取暖、生火做饭、照明等提供能源，沼液、沼渣可喂鱼，并为绿色农产品生产提高优质有机肥料，提高农产品质量，实现农村有机资源可持续利用。项目实施后，每个建池农户年平均增收 1500 元以上。通过对 7297 户农民的技术与资金扶持，可使每年新增 1094.55 万元的经济效益，将为促进农村沼气建设的深入发展，全面建设社会主义新农村打下坚实的基础。

8. 附件及有关证明材料（略）

附件 1：2006 年天津市农村沼气国债项目申报计划汇总表；

附件 2：2006 年农村沼气国债项目村汇总表；

附件 3：沼气建设项目村位置图；

附件 4：承担单位法人证明。

第三章　燃料乙醇工程技术与应用实例分析

第一节　燃料乙醇的“十二五”规划

一、生物质制备液体燃料技术

2015：开展以木质纤维素为原料生产乙醇、丁醇等液体燃料及适应多种非粮原料的先进生物燃料产业化关键技术，实施二代燃料乙醇技术工程示范；2020：实现先进生物燃料技术产业化及高值化综合利用。

● 起止时间：2011—2015 年

● 生物质制备液体燃料技术

● 目标：掌握具有自主知识产权的非粮燃料乙醇高效生产技术，以木质纤维素为原料生产乙醇、丁醇等液体燃料的关键技术，以及高效多原料生物柴油、航空生物燃料清洁生产的关键技术。

● 研究内容：非粮燃料乙醇高效生产关键技术；纤维素乙醇、丁醇等制备技术；生物质气化合成醇醚技术；生物质热解液化技术；生物质直接催化转化制备烃类燃料技术；生物柴油清洁生产技术；过程的废水、废汎处理和综合利用技术。

二、纤维素水解制备液体燃料及其综合利用示范工程

起止时间：2011—2016 年

● 纤维素水解制备液体燃料及其综合利用示范工程

● 目标：建设千吨级纤维素水解制备液体燃料及其醇电联产综合利用示范工程，实现纤维素乙醇、丁醇的清洁生产和能量自给。

● 研究内容：原料的高效预处理技术和低成本降解技术；水解液发酵制乙醇技术；水解液发酵制丁醇技术；原料全株综合利用与生物炼制技术；水解液重整合成生物液体烷烃技术；废水高效利用能源微藻培养技术；废渣催

化转化液体烷烃技术。

第二节 燃料乙醇的技术发展

一、燃料乙醇概况

理化性质：乙醇俗称：酒精；分子式为 C_2H_5OH；分子量 46.07。酒精是一种无色透明、易挥发，易燃烧，不导电的液体。有酒的气味和刺激的辛辣滋味，微甘；相对密度 0.7893、沸点 78.3℃、凝固点 −117.3℃、燃点（闪点）12℃。乙醇分类具体见表 3-1。

表 3-1 乙醇分类表

类型	浓度	杂质	应用
高纯度乙醇	≥96.2%	严格中性，不含杂质	国防工业、电子工业和化学试剂
精馏乙醇	≥95.5%	纯度合格，杂质含量少	国防工业和化学工业
医药乙醇	≥95%	杂质含量较少	医药和配制饮料酒
工业乙醇	95%	无要求	稀释油漆、合成橡胶原料和燃料

燃料乙醇分为无水乙醇与变性燃料乙醇，变性燃料乙醇指标（GB18350—2001）见表 3-2。乙醇汽油指在不添加含氧化合物的液体烃类中，加入一定量变性燃料乙醇后用作点燃式内燃机的燃料，加入量为 10.0%（V/V），称为 E10。

表 3-2 变性燃料乙醇质量指标

项目	指标
外观	清澈透明，无肉眼可见悬浮物和沉淀物
乙醇，%（V/V）	≥92.1
甲醇，%（V/V）	≤0.5
实际胶质，mg/100ml	≤5.0
水分，%（V/V）	≤0.8
无机氯（以Cl−计），mg/L	≤32
酸度（以乙酸计），mg/L	≤56
铜．mg/L	≤0.08
PH 值	6.5—9.0

二、技术发展现状及相关政策

燃料乙醇最早出现在上世纪初期，然而当时石油等传统能源储量充足，人们尚未认识到发展燃料乙醇产业的重要性。直到20世纪70年代中期，美国、巴西率先开始在国内大力发展燃料乙醇产业；此后，以法国、西班牙、瑞典为代表的欧盟成员国和中国也相继开始推动本国燃料乙醇产业的发展。截至2011年，美国、巴西、欧盟和中国已连续5年成为全球燃料乙醇产能前4.的国家（地区），其产能总量占全球燃料乙醇总产能的80%以上。结合燃料乙醇产业发展机理，从产业发展的供给、需求、政府、技术视角，对美国、巴西、欧盟为代表的国外主要国家和中国燃料乙醇产业发展现状进行分析和比较。

1. 国外发展现状

(1) 美国

美国是一个石油依存度较高的国家，在美国能源消费结构中，石油占其能源消费总量约40%。20世纪70年代，中东地区石油禁运对美国经济发展造成了很大影响，为调整能源消费结构，避免对石油资源的过度依赖，美国政府大规模启动燃料乙醇工业化，所制定的产业发展政策主要包含3个方面。一是产业发展目标。1979年，美国国会建立联邦政府“燃料乙醇发展计划”，开始推广在车用燃料中添加10%乙醇作为混合燃料。到1990年，美国国会通过了《清洁空气修正法案》，该法案强制规定美国39个CO_2排放超标地区必须使用混调7.7%乙醇的燃料油。2005年8月，当时的美国总统布什签署了《2005年能源政策法案》，明确在全美范围实施可再生能源标准（简称RFS）。RFS规定了美国未来几年中每年生物燃料的最低使用量。2007年12月，美国政府颁布《美国能源独立和安全法案》，更新了可再生能源标准1（简称NEW—RFS）。相比较原RFS标准，新RFS中增加了对以纤维素燃料乙醇为代表的二代燃料乙醇的要求，将生物燃料分为常规燃料和先进燃料两类，其中先进生物燃料主要包括纤维素、半纤维素作为原料的燃料乙醇。NEW—RFS规划提出截至2022年，美国生物燃料利用量将提高至360亿加仑标准，其中纤维素乙醇的利用量160亿加仑，其生产比例将由2012年占比3%提高至2022年的44%。二是投资产业研发。2006年，美国政府制定了两个国家级生物燃料产业发展研究计划，分别是“美国竞争力计划”和“先进能源计划”。这两项计划强调加大产业研发领域的投入，特别是针对世界上最丰富的可再生原料纤维素提取第2代生物燃料乙醇工艺技术的开发，并计划在未来几年使本国的纤维素乙醇生产技术达到足够低的成本和一定的竞争力。美国政府每年都将财政预算中的一定比例用于投资燃料乙醇技术研发，2006财年联邦预算是0.9亿美元，2008财年增加到了1.79亿美元，预算金额上升表明政府投资力度的增大，美国能源部迄今已投资建立了12家示范和商业化生产燃料乙醇的企业。三是财政税收优惠。为推动产业供需规模的扩张，政府采取了一系列产业财政税收优惠政策。在燃料乙醇生产方面，政府从1990年起对年产能小于3000万吨的小型燃料乙醇生产商提供10美分/加仑的税收减免。2005年《能源政策法案》颁布后，政府将享受收入税减免企业的产能上限提高至6000万吨，进一步鼓励小规模燃料乙醇企业进行生产。此外，政府还对燃料乙醇所有生产厂商实行45美分/企业的生产补贴，2009年该项补贴的总支出超过70亿美元。在燃料乙醇市场销售方面，政府对燃料乙醇混合汽油销售商减征每加仑51美分的营业税；在燃料乙醇关税方面，为保护国内燃料乙醇生产不受到国外进口乙醇的冲击，对进口燃料乙醇征收2.5%的关税，特别对巴西进口燃料乙醇加征54美分/加仑关税；在产业基础设施建设上，对E85乙醇汽油基础设施建设投资实施税收减免。

现阶段，美国超过95%的燃料乙醇都是由玉米作为原材料生产的。美国是全球最大的玉米生产国、出口国，玉米是美国的优势农产品，美国玉米出口量自20世纪70年代起就一直处于世界第一。美国玉米产量占全球玉米总产量超过40%，玉米出口量占全球玉米贸易总量65%至70%。美国燃料乙醇产业消耗玉米速度不断加快，平均约占玉来总产量的24.5%，国际经合组织与联合国农粮组织的农业研究报告预测，美国2016年作为燃料乙醇产业原材料的玉米投入量将占该年度玉米生产总量的32%。尽管美国充裕的玉来产量能维持目前和未来几年燃料乙醇产能的增加，但玉米仍不足以长期维持美国燃料乙醇产能扩张，按照NEW－RFS在2022年的标准，美国97%的土地都将用于玉米种植，这显然是不现实的。而且2008年中期起，全球面临日益严峻的粮食供需不平衡问题，全球玉米供应出现了紧张的态势，玉米价格逐年上涨。所以，在高价玉米和与汽油生产相较高成本模式下发展的美国燃料乙醇产业，正在寻找降低成本、扩大产能规模的新型燃料乙醇生产技术。在燃料乙醇原料的改进技术上，美国农业部于2011年2月解除了对用于生产燃料乙醇的转基因玉米原材料的限制，该种转基因玉米又被称为“乙醇玉米”，其所包含的微生物淀粉酶能迅速将淀粉分解为糖，用乙醇玉米作为原料可以更高效地生产出更多燃料乙醇，预计该种原材料将在产业生产中得到广泛应用。在燃料乙醇原料替代品方面，纤维素替代玉米作为燃料乙醇生产原料，具有原材料成本低廉、来源广泛且不与人争粮等优点。美国政府在NEW－RFS中明确提出到2022年美国将有160亿加仑的纤维素燃料乙醇利用量目标，明确从政策层面鼓励纤维素乙醇的技术研发与供需扩大。在2008年金融危机提出的美国复苏及再投资法案中，美国政府计划的7870亿美元经济刺激方案中有

400亿美元投入美国能源部，以推动纤维素乙醇商业化生产，这些资金将用于投资纤维素乙醇试点生产项目，创造相关就业岗位。目前，第2代燃料乙醇（即纤维素燃料乙醇）生产的主要技术难题在于其较高的生产成本，特别是中间产品纤维素酵制刻的成本，纤维素酶是将纤维素转化为燃料乙醇的生产过程中最为重要的步骤，降低纤维素醇的成本，就能为利用农作物秸秆等纤维素原材料制成乙醇的大规模商业化生产创造条件。现阶段，美国许多生物研究机构都在积极开展纤维素乙醇的技术研发。例如，美国可再生能源实验室（NREL）正在与相关企业合作开展纤维素酶的研究工作，NREL于2011年宣布，其与丹麦诺维信生物技术公司合作研发的纤维素酶制剂，已在实验室条件下降低成本至原来的1/30，为10～18美分/加全。但这与纤维素乙醇大规模商业化所要求的3～4美分/加全的标准还存在一定的差距。美国企业也正积极投资纤维素乙醇的研发和示范性生产，至少已有28家先进生物燃料公司已开始或正在建设以纤维素为原料的燃料乙醇生产设施，美国能源部预测纤维素制造的燃料乙醇有望在2016年左右实现技术和经济上的突破，达到规模化工业生产标准。

美国燃料乙醇产业1981－2011年近30年的供需规模发展情况，从供需增速视角看，产业在2002年之前供需增速较为平缓，在2002年之后增长率迅速提高。从供需平衡视角看，产业在发展过程中整体处于供需基本平衡状态，在2005－2009年出现供小于求的短期需求缺口，而在2010－2011年产业供给超过了需求，表明产业在后续发展过程中产能增速强劲，超过了国内市场需求的增速，并已具备一定的净出口能力。如图3-1所示。

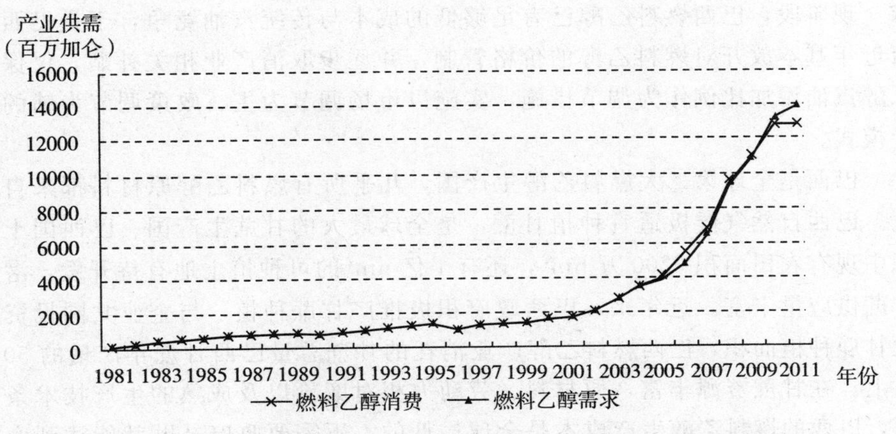

图3-1 1981－2011年美国燃料乙醇产业供需（资料来源美国能源信息署）

（2）巴西

巴西是全球最早发展燃料乙醇产业的国家，同时也是燃料乙醇产业发展最为成熟的国家。巴西政府早在20世纪30年代就曾颁布法令，规定巴西国内使用的汽油中必须添加2%～5%的燃料乙醇。1973年与1979年爆发的两次石油危机给贫油国巴西造成了严重打击，当时巴西有超过80%的石油燃料进口，油价暴涨使巴西政府损失了约40亿美元外汇储备。因此，巴西政府开始进一步推进实施以燃料乙醇为重点的新能源政策。为鼓励燃料乙醇生产商生产，并扩大燃料乙醇消费市场规模，巴西政府于1975年颁布“国家燃料乙醇计划”，该计划主要以燃料乙醇汽油混调比例作为政策目标，即规定以20%的体积比将乙醇添加至汽油中，该比例在1993年上升至22%，在2002年曾上升至25%。目前，巴西是全球燃料乙醇汽油添加比例最高的国家，同时也是全球唯一不使用纯汽油燃料的国家，其汽油乙醇混调比例稳定在20%－25%的范围内。巴西政府还在法律中明确规定，政府一级单位在采购、换购轻型公用车时，必须购买包含乙醇燃料的可再生燃料汽车。为配合“国家燃料乙醇计划”，巴西政府同时推行了一系列财政税收政策。首先是减税政策，政府从1982年开始对生产燃料乙醇汽车减征5%的工业产品税，对燃料乙醇残疾人交通工具、燃料乙醇出租车免征工业产品税，州政府在联邦政府减税基础上，再对燃料乙醇汽车减征1%增值税，并在特殊情况减免全部增值税。其次是对产业相关研究领域的投资，巴西政府投资的重点研究方向是甘蔗原材料的基因改良和生物燃料乙醇汽车的技术开发；最后是对生产企业的保护，巴西政府为燃料乙醇生产企业提供低息贷款用于投资生产，由巴西国家石油公司对燃料乙醇产成品按政府规定的价格收购，将燃料乙醇的市场零售价格控制在低于汽油的水平，确保生产商所生产的燃料乙醇产品有相应的市场需求。现阶段，巴西燃料乙醇已有足够低的成本与传统汽油竞争，于是巴西政府近年基本放开对燃料乙醇的价格管制，并逐步取消产业相关补贴，仅保留乙醇汽油添加比例作为调节措施，实施以市场调节为主、政策调节为辅的引导模式。

巴西是全球第二大燃料乙醇生产国，几乎所有燃料乙醇原材料都来自甘蔗。巴西自然气候极适宜种植甘蔗，是全球最大的甘蔗生产国。巴西国土面积中现有农田面积6200万hm^2，还有1亿nm^2的可种植土地有待开发，潜在甘蔗供应量丰富。近年来，巴西政府积极推广甘蔗种植，与企业共同投资扩大甘鹿种植面积，巴西燃料乙醇产业消耗的甘蔗总量巴西甘蔗年产量的50%以上。在甘蔗资源丰富，原材料、劳动力相对廉价以及成熟的生产技术条件下，巴西的燃料乙醇生产成本是全球最低的，不需要政府补贴就能达到商业化要求，相比较普通汽油的价格已经具备了很强的市场竞争力。在产业技术水平的改进上，巴西主要聚焦在原材料改进和产品市场应用方面。原材料的改进技术方面，巴西重视高能甘蔗品种的培育，巴西甘蔗平均产能为每公顷

78～85 吨，较世界水平高 15%～20%，甘蔗含糖率 14%～15%，较平均水平高 1.5%～3%。巴西在生产过程中十分重视甘蔗到燃料乙醇的转换效率，其原材料综合利用率达到 71%。巴西圣保罗蔗糖技术研究中心一直致力于提高燃料乙醇生产效率，研究内容包含甘蔗基因改良和提取技术。巴西已开始尝试转基因甘蔗的种植，转基因技术将有望使巴西甘藏转化为燃料乙醇的效率进一步提高。巴西是燃料乙醇学习曲线效应最为显著的国家，在过去 20 年中随着产能的积累，其生产成本降低约 70%。燃料乙醇应用市场方面，巴西是全球燃料乙醇汽车产业最为发达的国家。自 1970 年起，巴西的科研中心、高等院校和相关新能源汽车企业就开始展开燃料乙醇汽车和燃料乙醇汽油的研发工作。巴西第一辆燃料乙醇汽车在 1979 年成功试运行，随后其汽车生产技术不断更新，巴西燃料乙醇汽车发展至今，动力、加速度、行驶里程数等主要技术指标已经达到普通汽油汽车的水平。自 2003 年以来，一些国际知名的汽车公司在巴西推出加载汽油和燃料乙醇的双燃料汽车，能根据感应器测定燃料类型和混合燃料比例进行自动调节，达到不同比例混合燃料的最高运行效率。巴西燃料乙醇汽车的售价与传统汽车相差无几，具备很强的市场竞争力。

根据图 3-2 巴西燃料乙醇产业的供需发展现状，首先在供需规模增速方面，巴西燃料乙醇产业供需的发展大致可划分为 3 个阶段。第一阶段是 1999 年之前，燃料乙醇产业供需规模增速相对较为平缓；第 2 阶段是 2000－2009 年，期间产业供需快速扩张，增速较前一阶段显著提高；第三阶段是 2009 年至今，产业供需规模增速有所下降。其次从供需平衡来看，巴西燃料乙醇早在 1990 年左右就形成了供大于求的富余产能，在进入 21 世纪后供给盈余稳中有升，这是巴西在过去十年成为全球燃料乙醇最大贸易出口国的原因。

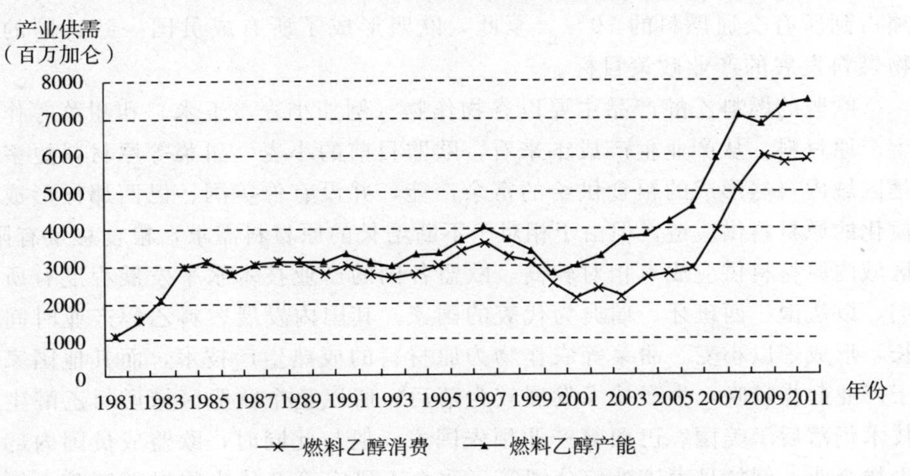

图 3-2 1981－2011 年巴西燃料乙醇产业供需（数据来源美国能源信息署）

（3）欧盟

欧盟各国石油资源对外依存度一直高企，成员国中只有英国是产油大国，其余国家均为石油消费大国，欧盟年均能源消费总量约为 15.06 亿吨石油，其中净进口约为 7.79 亿吨石油，石油对外依存度达到 52%。欧盟对进口石油资源的过度依赖，加上欧盟各国因农业丰收形成一定量农产品过剩，政府推动发展以小麦、甜菜等农产品为主要原材料的生物燃料乙醇，可以同时缓解欧盟粮食过剩和能源危机两大问题。1992 年，原欧共体通过法律，对可再生资源为原材料的生物燃料生产项目，其中包括燃料乙醇生产项目，成员国可采取免税政策，税收政策优惠的原则是实行税收减免后燃料乙醇价格降低至能与普通汽油市场竞争。受到税收减免政策的激励，法国、西班牙、瑞典等国率先开展燃料乙醇的生产，随后德国、荷兰等国也投入燃料乙醇产业的发展。1997 年，欧盟颁布《未来的能源：能源的可再生来源》白皮书，要求区域内到 2010 年达到约为 1800 万吨石油的生物燃料生产总量。2003 年，为运到《京都议定书》所规定的 CO_2 减排指标，欧盟发布了《生物燃油指令》，该指令规定到 2005 年生物燃料的使用应达到燃料市场的 2%，在 2012 年占所有燃料市场的 5.75%。2006 年，欧盟又提出三大促进生物燃料产业发展的措施：生物质能行动计划、欧盟生物燃料战略和生物燃料技术平台，明确了完整的生物燃料发展目标、政策措施及相关研发计划。与此同时，生物燃料乙醇特别是第 2 代纤维素燃料乙醇的研发被列入欧盟第七个研究与技术发展框架计划。2008 年欧盟制定的《可再生能源指令》中明确规定，截止到 2020 年欧盟区域内可再生能源必须占到能源消费总量 20%，生物液体燃料（包括燃料乙醇和生物柴油）必须占到所有交通燃料的 10%。至此，欧盟形成了所有成员国一致认同的生物燃料发展的产业政策目标。

欧盟的燃料乙醇产品主要以谷物作物（例如小麦、玉米）和甜菜等作为生产原材料。从产业生产成本来看，欧盟目前的小麦、甜菜等原材料更多的是区域内自然形成的粮食供给的富余产能，并没有像美国、巴西那样形成规模化的原材料供应链。但由于相对于不断增长的原材料需求，粮食总量有限，区域内原材料供应成本相对较高。欧盟各国的产业技术水平发展程度有所不同，以法国、西班牙、瑞典为代表的国家，其国内发展燃料乙醇产业时间较长，形成了以小麦、甜菜等农作物为原材料的成熟生产技术，而其他国家由于产业起步较晚，生产技术发展较为落后，所以整个欧盟区域燃料乙醇生产技术仍落后于美国、巴西等产业领先国家。但与此同时，欧盟成员国内部分生物企业，例如丹麦诺维信公司等，致力于研究第 2 代生物燃料乙醇中纤维素酶制剂的开发并已取得阶段性成果。根据著名咨询公司 A. T. Kearney 的预测，欧盟在未来几年内仍将以小麦、甜菜等农作物生产的燃料乙醇为主，但随着纤维素生产技术的不断成熟，无疑将为欧盟未来燃料乙醇产业发展提供更多的空间。

根据图 3-3 欧盟燃料乙醇产业在 1992 至 2011 年的供需数据，首先从产业供需规模和增速分析，欧盟燃料乙醇产业总体供需规模相比较美国、巴西较小；产业供需增速在 2001 年之后不断提高，其增速甚至快于美国、巴西两大燃料乙醇产业领先国家，表明欧盟区域内各国对于发展燃料乙醇产业的政策力度和资金投入不断增加。其次从供需平衡分析，欧盟燃料乙醇自进入快速扩张期以来，一直处于供小于求的状态，并且供需差额逐年增大，这与欧盟产业政策重点发展市场需求有关。欧盟对燃料乙醇市场需求非常旺盛，然而产业国内生产能力相对落后，增速无法与市场消费量匹配。

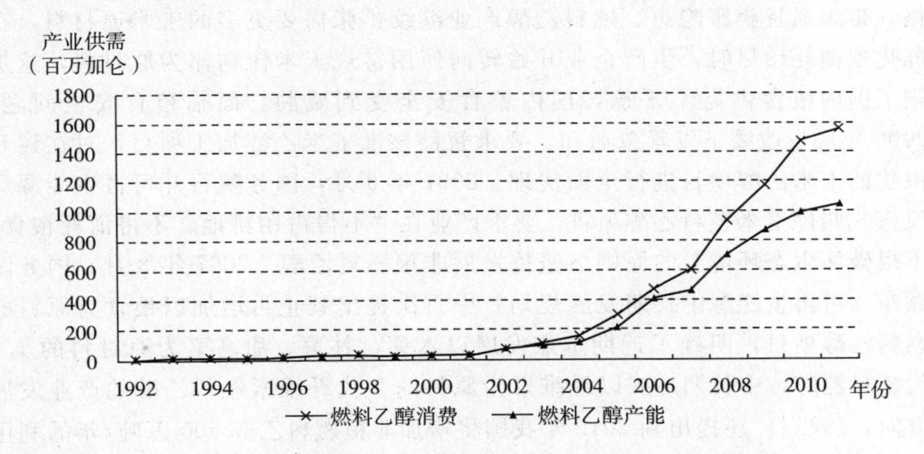

图 3-3　1992—2011 年欧盟燃料乙醇产业供需（数据来源：美国能源信息署）

2. 中国现状

20 世纪 90 年代末，出于能源安全、环境因素的考虑，中国政府提出了发展燃料乙醇产业的战略。当时中国正处粮食产能过剩时期，特别是玉米产出过量，农民出现卖粮困难，收入大幅下降。为缓解以玉米为代表的粮食供需不平衡压力，政府将过剩的玉米陈化粮作为燃料乙醇生产原材料，一是能有效缓解能源危机和石化燃料大量燃烧引起的环境污染问题，二是能提升玉米种植经济价值，实现农民增收缓解国家财政压力。在中国燃料乙醇产业发展过程中，政府对玉米燃料乙醇的政策发生了大幅变迁，在“十五”期间，玉米燃料乙醇经历了从全力推广到严格限制的政策转向。在推广阶段，产业产能在政策作用下快速增长，在五年内从产业空白发展至世界第 4 大燃料乙醇生产经济体，仅次于美国、巴西和欧盟。然而在 2006 年之后，产业遭遇了政策转向，使我国燃料乙醇产业供需增速较前几年明显放缓。2001年至2005年的“十五”期间，国家发改委、财政部等国务院8部委联合国有企业中石油、中石化共同推动燃料乙醇产业发展。期间国家批准并投资建设了4个燃料乙醇生产企业，燃料乙醇产成品以10%比例加入车用汽油燃料，中央财政部采用投入国债基金、税收优惠、企业补贴等方式支持燃料乙醇试点企业生产。与此同时，政府积极推广燃料乙醇市场需求，先后颁布《车用乙醇汽油使用试点方案》和《车用乙醇汽油使用试点工作实施细则》，增加燃料乙醇汽油试点省份和添加比例。价格调控方面，燃料乙醇销售渠道统一按照国家发改委公布的同期90号汽油价格，乘以车用乙醇汽油调配销售成本折合系数，作为燃料乙醇国内销售结算价格，为燃料乙醇生产企业提供价格保护。然而在2006年前后，中国出现粮食价格的大幅上涨，粮价上涨间接推高了肉制品价格，带来通货膨胀隐患。燃料乙醇产业继续扩张需要更多的玉米原材料，在陈化粮消耗殆尽时，生产企业开始转向使用常规玉米作物作为原材料，这加剧了国内粮食供需不平衡，国内粮食安全受到威胁。面临粮食安全问题，2006年底发改委下发紧急通知，要求暂停核准玉米乙醇加工项目，对在建和拟建的玉米乙醇项目进行全面清理。2007年6月，国务院召开可再生能源会议正式叫停玉米燃料乙醇项目，要求产业在“不得占用耕地、不得消耗粮食、不得破坏生态环境”的原则下坚持发展非粮燃料乙醇。2007年8月，国务院颁布《可再生能源中长期发展规划》中再次提出禁止再增加以粮食为原料的燃料乙醇项目，明确了近期重点发展以木薯、甘薯、甜高粱为原材料的1.5代燃料乙醇，中长期发展以纤维素为原料的2代纤维素燃料乙醇的产业发展方向。《规划》还提出到2015年我国将增加非粮燃料乙醇500万吨/年的利用量，在2020年将达到1000万吨。

现阶段，国内燃料乙醇生产仍基本以玉米原材料为主，这会产生两个问题，一是生产成本过高，与传统能源相比缺乏竞争力；二是原材料资源短缺，大规模替代石油燃料会造成原材料供给严重不足。因此，我国坚持“非粮为主，因地制宜”的产业技术发展方向，在2代纤维素乙醇技术尚未实现商业化之前，以甘薯、木薯、甜高粱等作为过渡性的替代原材料生产1.5代燃料乙醇。当前，我国非粮原料生产燃料乙醇仍有待发展。国内种植甘薯、木薯、甜高粱的宜能荒地尚待开发，从土地开发到燃料乙醇生产项目投产存在一定的时滞，而现有非粮能源作物的供给量无法完全满足燃料乙醇的原材料需求，因此第1.5代非粮燃料乙醇产能增长缓慢，但随着宜能荒地的开发、能源作物产量的增加，该类非粮燃料乙醇将成为中国燃料乙醇产业在未来5—10年内的主要产能增长点。第2代纤维素乙醇则在生产过程中尚有一些技术性难题未克服导致生产成本过高，包括缺乏高效的纤维素醇、木质素降解难度大等，美国、加拿大、丹麦等发达国家已积极开展纤维素燃料乙醇生产研发，国内也有一些领先企业开始纤维素乙醇商业化生产的探索，并建立小规模的示范生产项目，但现阶段受限于技术、成本等问题，这些项目产能规模较小、增长缓慢。从产业的长期发展来看，尽管存在着技术性难题，但我国纤维素燃料乙醇原材料供给丰富，潜在产能巨大，纤维素乙醇产业发展不仅能满足国内燃料乙醇需求，也有望使燃料乙醇成为我国的优势出口产业。根据麦肯锡咨询研究，到 2020 年中国纤维素乙醇将发展为一个约 960 亿元的新兴产业，每年产值达 320 亿元。

中国燃料乙醇产业供给发展情况如图 3－4 所示，"十五”期间政府积极推进粮食燃料乙醇产业发展，并投资建设了 4 家燃料乙醇试点生产企业，分别是河南天冠燃料乙醇公司、吉林燃料乙醇公司、黑龙江华润公司（现中粮生化肇东公司）、安徽丰原生化股份有限公司。其中，河南天冠部分使用小麦作为燃料乙醇生产原料，中粮肇东部分使用陈化粮作为原料，其余企业均主要使用玉米作为燃料乙醇生产原料。随着四家生产企业投资陆续生产，在 2002 年至 2006 年，我国燃料乙醇产能年均复合增长率达 55%，并成为全球第 4 大燃料乙醇生产国。然而在 2007 年之后，中国燃料乙醇产能增速明显放缓，主要原因是政府出于粮食安全考虑停止审批玉米乙醇项目，而非粮燃料乙醇潜在产能因存在发展瓶颈无法立即释放。在 2007 年底，经国家发改委审批，中粮集团在广西北海投资成立了广西中粮生物质能源有限公司，建成以木薯为原材料年产能 20 万吨的燃料乙醇生产基地，这是我国第一个正式投产的非粮燃料乙醇生产企业，标志着我国燃料乙醇生产正式走上“非粮化”道路。截至 2011 年，中国燃料乙醇产能约为 195 万吨，具体产能情况见表 3－3，其中玉米乙醇仍占据较大比例。

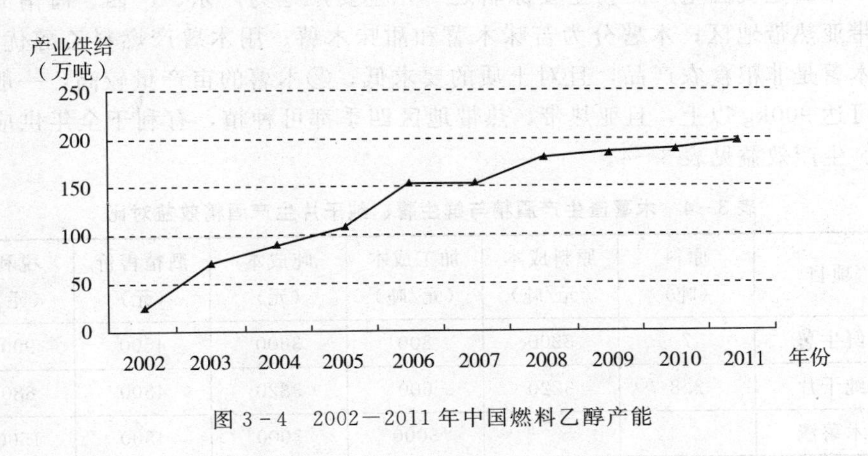

图 3－4　2002—2011 年中国燃料乙醇产能

表 3-3 2011 年我国燃料乙醇生产企业产能统计

企业	原料	产能（万吨）
河南天冠集团	小麦玉米薯类	50
吉林燃料乙醇有限公司	玉米	55
安徽丰原集团	小麦玉米	45
中粮生化能源（肇东）有限公司	玉米	25
广西中粮生物质能源有限公司	木薯	20
合计		195

数据来源：中国石化新闻网，http：//www.sinopecnews.com

第三节 燃料乙醇生产的原辅材料

一、乙醇生产的主要原料

淀粉质原料：薯类原料、谷物原料、野生植物、农产品加工副产物；

糖质：甘蔗、高粱、甜高粱、甜菜；

纤维素：农作物秸秆、森林工业下脚料、木材工业下脚料、城市废纤维垃圾；

其他：纸浆废液、甘薯淀粉渣、马铃薯淀粉渣、奶酪工业副产物。

1. 木薯

木薯是我国生产淀粉主要原料之一，主要产地为广东、广西、海南岛等热带亚热带地区；木薯分为苦味木薯和甜味木薯；用木薯产燃料乙醇优势：①木薯是非粮食农产品，且对土质的要求低；②木薯的亩产量较高，一般亩产可达 900kg 以上，且亚热带、热带地区四季都可种植，有利于全年供应原料。生产效益见表 3-4。

表 3-4 木薯渣生产酒精与鲜生薯、纯干片生产酒精效益对比

项目	原料（吨）	原料成本（元/吨）	加工成本（元/吨）	吨成本（元）	酒精售价（元）	税利（元）
鲜生薯	7	3200	800	3600	4500	900
纯干片	2.8	3220	600	3820	4500	680
木薯渣			3000	3000	4500	1500

在木薯酒精产业化、规模化方面，我国已经做了大量工作；2009 年 4 月，中粮集团《年产 20 万吨木薯燃料乙醇示范工程》在广西南宁顺利通过技术成果鉴定；但是用鲜木薯生产 1 吨酒精约生成 $11m^3$ 的酒糟醪液，约含 660 kg的 COD；必须发展循环经济。

2. 甘薯

世界甘薯主要产区分布在北纬 40°以南。栽培面积以亚洲最多，非洲次之，美洲居第 3 位。1994 年世界甘薯总面积为 938 万公顷，总产量为 12433.9 万 t。

甘薯在中国分布很广，以淮海平原、长江流域和东南沿海各省最多。全国分为 5 个薯区：①北方春薯区。包括辽宁、吉林、河北、陕西北部等地，该区无霜期短，低温来临早，多栽种春薯。②黄淮流域春夏薯区。属季风暖温带气候，栽种春夏薯均较适宜，种植面积约占全国总面积的 40%。③长江流域夏薯区。除青海和川西北高原以外的整个长江流域。④南方夏秋薯区。北回归线以北，长江流域以南，除种植夏薯外，部分地区还种植秋薯。⑤南方秋冬薯区。北回归线以南的沿海陆地和台湾等岛屿属热带湿润气候，夏季高温，日夜温差小，主要种植秋、冬薯。

中国各薯区的种植制度不尽相同。北方春薯区一年一熟，常与玉米、大豆、马铃薯等轮作。春夏薯区的春薯在冬闲地春栽，夏薯在麦类、豌豆、油菜等冬季作物收获后栽插，以二年三熟为主。长江流域夏薯区甘薯大多分布在丘陵山地，夏薯在麦类、豆类收获后栽插，以一年二熟最为普遍。其他夏秋薯及秋冬薯区，甘薯与水稻的轮作制中，早稻、秋薯一年二熟占一定比重。旱地的二年四熟制中，夏、秋薯各占一熟。北回归线以南地区，四季皆可种甘薯，秋、冬薯比重大。旱地以大豆、花生与秋薯轮作；水田以冬薯、早稻、晚稻或冬薯、晚秧田、晚稻两种复种方式较为普遍。

3. 菊芋

菊芋（Helianthus tuberosus）又名洋姜，是一种菊科向日葵属宿根性草本植物。原产北美洲，十七世纪传入欧洲，后传入中国。秋季开花，长有黄色的小盘花，形如菊，生产上一般用块茎繁殖，其地下块茎富含淀粉、菊糖等果糖多聚物，可以食用，煮食或熬粥，腌制咸菜，晒制菊芋干，或作制取淀粉和酒精原料。地上茎也可加工作饲料。其块茎或茎叶入药具有利水除湿，清热凉血，益胃和中之功效。宅舍附近种植兼有美化作用。洋姜被联合国粮农组织官员称为“21 世纪人畜共用作物”。

生态特性①耐寒、耐旱能力特强：中国荒漠地区大都处于高寒地带，气候寒冷，冰冻期长，气候干燥，多风沙。但菊芋有着极强的耐寒能力，可耐 −40℃甚至更低的温度。但有一点不容忽视，那就是菊芋的块茎必须在沙土下面，至少要有1cm厚的沙土覆盖，切不可露出地面。荒漠中干旱、缺水乃正常现象，即使旱情很重，菊芋也能以其所具有的惊人的抗干旱能力安然渡过难关，并于早春块茎开始正常萌发，利用自身的养分和水分供萌芽生长，同时生出大量根系，伸向地下各处寻找养分和水分，供给小苗生长。在新生根系可供给小苗生长的情况下，块茎中的养分、水分还可继续储备，尤其是在雨季，块茎、根系会贮存大量水分，以备干旱时逐渐供给叶茎生长。菊芋的地上茎和叶片上长有类似茸毛的组织，可大大减少水分蒸发。当干旱严重到一定程度时，地下茎会拿出尽可能多的养分、水分供给地上部分茎叶生长，待块茎营养消耗殆尽时，地上茎死亡，然地下茎翌年仍可生长出新苗。②抗风沙：荒漠地区风大、干燥、沙土流动性强，但菊芋能在较深的沙土中顶出地面，只要覆盖的沙土厚度不超过50cm，菊芋皆可正常萌发。为了避开春季覆沙，春播可稍晚一些进行。秋季菊芋即将成熟或已成熟时，凭借它们密麻的地上茎形成一片低矮的防护带，加之其根系的牢固抓沙能力，以及随着地下块茎增多、重量加大对沙土产生的强大压力，共同起到固沙作用。有关科研单位在科尔沁沙地的流动沙丘上种植了400余亩菊芋用作治沙试验，结果让专家们欣喜不已：尽管试验期间该地区特殊干旱，降雨量极少，加之高温，整个农作物都深受其害，但在沙漠上，种下的菊芋长势良好；扒开沙面，菊芋的根系密布沙下，挖至1m深时尚能用肉眼看见菊芋的根系，并已开始结实，达到了固沙、治沙、改变沙漠的生态效果。这种利用菊芋治理沙漠的方法，被治沙权威称为治沙成本低、见效快的最佳方法。再有就是菊芋茎叶枯落后经分解成为肥料，对改良土壤、增强有机质含量、改善沙地结构有重要作用，进而为退沙还田、还林创造有利条件。③繁殖力强：菊芋治沙一劳永逸，一次播种后，荒漠上的菊芋将永久生存，并以每年20倍以上的增长速度扩张，因此荒漠上的菊芋面积会逐年增加，同时又可从中采收部分块茎，作为种子使用，进一步扩大种植面积。另外，在生长期较长的地区还可收获部分菊芋籽，其发芽率可达100%。即使不收获菊芋籽，它也会随风飘荡到可安家落户的荒漠适宜角落。④保持水土：菊芋的根系特别发达，每株菊芋都有上百根长达0.5～2m的根系深深地扎在土中。因菊芋可以每年20倍的速度繁殖扩张，故只需2～3天时间就会在地表形成一层由菊芋的茎和根系编织而成的防护网络，从而有效牢固住了地表层的水土。

4. 甜菜

糖甜菜起源于地中海沿岸，野生种滨海甜菜是栽培甜菜的祖先。大约在1500年前从阿拉伯国家传入中国。在中国，叶用甜菜种植历史悠久，而糖用甜菜是在1906年才引进的。中国的甜菜主产区在东北、西北和华北。甜菜是二年生草本植物，古称忝菜，属藜科（Familia Chenopodiaceae）甜菜属

(Genus Beta)。是中国的主要糖料作物之一，生活的第一年主要是营养生长，在肥大的根中积累丰富的营养物质，第二年以生殖生长为主，抽出花枝经异花受粉形成种子。

甜菜的栽培种有4个变种：糖用甜菜、叶用甜菜、根用甜菜、饲用甜菜。作制糖原料的糖用甜菜是两年生作物。甜菜浑身都是宝。甜菜的主要产品是糖。糖是人民生活不可缺少的营养物质，也是食品工业，饮料工业和医药工业的重要原料。除生产蔗糖外，甜菜及其副产品还有广泛开发利用前景。

5. 甜高粱

糖高粱（学名 Sorghum bicolor（L.）Moench，英文 sugar sorghum）也叫芦粟、芦穄、芦黍、雅津甜高粱，芦稷，甜秫秸、甜秆、甜高粱和高粱甘蔗，为粒用高粱的一个变种，它同普通高粱一样，每亩地能结出150－500kg的粮食，但它的精华主要在富含糖分的茎秆，其单产可达5，000—10，000kg每亩。甜高粱茎秆可用于制糖、酿酒、制酒精燃料、造纸和饲料等。巴西有芦粟酒生产。是禾本科高粱属一年生草本植物，为高粱的一个变种，学名Sorghun bicolar（L.）Moench var. succharafum Kouern。亦名甜高粱或芦粟。中国北方叫甜秫秆，南方叫芦穄。是一种糖料作物，也是优良的饲料作物和能源作物。

在中国栽培历史悠久，分布北起黑龙江，南至四川、贵州、云南等省；西自新疆维吾尔自治区，东至江苏、上海等省、市，特别是长江下游地区，尤为普遍。崇明岛盛产甜高粱，被誉为“芦粟之乡”。过去习惯生食其汁液，南方也有用于榨汁熬制糖稀或制作片糖。

用边际性土地种植甜高粱，然后用甜高粱秆生产燃料乙醇，如今在黑龙江大庆讪即将成为现实——一个利用甜高粱秸秆年产50万吨乙醇的万亩“甜高粱”绿色能源生产基地将在哈大齐工业走廊经济区呈现出生机盎然的活力。

随着世界能源危机和生态环境恶化问题的日益严峻，生物能源的开发与利用愈显紧迫。燃料乙醇是无限闭路循环的清洁能源，是永恒的可再生能源。作为燃料乙醇的一种原料，甜高粱在《可再生能源发展“十一五”规划》中，被列为生物液体燃料的第一个来源。甜高粱是普通粒用高粱的一个变种，具有抗旱、耐涝、耐盐碱、适应性强、生物学产量高、糖分含量高等特点，是名副其实的高效能植物。

二、重要原料——水

酒精工厂是用水大户，一般生产1吨酒精平均要消耗120吨左右的水。酒精企业用水可分为锅炉用水（发电、供热）、酿造用水（包括原料处理用水）、换热器用水、洗罐用水等4类。工艺用水要求符合饮用水标准，水的硬度（表 3－5）应不超过 7 毫克当量每升，即中等硬度的水。不符合要求的天然水要经过必要的处理才能应用。硬度过高的水不能用于酒精生产，这是因为所有的酒精生产工艺过程都是在弱酸性的条件下进行的（pH4.5～5.5）。冷却用水硬度也不能过高，否则容易引起设备和管道表面结垢，影响冷却效果。锅炉用水应符合锅炉用水标准，硬度超标一定要进行软化处理。

表 3－5　水的硬度分类表

水质类别	硬度值	碱性离子浓度 *
较软水	0～4.0	0～1.44
软水	4.1～8.0	1.45～2.88
中硬水	8.1～12.0	2.89～4.32
较硬水	12.1～18.0	4.33～6.48
硬水	18.1～30.0	6.49～10.80
极硬水	≥31.0	＞10.81

三、辅助材料

1. 酶制剂（Enzyme）

（1）α－耐高温淀粉酶

α－耐高温淀粉酶是酒精生产液化工序重要的酶制剂，其作用是辅助完成淀粉液化过程。α－耐高温淀粉酶分液体剂型和固体剂型两类。大型酒精企业需选用大包装液体剂型，优点是酶活力高、价格低

（2）高活性糖化酶

高活性糖化酶功能在于将液化后的短链淀粉和糊精彻底水解为葡萄糖。

（3）酸性蛋白酶

酸性蛋白酶对淀粉质的原料颗粒有溶解作用。酒精发酵生产中添加适量的酸性蛋白酶，可降低醪液黏度，提高酒精产率。酸性蛋白酶在目前的国内外酒精生产企业应用广泛。

2. 尿素（H_2NCONH_2）

尿素是大型酒精生产中常用的一种酵母菌氮源，白色无臭结晶，含氮量为 46.3％，30℃时溶解度为 57.2％。尿素本是一种高效农用氮源，因其纯度高、质量稳定而成为酒精发酵生产上首选的氮源。

3. 纯碱（Na_2CO_3）、NaOH 和漂白粉

纯碱（Na_2CO_3）、NaOH 和漂白粉是发酵罐、粉浆罐、液化罐、糖化罐、换热器、连通管线等清洗除菌必不可少的化学清洗剂和消毒剂。对清洗剂和消毒剂的要求是：有清洗和杀灭微生物的效果，对人体无害、无危险，易溶于水，无腐蚀，贮存稳定。

4. 活性干酵母（Active Dry Yeast ADY）

高质量活性干酵母是现代大型酒精企业培养酵母重要的基础酵母菌种。酒精企业自己独立培养酵母菌，历经了几十年，终于使人们认识到酒精企业自己培养酵母由于设备、特别是专业技术人员综合技术能力的差距，使生产成本高，特别是延长酒精发酵周期，杂菌增多，酒精产率相对低。基于此，活性干酵母已成为现代酒精企业的必需原料。但树立酵母近代扩培技术思想和应用酵母回用技术仍是酒精企业专业技术人员的重要课题。

5. 硫酸（H_2SO_4）

硫酸在酒精生产中主要用来调整醪液的 pH。对 H_2SO_4 的要求是：H_2SO_4 含量在 92%以上，砷含量不许大于 0.0001%。98%的浓 H_2SO_4 密度为 1.8365（20℃，g/cm^3）。使用 H_2SO_4 要注意安全，因为 H_2SO_4 能与多数金属及其氧化物发生反应。

第四节 乙醇发酵机理

一、生化途径

1. 乙醇发酵的生产过程

淀粉类、纤维素类等物质在淀粉酶、糖化酶和纤维素酶等作用下水解为葡萄糖等单糖，葡萄糖在无氧情况下经过酵母菌无氧呼吸将葡糖糖转化为乙醇，并为酵母菌自生提供能量。

酵母三型发酵分为一型发酵为酒精发酵，二三型发酵为甘油发酵；酵母一型发酵在乙醇发酵生产条件下，酵母菌将葡萄糖经 EMP 途径产生的两分子丙酮酸脱羧为乙醛，乙醛再作为氢受体使 NAD+再生，产物为两分子乙醇和两分子二氧化碳。

酵母二型发酵　发酵环境中存在亚硫酸氢钠时，生成的乙醛则与亚硫酸氢钠反应生成磺化羟基乙醛，而不能作为氢受体使 NAD+再生，也就不能形成乙醇。此时，酵母利用磷酸二羟基丙酮为氢受体，形成 α—磷酸甘油，进一步脱羧后生成甘油。产物为乙醇和甘油。

酵母三型发酵　在弱碱性条件下，乙醛不能获得足够的氢进行还原反应而积累，两分子乙醛间会发生歧化反应，即一分子乙醛为氧化剂被还原为乙醇，另一分子为还原剂被氧化为乙酸，磷酸二羟基丙酮为受氢体，形成甘油。产物为乙醇、乙酸和甘油。

2. 乙醇发酵生化机理（图 3－5）

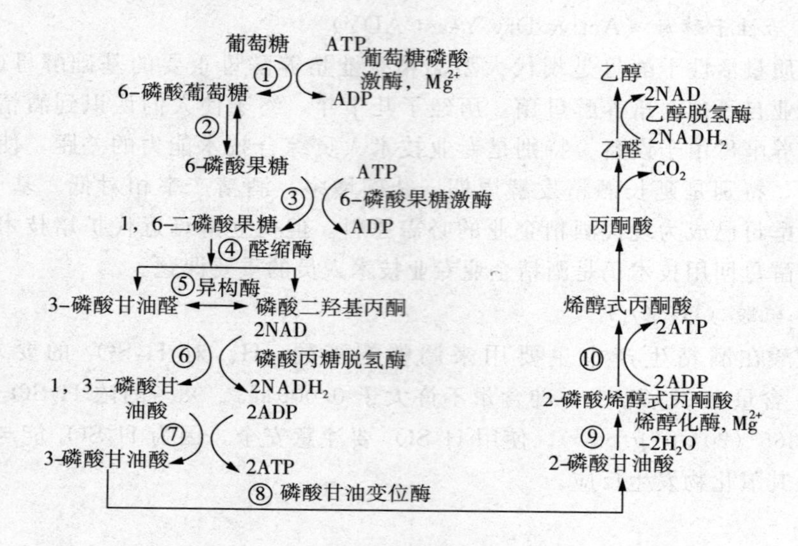

图 3－5　乙醇发酵生化途径

3. 乙醇发酵酵母代谢途径

进入发酵罐的糖化醪中的糖分（葡萄糖）进行酒精发酵的过程，主要分为 4 个阶段。

第一阶段　葡萄糖磷酸化，生成活泼的 1，6－二磷酸果糖；

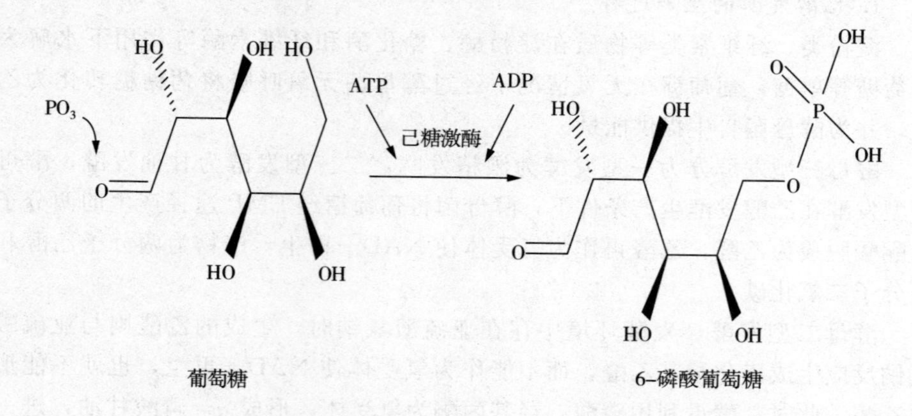

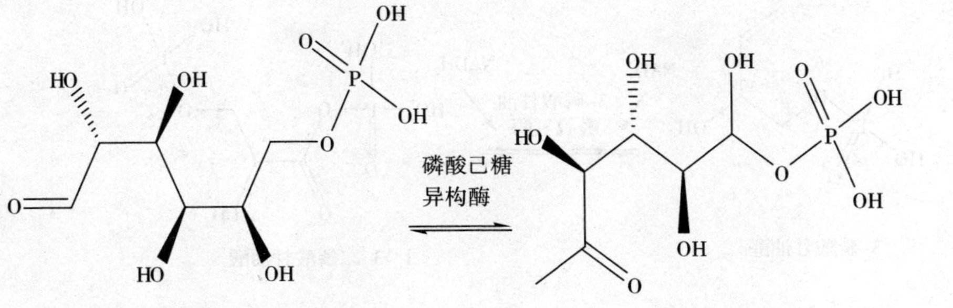

6-磷酸葡萄糖 ⇌（磷酸己糖异构酶）6-磷酸果糖

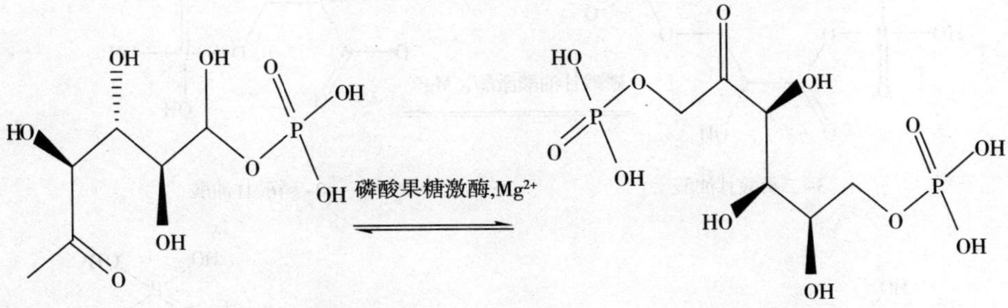

6-磷酸果糖 ⇌（磷酸果糖激酶,Mg^{2+}）1,6-二磷酸果糖

第二阶段　1，6－二磷酸果糖裂解成为两个分子的磷酸丙糖；

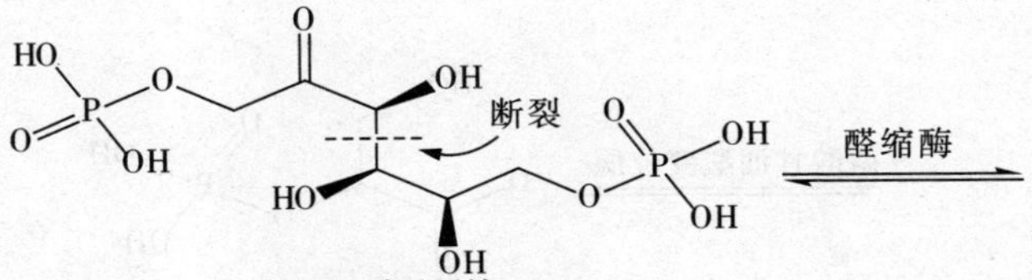

1,6-二磷酸果糖（断裂）⇌（醛缩酶）磷酸二羟丙酮 + 3-磷酸甘油醛

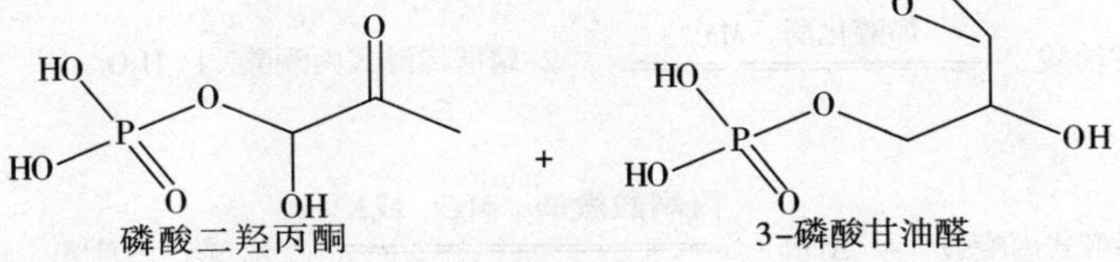

第三阶段　3－磷酸甘油醛经氧化（脱氢），并磷酸化，生成1，3－二磷酸甘油酸。然后将高能磷酸键转移给ADP，以产生ATP，再经磷酸基变位，和分子内重新排列、再给出一个高能磷酸键，而后生成丙酮酸。

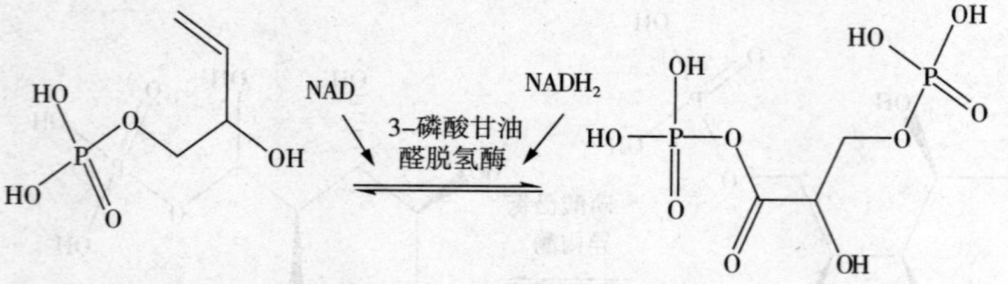

3-磷酸甘油醛 + NAD ⇌(3-磷酸甘油醛脱氢酶) 1，3-二磷酸甘油酸 + $NADH_2$

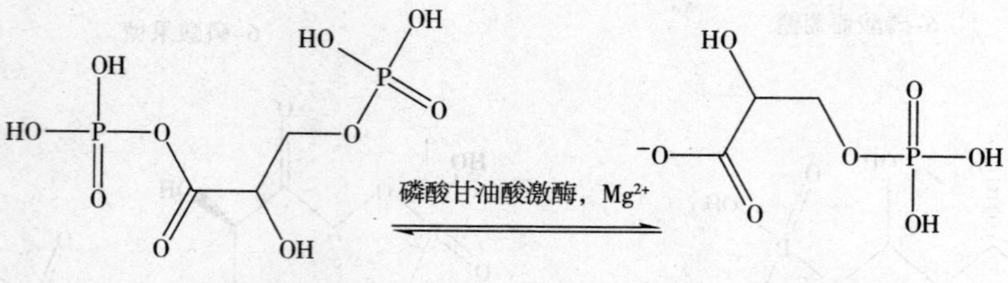

1，3-二磷酸甘油酸 ⇌(磷酸甘油酸激酶，Mg^{2+}) 3-磷酸甘油酸

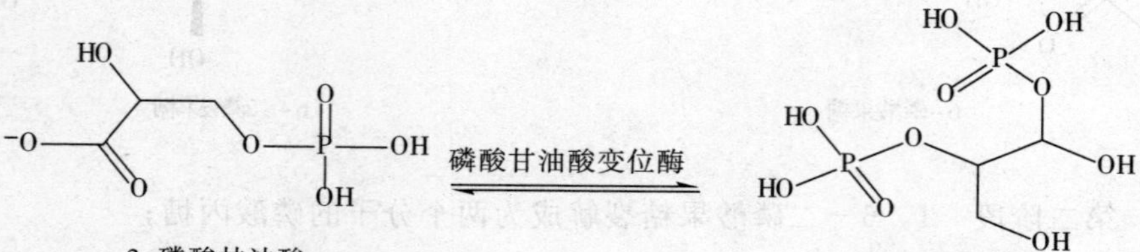

3-磷酸甘油酸 ⇌(磷酸甘油酸变位酶) 2,3-二磷酸甘油酸

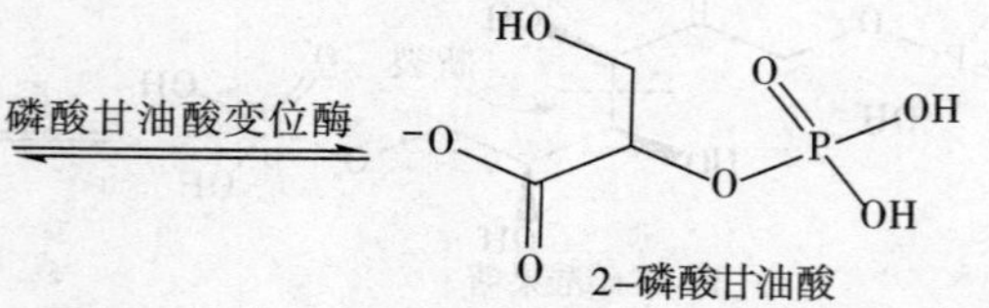

⇌(磷酸甘油酸变位酶) 2-磷酸甘油酸

2-磷酸甘油酸 ⇌(烯醇化酶，Mg^{2+}) 2-磷酸烯醇式丙酮酸 + H_2O

2-磷酸烯醇式丙酮酸 + ADP ⇌(丙酮酸激酶，Mg^{2+} 或K^+) 烯醇式丙酮酸 + ATP

烯醇式丙酮酸 ⇌ 丙酮酸

以上三个阶段形成一个完整的EMP途径：

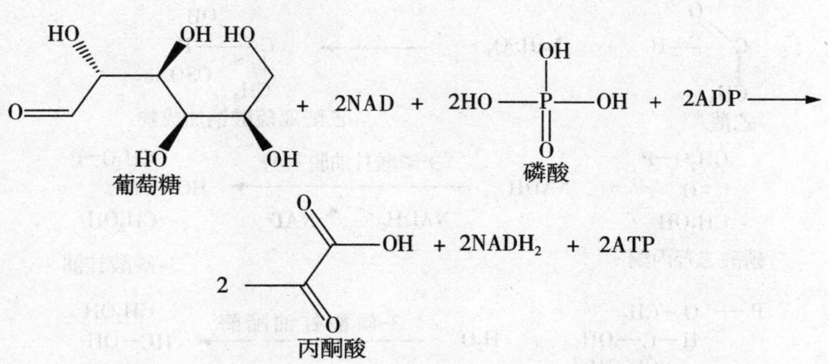

葡萄糖 + 2NAD + 2HO—P(O)(OH)—OH（磷酸） + 2ADP ⟶ 2 丙酮酸 + $2NADH_2$ + 2ATP

第四阶段　酒精的生成。

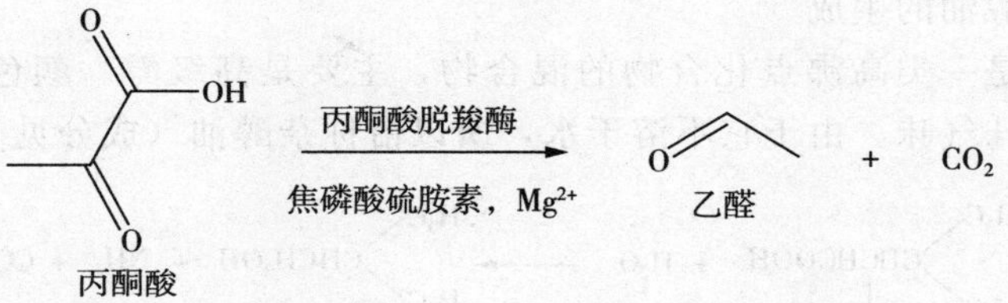

丙酮酸 $\xrightarrow[\text{焦磷酸硫胺素，}Mg^{2+}]{\text{丙酮酸脱羧酶}}$ 乙醛 + CO_2

乙醛 + $NADH_2$ $\underset{}{\overset{\text{乙醇脱氢酶}}{\rightleftharpoons}}$ 乙醇 + NAD

4. 副产物生成机理

(1) 甘油生成机理

当发酵条件为碱性或往发酵醪液中加入亚硫酸氢钠时，糖分的转化方向将偏向于甘油的产生。

(1) 碱性条件（歧化反应）

$$\underset{\text{乙醛}}{CH_3CHO} + H_2O \xrightarrow[\text{乙醛脱氢酶}]{NAD \rightarrow NADH_2} \underset{\text{乙酸}}{CH_3COOH}$$

$$\underset{\text{乙醛}}{CH_3CHO} \xrightarrow[\text{乙醛脱氢酶}]{NADH_2 \rightarrow NAD} \underset{\text{乙醇}}{CH_3CH_2OH}$$

(2) 亚硫酸氢钠

当在酒精发酵过程中，加入亚硫酸氢钠时，则它会与乙醛起加成作用，生成难溶的结晶状亚硫酸钠加成物；在这种情况下，乙醛将不能作为受氢体生成目标产物酒精，而只能由磷酸二羟丙酮代替其作为受氢体发生碱性环境中同样的反应生成甘油。

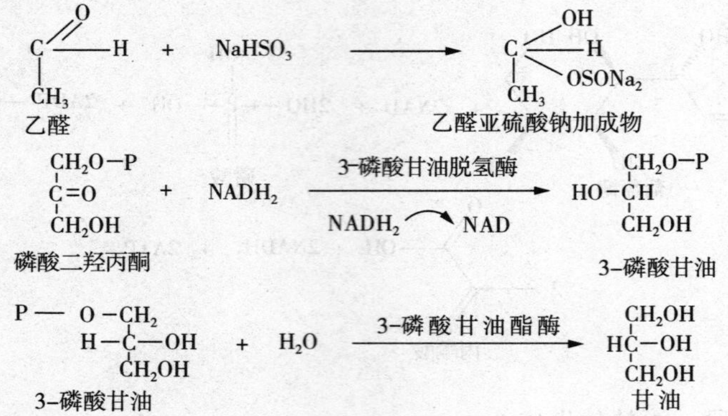

$$CH_3CHO + NaHSO_3 \longrightarrow CH_3CH(OH)OSONa_2$$

乙醛 乙醛亚硫酸钠加成物

$$CH_2O{-}P{-}C(=O){-}CH_2OH + NADH_2 \xrightarrow[NADH_2 \to NAD]{3\text{-磷酸甘油脱氢酶}} CH_2O{-}P{-}CH(OH){-}CH_2OH$$

磷酸二羟丙酮 3-磷酸甘油

$$P{-}O{-}CH_2{-}CH(OH){-}CH_2OH + H_2O \xrightarrow{3\text{-磷酸甘油酯酶}} CH_2OH{-}CH(OH){-}CH_2OH$$

3-磷酸甘油 甘油

（3）杂醇油的生成

杂醇油是一类高沸点化合物的混合物，主要是高级醇。颜色呈黄色或棕色，具有特殊气味。由于它不溶于水，所以俗称杂醇油（成分见表 3－6）。

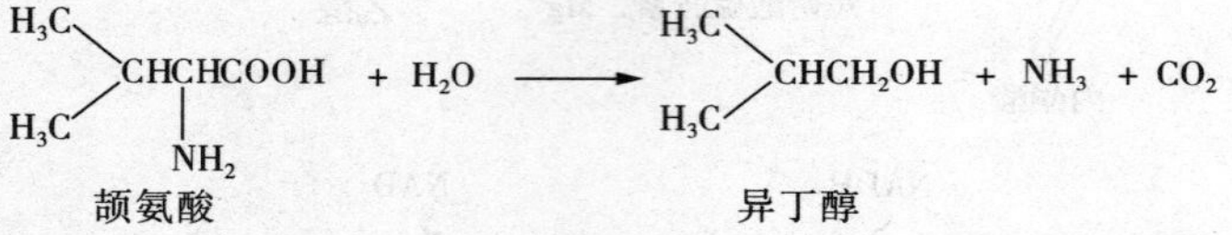

$$(H_3C)_2CHCH(NH_2)COOH + H_2O \longrightarrow (H_3C)_2CHCH_2OH + NH_3 + CO_2$$

缬氨酸 异丁醇

表 3－6　杂醇油的组成表

成分	谷物原料	马铃薯原料
	1kg 杂醇油中的克数	
正丙醇	36.9	68.34
异丙醇	157.6	243.5
戊醇	798.5	687.6
已醇	1.33	—
游离脂肪酸	1.6	0.11
酯类	3.05	0.2
糠醛	0.21	0.05
萜烯	0.33	—
水化萜烯	0.48	—

二、发酵微生物

1. 性能

从生长率、稳定性、抗性、适应性、特殊性、转化率等特性上去考核和筛选产乙醇的微生物。

2. 发酵微生物

发酵产乙醇是微生物把有机材料首先转化成糖等简单化合物，这些可发酵化合物通过微生物发酵生成乙醇和二氧化碳。理想的发酵生物质生产乙醇的菌株应该能发酵生物质处理后的所有的糖，对副产物如乙酸、呋喃、糠醛等具有备好的抗性，并与纤维素完全水解所需的纤维素酶有协同作用。

产乙醇的微生物可以分为三类：细菌（如 Clostridium sporogenes）、真菌（如 Monilia _ s7）和酵母菌（如 Sacchawmyces cerevisiae）。一些已经报道的微生物发酵产乙醇报告和研究中，主要用到的细菌、真菌、酵母菌见表 3－7 和表 3－8。

表 3－7　发酵产乙醇的酵母菌

菌株	温度（℃）	pH 值	碳源及其浓度（g/L）	氮源及其浓度（g/L）	发酵时间（h）	乙醇浓度（g/L）	参考文献
酿酒酵母（27817）	30	5.5	葡萄糖（50～200）	蛋白胨（2） 硫酸铵（4）	18～94	5.1～91.8	Vallet et al. 1996[28]
酿酒酵母（L－041）	30 或 35	—	蔗糖（100）	碳酰酸（1） 硫酸铵（4）	24	25～50	Leticia et al. 1997[29]
181 酿酒酵母（需氧）	27	6.0	葡萄糖（10）	蛋白胨（5）	40～160	—	Tsonka，Todor2002[30]
UO－1 酿酒酵母（需氧）	30	5.0	蔗糖（20）	硫酸铵（1）	60～96	—	Camacho-Ruiz 2003[31]
V5 酿酒酵母	24	—	葡萄糖（250）	—	36	—	Virginie et al. 2001[32]
ATCC 24860 酿酒酵母	30	4.5	糖浆（1.6～5.0）	硫酸铵（0.72－2.0）	24	5～18.4	Ergun，Mutlu 2000[33]
Bakers' yeast 酿酒酵母	30	4.5	糖（150～300）	—	192	53（最大）	Roukas 1996[34]
Bakers' yeast 酿酒酵母	28	5.0	蔗糖（220）	磷酸二氢铵（1.5）	96	96.71	Caylak，Vardar1996[35]
Fiso 酿酒酵母	30	5.0	葡萄糖（20～150）	蛋白胨、硫酸铵和酪蛋白氨基酸（10）	60	4.8～40	da Cruz et al. 2003[36]
A3 酿酒酵母	30	5.0	葡萄糖（20～150）	蛋白胨、硫酸铵和酪蛋白氨基酸（10）	60	4.8～36.8	da Cruz et al. 2003[36]

（续表）

菌株	温度（℃）	pH值	碳源及其浓度（g/L）	氮源及其浓度（g/L）	发酵时间（h）	乙醇浓度（g/L）	参考文献
L52酿酒酵母	30	5.0	葡萄糖（20～150）	蛋白胨、硫酸铵和酪蛋白氨基酸（10）	60	2.4～32	da Cruz et al. 2003[36]
GCB-K5酿酒酵母	30	6.0	蔗糖（30）	蛋白胨（5）	72	27	Kiran et al. 2003[37]
24860酿酒酵母	—	—	葡萄糖（150）	磷酸二氢铵（2.25）	27	48（最大）	Ghasem et al. 2004[40]
27774脆壁克鲁维酵母	30	5.5	葡萄糖（20～120）	蛋白胨（2）硫酸铵（4）	18～94	48.96（最大）	Vallet et al. 1996[28]
30017脆壁克鲁维酵母	30	5.5	葡萄糖（20～120）	蛋白胨（2）硫酸铵（4）	18～94	48.96（最大）	Vallet et al. 1996[28]
30016马克斯克鲁维酵母	30	5.5	葡萄糖（20～120）	蛋白胨（2）硫酸铵（4）	18～94	44.4（最大）	Vallet et al. 1996[28]
30091产朊假丝酵母	30	5.5	葡萄糖（20～120）	蛋白胨（2）硫酸铵（4）	18～94	48.96（最大）	Vallet et al. 1996[28]
ATCC-32694管囊酵母	30	4.5	葡萄糖（0～25）木糖（0～25）	蛋白胨（3.6）硫酸铵（3）	100	7.8（最大）	Sanchez et al. 1999[41]

表3-8 发酵产乙醇的细菌

嗜温微生物	Mmol乙醇/Mmol葡萄糖	参考文献
生孢梭菌	4.15	Miyamotol1997[43]
吲哚梭菌	1.96	Miyamotol1997[43]
生孢梭菌	1.8	Miyamotol1997[43]
Clostridium sordelli	1.7	Miyamotol1997[43]
运动发酵单胞菌	1.9	Miyamotol1997[43]
运动发酵单胞菌	1.7	Miyamotol1997[43]
Spirochaeta aurantia	1.5（0.80）	Miyamotol1997[43]
Spirochaeta tenostrepta	0.84（1.46）	Miyamotol1997[43]
Spirochaeta litoralis	1.1（1.4）	Miyamotol1997[43]

（续表）

嗜温微生物	Mmol 乙醇/Mmol 葡萄糖	参考文献
Erwinia amylovora	1.2	Miyamotol1997[43]
Escherichia coliKO11	0.7～0.1	Dienet al. 2003[44] Matthew et al. 2005[45]
Escherichia coliLY01	40－50g 乙醇/L	Dienet al. 2003[44]
Leuconostoc esenteroides	1.1	Miyamotol1997[43]
Streptococcus lactis	1.0	Miyamotol1997[43]
Klebsiella oxytoca	0.94～0.98	Matthew et al. 2005[45]
Klebsiella aerogenes	24g 乙醇/L	Ingram et al. 1998[46]
Mucorsp. M105	—	Ingram et al. 1998[46]
Fusariumsp. F5	—	Ingram et al. 1998[46]

如表 3-7 和表 3-8 所示，很多微生物可以积累高浓度的乙醇。其中应用最普遍的还是酵母菌，当中有一种产乙醇很有效的酵母：酿酒酵母。酿酒酵母具有良好的乙醇生产性状，是传统的乙醇生产菌株，可以发酵已糖得到高产量燃料乙醇，并且对生物乙醇和酸水解过程中生成的其他抑制产物的耐受能力高，是发酵产乙醇最优选的酵母。酿酒酵母不仅能够利用单糖如葡萄糖，还能够利用二糖。但是天然型的酿酒酵母不能利用戊糖，比如木糖，树胶酸糖和纤维低聚糖，利用木质纤维素水解产物发酵得到的生物乙醇产量很少。但是目前已测定了酿酒酵母的基本全序列，其遗传操作等技术也已基本成熟，要想利用木糖发酵得到大量的生物乙醇还需要代谢工程改造。

目前，产乙醇细菌中最有希望产业化应用的有大肠杆菌、产酸克雷伯菌和运动发酵单胞菌。兼性厌氧细菌运动发酵单胞菌具有吸收糖效率高、耐乙醇能力强、耐渗透压高、发酵时无需控制加氧、易于基因操作等优点，能高效利用葡萄糖为底物快速产乙醇。实验表明，运动发酵单胞菌比传统的酵母发酵乙醇产量高 5%～10%，容积效率达传统酵母的五倍。以葡萄糖为底物，利用运动发酵单胞菌发酵可以得到 97%的理论乙醇产量，乙醇浓度达 12%（w/v）能耐受 120g/L 的乙醇。但是也有不足之处，如不能利用木糖和阿拉伯糖、不能转化复杂的碳水化合物如纤维素等、产生山梨醇、甘油、乙酸、乙酸等副产物。大肠杆菌、产酸克雷伯菌可以发酵木质纤维素水解得到的所有的糖，因为这些产乙醇细菌天然就可以利用树胶酸糖。产酸克雷伯菌生长在纸或者纸浆等木质材质中，是一种肠道细菌。这种细菌可以在低 pH（pH=5），35℃条件下生长，可以利用已糖、戊糖，纤维二糖和纤维三糖等不同的糖类。大肠杆菌只能在较窄的接近中性的 pH 范围（6.0～8.0）内生长。

利用纤维素发酵制取燃料乙醇可以利用很多种厌氧嗜温菌，如热纤维梭状芽孢杆菌（Clostridium thermocellum）以及某些丝状真菌包括念珠菌属、粗棱脉孢菌、链孢霉菌、鲁氏酵母、曲霉菌、绿色木霉和拟青霉属。然而利用这些微生物发酵产乙醇的速率非常慢（3～12 天），并且产量很低（0.8～60g/L），这可能是由于高浓度乙醇对这些微生物的抑制力很强。

近年来，工程细菌在燃料乙醇生产的研究和应用方面取得了很大的进步，其中利用基因工程的方法来改造运动发酵单胞菌、大肠埃希氏菌、产酸克雷伯氏菌等是目前的研究热点，如李学风将运动发酵单胞菌乙醇发酵途径中的丙_酸脱羧晦基因与质粒载体 pGM－T 连接转化至大肠杆菌 TOPIO 中，丙酮酸脱羧酶基因在 T7 启动子的启动下得到了高效表达，构建的重组大肠杆菌不但可以利用葡萄糖和木糖生产乙醇，而且当葡萄糖和木糖同时存在时，优先利用葡萄糖。

3. 发酵菌选育及工程菌构建

（1）耐高温酵母：筛选耐高温：40～51 度，致死温度：80～100 度的酵母

（2）耐乙醇酵母：目前筛选到的酵母能耐乙醇范围在乙醇体积分数：10%～23%；

（3）减甘油产物工程菌：通过基因水平调整代谢或阻断甘油合成途径来筛选工程菌；

（4）代谢多糖工程菌：纤维素水解产物可以直接利用通过关键基因定向插入构建工程菌。

三、发酵过程

1. 发酵三阶段

发酵前期：特点是酵母繁殖较快，发酵醪液中糖分消耗少，代谢产物中产生 CO_2 和乙醇的量少；要控制接种量加强过程管理。

主发酵期：是厌氧乙醇发酵主要阶段，有大量代谢产物和较多热量产生的阶段；此阶段要注意温度调控，定时检测糖分含量；发酵时间大概在 12h 左右。

发酵后期：后发酵期发酵产物少，热量少；发酵醪液中有固形物沉淀；此阶段控温在 30～32 度之间，要根据实际生产情况而定。

2. 常用的技术指标

（1）原料利用率即乙醇产率、乙醇得率、发酵率，指的是实际出酒率与理论出酒率的比值。

原料利用率=实际出酒率（%）/理论出酒率（%）

理论出酒率－单位重量的原料理论上可以产乙醇的重量，可以表述为理论醇糖比

实际出酒率（%）－单位重量的原料实际产乙醇的重量

（2）乙醇生产效率

乙醇生产效率是指单位发酵容器容积每小时生产乙醇的重量，是衡量乙醇生产效率的主要指标。

乙醇生产效率=（发酵罐有效容积*单位成熟醪液中乙醇的质量）/

（发酵罐实际容积*发酵时间）

有效容积－盛装发酵液的量，通常取75%～85%实际容积

单位成熟醪液中乙醇的质量－成熟醪液中乙醇浓度

发酵时间－发酵所用时间

3. 发酵过程影响因素及其控制

（1）温度的影响及控制

影响酶的活性：最适温度范围内，随着温度的升高，菌体生长和代谢加快，发酵反应的速率加快。

影响生物合成的途径：如金色链霉菌在30℃以下时，合成金霉素的能力较强；但超过35℃时，其代谢产物则只合成四环素。

影响发酵液的物理性质，以及菌种对营养物质的分解吸收，则在发酵过程中采用分段温度控制。

（2）pH 的影响及控制

发酵醪液的酸碱度对微生物发酵的影响很明显，主要体现在三个方面，一是影响酶的活性，以及细胞膜的带电荷状况；二是影响培养基中营养物质的分解；三是影响微生物对营养物质的吸收及代谢产物的分泌。

酸碱的控制可以采取以下方式：采用外流加调节剂来调整发酵醪中的 pH 值到合适的发酵值；一般情况下连续发酵 pH 控制在4.0～4.5，间歇发酵 pH 值可控制在4.7～5.0；其调节剂在工业生产上一般采用 H_2SO_4 来调节。

（3）乙醇浓度的影响与控制

当乙醇浓度过高时可抑制发酵，在酵母处于繁殖期时，其生产乙醇的速度是无繁殖时的30多倍。具体影响可见图3-6。

（4）霉菌毒素的影响

1985年，联合国粮食与农业组织预测，全球至少25%的谷物被霉菌毒素

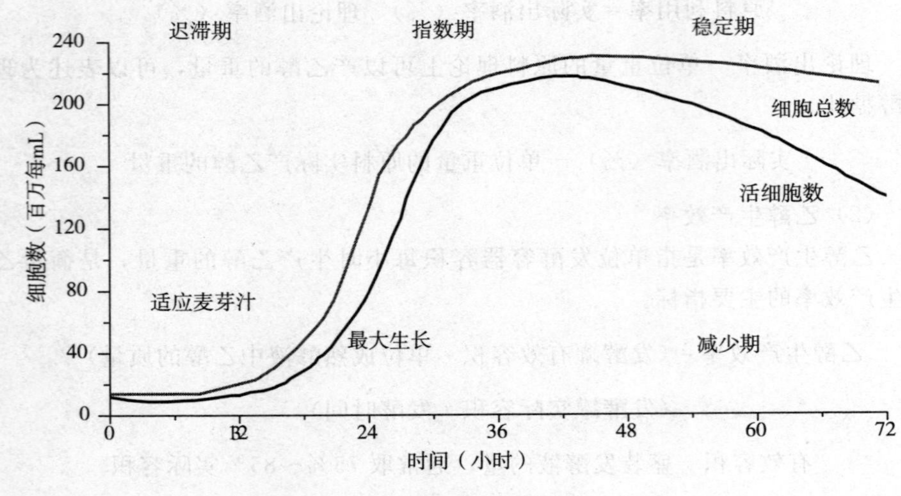

图 3－6　酵母生长曲线

所污染。污染的种类和程度与很多因素有关，包括种植、收获和地理位置。对于蒸馏酒厂而言，其主要关心的是霉菌毒素能否进入到 DDGS 中。

霉菌毒素能够影响酵母的生长，这些毒素的存在可能是发酵不完全的原因；加热不能除去所有的霉菌毒素，因此不可能通过蒸煮过程除去所有的霉菌毒素；酵母细胞壁中的葡甘露聚糖能够特异性吸附某些霉菌毒素

（5）植酸的影响

谷物中 60％～80％的磷是以植酸的形式存在，植酸分子有很高的含磷量（28.2％）和较大的螯合潜力；为了让磷以稳定键合的形式存在，植酸能与二价和三价的离子包括 Ca2＋、Zn2＋、Cu2＋、Co2＋、Mn2＋、Fe3＋和 Mg2＋形成多种不溶性的盐。

植酸钙镁也对酵母有反营养效应有 Ca2＋的浓度会影响酶的活性，而 Zn2＋等矿物质是酵母生长所必需的；植酸在抑制蛋白水解酶的同时，肌醇六磷酸（一种主要的植酸）－蛋白质复合物或肌醇六磷酸－矿物质－蛋白质复合物还能减少可分解的蛋白质；酵母生长必需的一种物质——纤维醇也可被植酸钙镁分子结合。可采用控制方法是添加肌醇六磷酸酶和植酸酶。

（6）杂菌污染的影响以及控制

在生产中常见的杂菌有乳酸菌，这是最主要杂菌，能产生和分泌对酵母有抑制作用的化合物；在发酵代谢中会出现同型乳酸发酵和异型乳酸发酵；醋酸菌，是发酵过程主要的杂菌，能氧化乙醇为醋酸，丙醇为丙酸，产生的醋酸将抑制酵母的生命活动，再生产也称为乙酸发酵；丁酸菌，丁酸菌对酒精发酵的副作用很大，因为它产生的丁酸在微量的情况下对酵母的抑制作用很大；野生酵母，在发酵罐中能消耗大量的糖分而产生的酒精很少；有些能

将糖转化为有机酸，并使酒精氧化。

目前在生产中发酵车间产生杂菌的原因有管道与发酵罐杀菌不彻底，糖化醪与酒母被污染和发酵时温度偏高等情况造成的；可采取的防止措施有规范操作流程，提高无菌及灭菌意识和严格执行消毒灭菌条例及车间预防制度。

（7）流体流动及混合状况的影响

流体在系统中流速分布的不均匀；发酵罐内部构件的影响造成物料与主体流动方向相反的逆向流动；且罐内存在沟流、环流以及由于设备安装不良而产生的死区（滞留区）；发酵醪液中许多分子凝聚成团或块最为独立的单元进行流动、混合和分散，即使采用搅拌等措施，也可能无法达到分子状态的均匀分散；而且醪液分子中会出现不同的凝聚态。

第五节　乙醇蒸馏脱水的原理及工艺流程

一、粗酒精中的主要杂质（表3－9）

表3－9　粗酒精中主要杂质的分子式和沸点

杂质	分子式	沸点（℃）	杂质	分子式	沸点
乙醛	C_2H_4O	20.2	水化萜烯	$C_{10}H_{18}O$	206～210
丙烯醛	$C3_{H_4}O$	52.5	甲醇	CH_4O	64.7
糠醛	$C5_{H_5}O_2$	161.7	异戊醇	$C_5H_{12}O$	132.1
甲酸乙酯	$C_3H_6O_2$	54.4	异丁醇	$C_4H_{10}O$	108.1
乙酸甲酯	$C_3H_6O_2$	56.0	异丙醇	C_3H_8O	108.1
乙酸乙酯	$C_4H_8O_2$	77.1	丙醇	C_3H_8O	82.4
异丁酸乙酯	$C_6H_{12}O_2$	110.1	丁醇	$C_4H_{10}O$	97.2
丁酸乙酯	$C_6H_{12}O_2$	121.0	戊醇	$C_5H_{12}O$	117.9
乙酸异戊酯	$C_7H_{14}O_2$	142.0	已醇	$C_6H_{14}O$	155.7
异戊酸乙酯	$C_7H_{14}O_2$	134.8	甲酸	CH_2O_2	100.8
异戊酸异戊酯	$C_{10}H_{20}O_2$	194.0	乙酸	$C_2H_4O_2$	118.1
羧酸	$C_6H_{14}O_2$	102.4	丁酸	$C_4H_8O_2$	163.6
萜烯	$C_{10}H_{16}$	167～170			

二、乙醇蒸馏

在乙醇生产过程中，利用乙醇与各组分的挥发度不同，将发酵醪液中的乙醇和其他所有的挥发性杂质分离开来的过程，称之为乙醇蒸馏。其分为粗馏和精馏。粗馏是对发酵成熟醪进行的简单蒸馏过程（闪蒸）得到浓度较低的粗酒。精馏指将较难分离的组分进行分离的过程，可去除粗酒中的杂质，进一步提高乙醇浓度（95%）。

把液体加热变成蒸汽，然后使蒸汽经过冷凝变成液体的过程叫蒸馏。蒸馏广泛地应用于分离和提纯液体有机化合物，也可以测定化合物的沸点及了解有机物的纯度，还可以回收溶剂或蒸出部分溶剂以浓缩溶液。液体受热后，当它的蒸汽压和液面上所受的大气压相等时的温度叫沸点。蒸馏时从第一滴馏出液开始至蒸发完全时的温度范围叫沸点距。在一定压力下，纯物质具有恒定的沸点，沸点距很小，一般在 0.5℃～1℃。而混合物（共沸物除外）则不同，没有恒定的沸点，沸点距也较大，所以通过蒸馏可以测定物质的沸点。由于沸点是物质固有的物理常数，故可以通过测定沸点来鉴别物质和判断其纯度。为了消除在蒸馏过程中的过热现象和保证沸腾的平稳状态，常加入素烧瓷片或沸石，因为他们都能防止加热时的暴沸现象，故把他们叫作止暴剂。在加热前应加入止暴剂。当加热后发觉未加止暴剂或原有止暴剂失效时，千万不能匆忙投入止暴剂。因为当液体在沸腾时投入止暴剂，将会引起剧烈的暴沸，液体易冲出瓶口，若是易燃物，将会引起火灾。所以，应使沸腾的液体冷却至沸点以下才能加入止暴剂。其实际蒸馏过程和理论过程变化可见图 3－7，图 3－8。

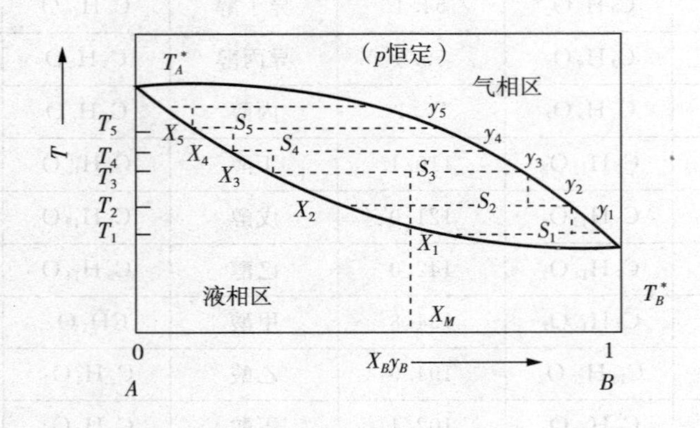

图 3－7　酒精平衡浓度曲线

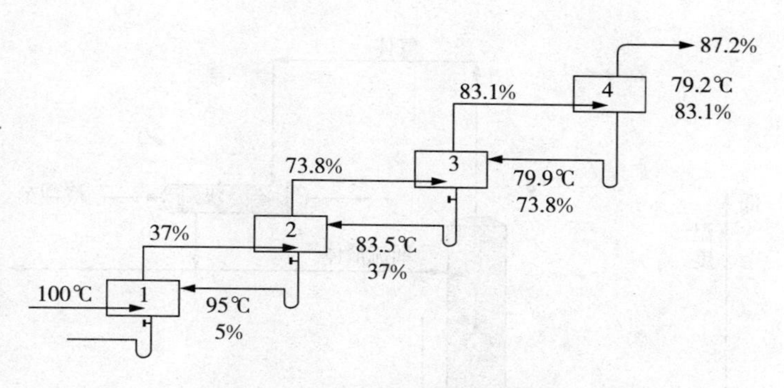

图 3－8　理想蒸馏原理结构图

三、酒精精馏原理

酒精蒸馏的目的是通过乙醇在水溶液中的相对挥发性度得到浓度较高的酒精，酒精精馏则是利用发酵醪液中各组分挥发性能的差异将挥发性杂质分离。蒸馏能耗很大，以往有研究者对酒精一水体系的膜分离过程做过基础研究，比如杨座国等对酒精的渗透汽化分离、Shimizu 等等对酒精蒸汽渗透分离做过部分的研究工作，其原理是利用膜对发酵醪液中各组分的溶解扩散性能不同而实现分离目的，但由于种种原因，膜分离过程距离工业应用仍有一段距离，蒸馏仍然是目前分离酒精使用的唯一方法。乙醇与挥发性杂质的挥发能力差异是实现两者分离的依据，经验性的酒精精馏理论引入了挥发系数和精馏系数来描述挥发性杂质的挥发性能。

酒精精馏是利用醪液混合物各组分挥发性能的差异，即混合物在气液两相中各组分浓度不同，通过能量分离剂（热量）的引入使乙醇、水、杂醇、醛、酸和酯等混合物在精馏塔内多次部分气化和部分冷凝，从而实现各组分彼此分离的方法。其精馏原理见图 3－9 和图 3－10。

1. 挥发系数

挥发系数表示该组分在气液两相浓度的差别；发酵过程中其挥发系数根据蒸馏曲线图参考进行调整。其公式表示如下：

$$K=\frac{A}{a}$$

A 为体系达到相平衡时某组分在气相中的浓度；

a 为液相中该组分的浓度。

2. 精馏系数

某两个组分的挥发系数之比被称作精馏系数，常用来表示。其公式表示如下：

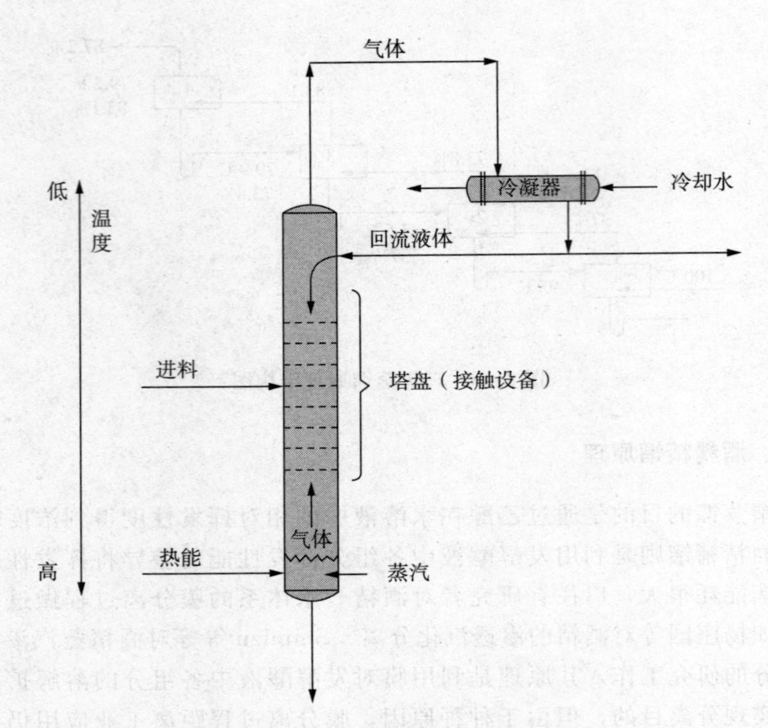

图 3－9　连续精馏流程示意图

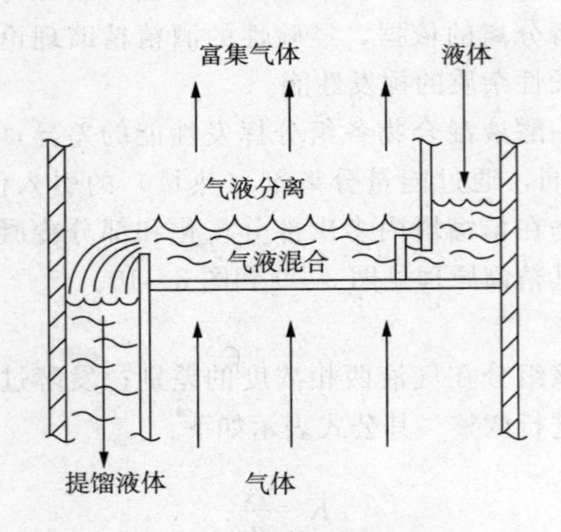

图 3－10　精馏塔板示意图

$$\alpha=\frac{K_i}{K_e}$$

K_i 为 i 杂质的挥发系数；

K_e 为乙醇的挥发系数。

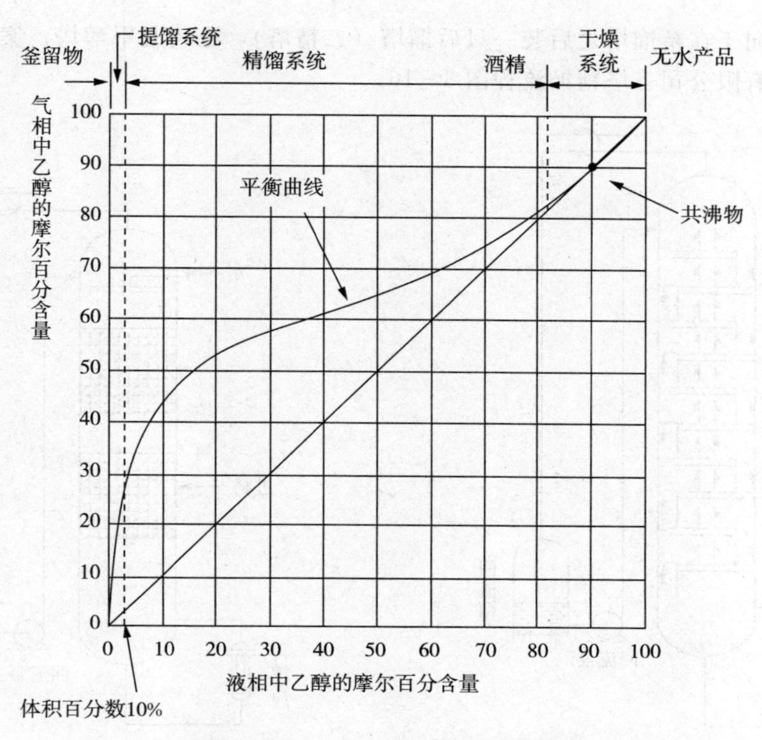

图 3-11 乙醇一水气液平衡曲线图

3. 酒精精馏设备

酒精精馏设备有板式塔（图 3-12）、填料塔（图 3-13）和塔板（图 3-14）。

4. 酒精精馏工艺流程

(1) 单塔流程：用一个塔从成熟醪中分离制备酒精成品的过程，称为单塔精馏。该塔塔底排酒精糟液，塔顶引出粗酒精。这个流程适用于对成品质量与浓度要求不高的工厂，一般国外生产浓度 88%（V）的粗酒精时常用单塔流程。我国酒精工厂一般都不采用这种工艺流程。

(2) 双塔流程：将酒精的蒸馏和精馏两个过程分别在两个塔内进行，这样就产生了由粗馏塔（粗塔，醪塔）和精馏塔两个塔组成的双塔蒸馏工艺流程。粗馏塔的作用是将酒精和挥发性杂质及一部分水从成熟发酵液中分离出来，并排除由固形物、不挥发性杂质及大部分水组成的酒糟。精馏塔的作用是使酒精增浓和除杂。最后得到符合规格的成品酒精，并排除废水。案例见上海酒精总厂（浦东新厂）两塔差压精馏流程图 3-15。

(3) 三塔流程：三塔流程包括粗馏塔、排醛塔和精馏塔；排醛塔的作用是排除醛酯类等中头级杂质，由于排醛塔排除头级杂质需要在酒精浓度较低的时候进行（一般排醛塔要用水稀释从粗馏塔得到的粗酒精，以得到较大的精馏系数，因此排醛塔又称水萃取塔）；我国有一些酒精厂在改建两塔流程时往往倾向于在精馏塔之后装一只后馏塔（二精塔），也叫脱甲醇塔。案例见华润酒精有限公司三塔精馏流程图 3-16。

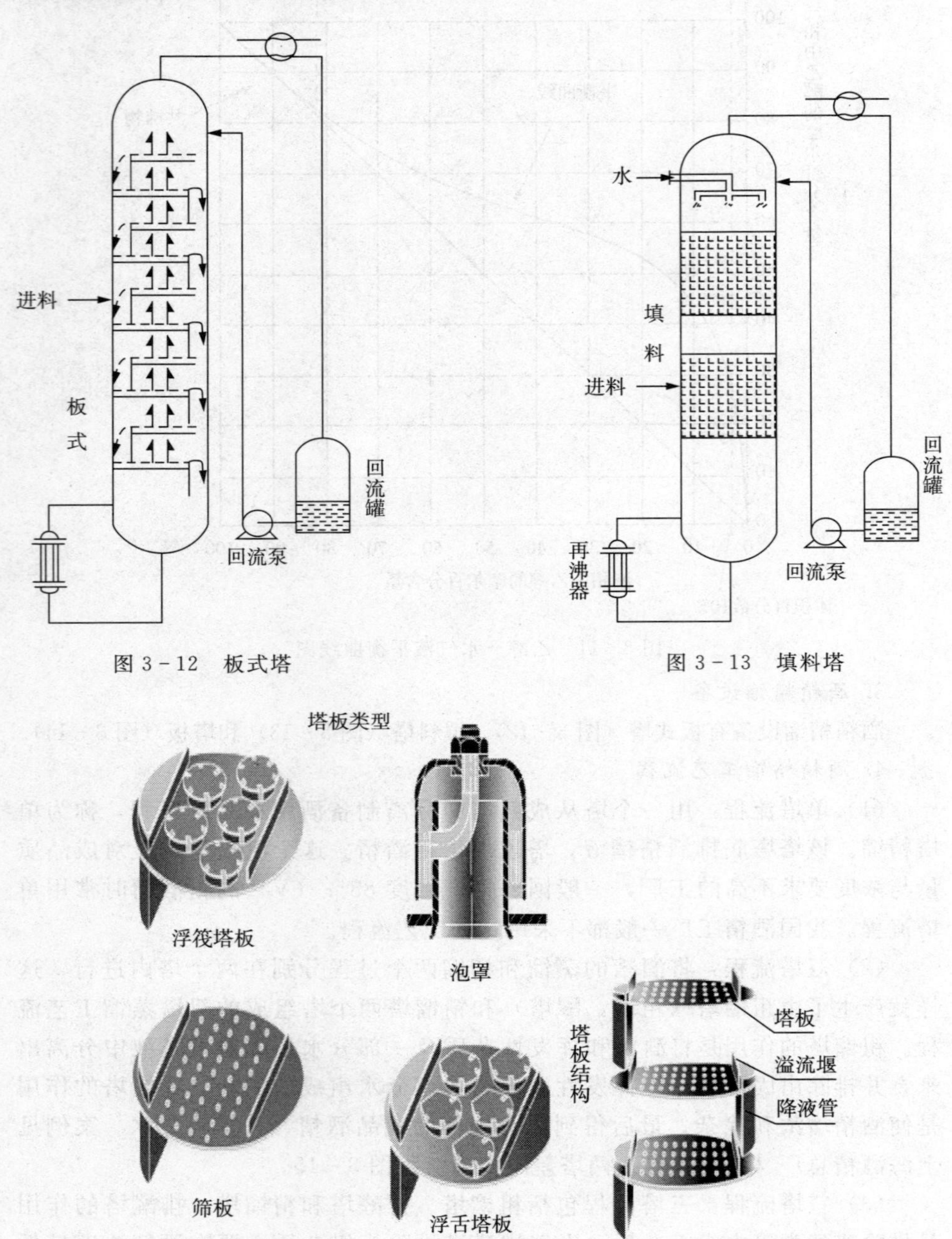

图 3-12　板式塔

图 3-13　填料塔

图 3-14　塔板类型及结构

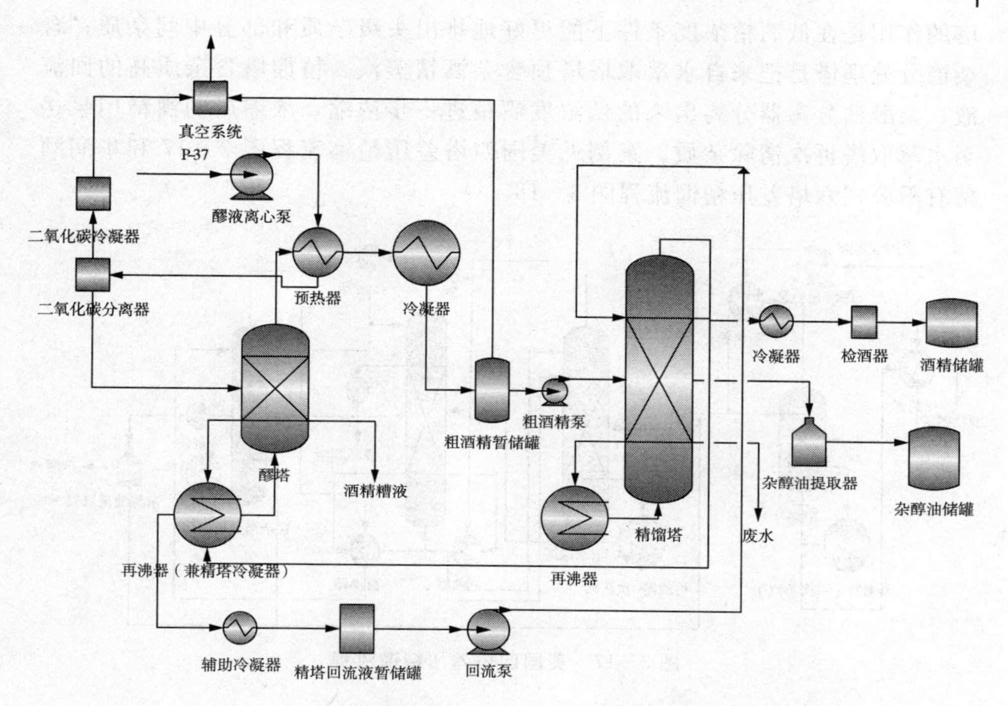

图 3－15　上海酒精总厂（浦东新厂）两塔差压精馏流程

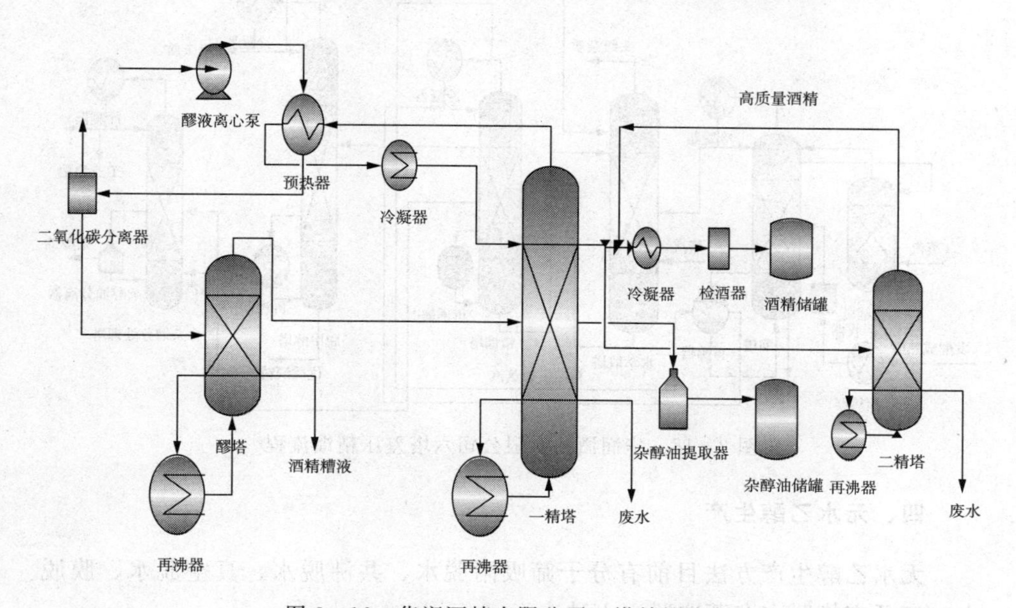

图 3－16　华润酒精有限公司三塔精馏流程

（4）多塔流程：包含水萃取塔、脱甲醇塔、含杂馏分处理塔等；水萃取塔的作用是在低酒精浓度条件下能更好地排出头级杂质和部分中间杂质；含杂馏分处理塔是把来自水萃取塔塔顶含杂酒精蒸汽、精馏塔含杂质高的回流液、杂醇油分离器分离出来的低浓度酒精进一步浓缩，浓缩后的酒精用泵送至水萃取塔再次清除杂质。案例见美国四塔差压精馏流程图 3-17 和华润酒精有限公司六塔差压精馏流程图 3-18。

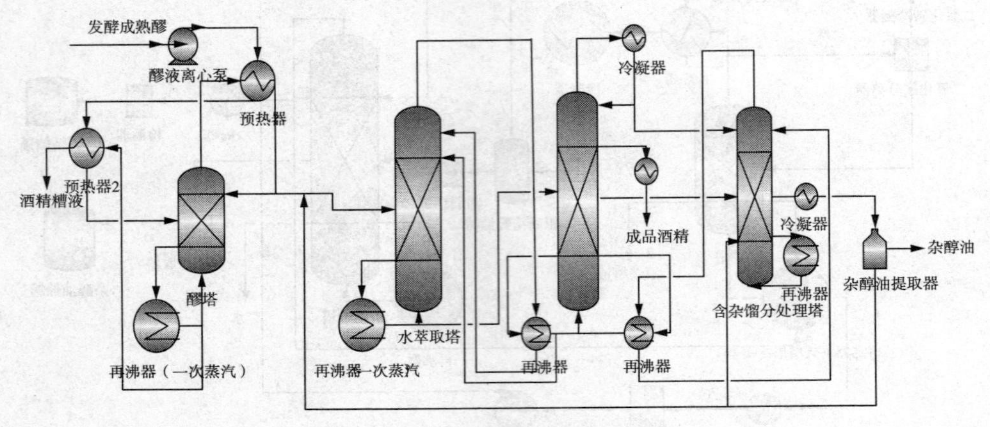

图 3-17　美国四塔差压精馏流程

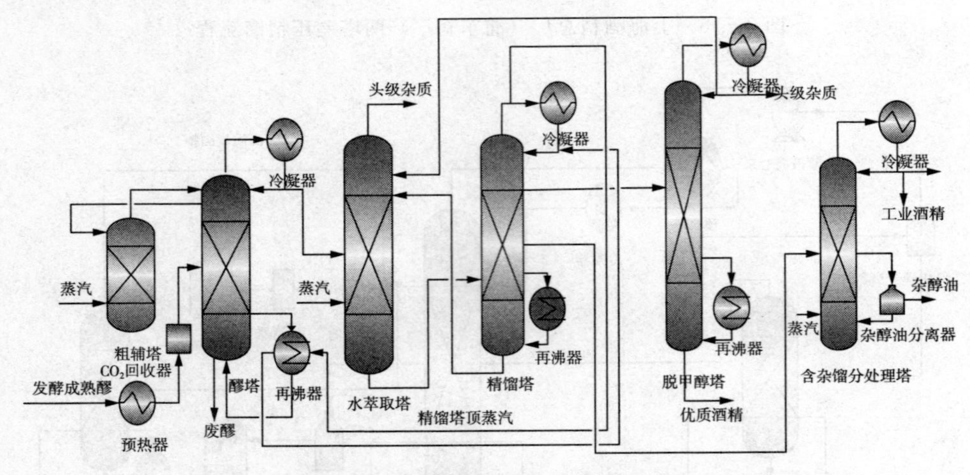

图 3-18　华润酒精有限公司六塔差压精馏流程

四、无水乙醇生产

无水乙醇生产方法目前有分子筛吸附脱水、共沸脱水、真空脱水、膜脱水、离子交换脱水和萃取脱水六种。

1. 吸附脱水

吸附脱水就是用对水分吸收能力比乙醇强的或能与水发生化学反应的介

质，脱除酒精中残余的水。甘油、汽油等可作为吸水介质；生石灰（氧化钙）可与残余的水反应生成氢氧化钙脱去水；目前，普遍采用以沸石、淀粉、玉米粉、纤维渣等，对水分子有选择性吸附功能的多孔材料作吸附剂的分子筛脱水法。

分子筛固定床吸附法（简称分子筛法）与广泛应用的共沸精馏法二种无水乙醇生产工艺比较，有几点不同：①分子筛是一种无色、无臭、无毒的新材料，在无水乙醇制备和其他共沸混合物分离过程中，不需要添加第三组分，生产过程几乎无毒害三废排放共沸法牵涉到苯、环己烷等高毒性的第三组分。②以质量分数为95%的酒精转化为质量分数为99.5%的无水乙醇，共沸法能耗为2620kJ/L，本工艺为1150～1440kJ/L。③分子筛法工艺简单，生产过程需要控制的参数主要是温度和流出乙醇浓度，操作环境好，共沸法需要动态控制乙醇—水—带水剂体系的诸多参数，工艺复杂，投资也高。

2. 共沸脱水

在乙醇—水二元恒沸混合物中加入第3种成分（共沸剂），可形成三元恒沸混合物，其恒沸点会发生相应变化，通过蒸馏可得到纯度更高的酒精，从而达到脱水的目的。例如，环己烷—乙醇—水三元共沸物的组成（质量分数）：环己烷76%、乙醇17%、水7%，其沸点为62.1℃，低于乙醇—水体系的恒沸点（78.15℃）。只要有足量的环己烷作为夹带剂，水将全部集中于三元恒沸物中从精馏塔顶馏出，无水乙醇从塔底馏出。生产中常用的共沸剂有苯、戊烷、环己烷、氯化钙、醋酸钾等。共沸脱水法是最早实现工业化的脱水方法。

3. 真空脱水

在真空条件下，乙醇—水恒沸混合物中的乙醇浓度呈增大趋势，当真空度达到0.005MPa时，乙醇浓度接近100%。但是由于技术条件所限，此方法尚未实现工业化。

4. 膜脱水

膜脱水是用对水或乙醇有选择透过性的膜，将乙醇与水分开的方法。选择透过性膜通常用高分子材料制成。若能解决膜通量小、膜堵塞等问题获得高效膜组件，其工业化的步伐会加快。

5. 离子交换脱水

某些具有离子交换功能的材料可以将乙醇与水混合物中的水交换出来，从而达到脱水的目的，常用的离子交换材料为聚苯乙烯钾型强酸性树脂。此法可得99.5%以上的无水乙醇，但乙醇的损失达10%左右。

6. 萃取脱水

在含水乙醇体系中加入第3种溶剂时，体系的蒸气张力平衡曲线发生改变，共沸点消失，改变了原溶液中乙醇和水的相对挥发度，使原料的分离变得容易。例如，加入适量的乙二醇等溶剂或甲苯甲酸钠、水杨酸盐、醋酸钾、醋酸钠、氯化钙等盐，可以使乙醇和水的沸点差加大。这不仅易于分离，同时可降低能耗。

工业上一般用淀粉发酵法或乙烯直接水化法制取乙醇，得到的乙醇可以用蒸馏的方法蒸馏到95.5%，此后形成恒沸物，不能提高纯度。而95%的乙醇可以用生石灰煮沸回流提纯到99.5%；而99.5%的乙醇可以用镁条煮沸回流制得99.9%的乙醇。

第六节　糖类原料乙醇发酵工艺与实例

一、糖质原料的预处理

此类原料共同特点是所含的发酵性物质是可以直接供酵母进行酒精发酵的各种糖，因此在工艺过程中不需要考虑原料的酶水解或酸水解。针对不同的糖质原料生产酒精有各自的特点要区别对待；我国糖类原料目前主要是甘蔗、甜菜、甜高粱茎秆和制糖业的废糖蜜等。

预处理程序：①糖汁制取：通常采用机械压榨法和热水浸提法进行处理，废糖蜜可直接进行稀释；②糖汁稀释：目的是为了降低糖的浓度，使其适合酵母的生长，同时也是为了减轻无机盐对酵母的影响；可采用间歇稀释和连续稀释两种方法；③糖液澄清：糖液中有胶体、色素、灰分及悬浮物等杂质成分，在发酵前要去除，可采用机械澄清、加酸澄清和加絮凝剂等方法进行澄清；④添加营养盐：要根据菌种特性不同和糖汁原料不同分析，把所缺必要的营养盐要通过人工方式添加到液体中；⑤糖汁酸化：目的使抑制杂菌生长，加速灰分与胶质沉淀和调节合适的pH值；可以通过加酸方式进行调节。

案例：废糖蜜的预处理，涉及稀释、酸化、营养盐的添加、灭菌以及澄清等工序。

1. 稀释

可采用单浓度流程或双浓度流程方法；双浓度流程是指制备两种稀糖液的浓度分别为12%～14%（酒母稀糖液）和33%～35%（基本稀糖液）。而单浓度流程是指制备一种稀糖液，其浓度为22%～25%；具体操作方法有间歇法和连续法两种。

2. 澄清

糖蜜中有很多胶体物质、色素和无机盐等物质，它们对发酵有害；故要采用处理方式去除；目前方法有：加酸通风沉淀法，热酸处理法，加絮凝剂法（聚丙烯酰胺）以及机械分离法（离心法和压滤法）。加酸通风沉淀法又叫作冷酸通风处理法：即将糖蜜稀释至50°Bx左右，加入0.2%～0.3%浓硫酸，通压缩空气1小时，静止澄清8小时，取出上层清液作为制备稀糖液用。热酸处理法一般是将酸化灭菌和澄清同时进行：先将原糖蜜稀释到55～60°Bx，温度加热至60℃，加硫酸将pH调至3.0～3.8进行酸化5～6小时，同时达到澄清的目的。

3. 营养盐的添加

稀糖液中常常缺乏酵母必需的营养物质，如果不加营养盐，则会直接影响到酵母的生长繁殖和酒精的出率。以甘蔗糖蜜所需添加的营养盐为例，甘蔗糖蜜中缺乏的营养成分主要是氮素、镁盐及生长素；工业上添加的氮源有尿素（46%）、硫酸铵（21%）、酒精酵母的自溶液、麸曲（生长素）；添加的镁盐常用硫酸镁，用量约为糖蜜质量的0.04%～0.05%。如果是甜菜糖蜜所需添加的营养盐情况是因为其糖蜜中缺乏的营养成分主要是磷酸盐，而甜菜糖蜜中氮的利用率和通风情况密切相关，如通风培养则氮素利用效率高；不通风，则氮的利用效率就极为低下，需要添加一定的氮素硫酸铵；另外甜菜糖蜜缺磷，一般是用过磷酸钙作为磷源，其用量为甜菜糖蜜量的1%。另外，也有利用工业磷酸作为磷源的。在需要同时添加磷和氮时，磷酸二氢铵也是一个选择。

4. 糖蜜的酸化

糖蜜酸化的主要目的是调节糖液的pH值，以防止发酵时杂菌的繁殖，同时加酸也有利于除去部分灰分和胶体物质。单浓度流程来说，加酸量应保证稀糖液的酸度为3～3.5°。酸化用酸量可按照下列公式计算：

$$M=\frac{0.0049LVK}{10}$$

M——酸化用酸量（g）；

L——纯硫酸换算到已知浓度硫酸的换算系数；

0.0049——1mL浓度为0.05mol/L硫酸中纯硫酸的克数；

V——稀糖液的体积（mL）；

K——稀糖液的酸度；

分母10表示测定酸度时稀糖液的毫升数。

加酸方式有间歇直加到稀糖液；或连续加一定浓度（40%～50%）糖液；或糖蜜直接加；其用酸有硫酸和盐酸两种。

二、糖液（糖蜜）的灭菌工艺

糖液（糖蜜）的灭菌目的是抑制杂菌生长和灭菌，保证发酵正常运行。灭菌的方法有物理法：蒸汽灭菌直接通蒸汽灭菌罐中灭菌80～90度，保持1h；或者酸化槽加装加热蛇管使加热和酸化同时进行；化学法中有添加漂白粉、甲醛、氟化钠、五氯苯酚钠、三氯异氰尿酸和抗生素等物质进行灭菌处理。

三、糖类原料乙醇发酵工艺

1. 间歇式发酵法

指全部发酵过程始终在一个发酵罐中进行。由于发酵罐容量和工艺操作不同，可分为以下几种方法：①一次加满法是将糖化醪冷却到27～30℃后，接入糖化醪量10%的酒母，混合均匀后，经60～72h发酵，即成熟。此法适用于糖化锅与发酵罐容积相等的小型乙醇厂，优点是操作方便、易于管理，缺点是酒母用量大。②分次添加法：此法适用于糖化锅容量小，而发酵罐容量大的工厂，生产时先打入发酵罐容积的1/3左右，接入10%酵母进行发酵，再隔2～3h后，加第二次糖化醪，再隔2～3h，加第三次糖化醪，直至加到发酵罐容积的90%。③连续添加法：适用于采用连续蒸煮、连续糖化的乙醇生产工厂，生产开始，先将一定量的酒母打入发酵罐，然后根据生产量，确定流加速度与酵母接种量有密切关系，如果流加速度太快，则发酵醪中酵母细胞数太少，不能造成酵母繁殖的优势，易被杂菌污染；如果流加太慢，也会造成后加入的糖化醪中的支链淀粉不能被彻底利用，一般从接种酵母后，应于6～8h内将罐装满。④分割主发酵醪法：适用于卫生管理较好的乙醇工厂，其无菌要求较高。将处于旺盛主发酵阶段的发酵醪分出1/3～1/2至第二罐，然后两罐同时补加新鲜糖化醪至满，继续发酵。待第二罐发酵正常，又处于主发酵阶段时，同法又分出1/3～1/2发酵醪至第三罐，并加新鲜糖化醪至第二、三罐。优点是省去酒母制作过程，并相应地减少了酵母生长的前发酵期。

2. 半连续发酵法

其指的是主发酵阶段采用连续发酵，而后发酵则采用间歇式发酵的方式。有两种流加法：一种是将一组数个发酵罐连接起来，使前三个罐保持连续发酵状态；另一种是由7～8个罐组成一组罐，各罐用管道从上部通入下罐底部相串联。

3. 连续发酵

连续发酵的发酵过程在不同容器中进行，工艺参数醪液的糖浓度、乙醇含量、pH、温度等是相对稳定，整个过程实现连续化、方便操作、提高发酵效率。多级连续发酵是把发酵过程的不同阶段，分别放在不同的发酵罐中进行。新鲜糖化醪从首罐流入，直至成熟发酵醪从末罐不断流出，整个发酵过程呈连续状态，所以称作多级连续发酵。

(1) 发酵罐平衡条件的建立

化学恒定系统控制：是指利用保持营养物质浓度的恒定来控制培养基各

种营养物质的恒定。为保证各发酵罐相对稳定条件的建立，对于每个发酵罐中的营养成分，必须满足下列平衡条件：流入＝消耗＋流出。主要是通过限制糖化醪的流加速度来实现。如果糖化醪流加速度太快，则：流入＞消耗＋流出；如果糖化醪流加速度太慢，则：流入＜消耗＋流出

发酵醪的酵母细胞数控制：控制酵母细胞数，以维持各发酵罐的发酵状态相对稳定。对于每个发酵罐，其酵母细胞数必须达到下述平衡条件：流入＋新增殖＝流出。如果流入＋新增殖＞流出，则发酵醪中酵母细胞积累过多，营养物质消耗加快，使醪液中营养物质不足；如果流入＋新增殖＜流出，则发酵醪中酵母细胞数减少，造成发酵能力降低。

（2）流加罐工艺条件的建立

流加罐是指新鲜糖化醪加入的发酵罐。在多级连续发酵系统中，流加罐工艺条件的确定是一项十分重要的问题，是连续发酵顺利进行的前提。流加罐罐数的确定应掌握住发酵醪有充分的后发酵时间，以使发酵醪中残余糖分被酵母充分发酵。流加罐工艺条件的确定应根据酵母菌生长繁殖规律，当酵母菌处于生长旺盛期，酵母菌繁殖速度最快，被杂菌污染的机会最小。因此，保持流加罐酵母生长旺盛期，是保证连续发酵顺利进行的重要条件之一，可以通过限制新鲜糖化醪的流加速度来实现。

（3）醪液流加量与发酵罐容积的确定：

在多级连续发酵过程中，新鲜糖化醪的流加量取决于乙醇产量。醪液流加量与发酵罐容积的关系如下：

$$V=Ft$$

F——糖化醪流加量；

t——醪液在罐内发酵总时间；

V——发酵醪总容积。

（4）发酵罐组个数的确定

多级连续发酵一般由8—10各罐组成一个连续发酵罐组，将整个发酵过程分成不同阶段，有利于发酵质量均匀控制。一般采用下式计算：

$$Vn=V/0.9n$$

Vn——每个发酵罐容积；

n——发酵罐组罐数；

V——发酵醪总容积；

0.9——发酵罐装填系数。

在设立发酵罐数时，应在多级连续发酵罐组之后，设一个成熟发酵醪储罐，以保证连续发酵顺利进行。

(5) 连续发酵工艺

循环连续发酵法是将 9～10 个罐组成一组顺序连通，末罐发酵结束，反向连接，循环发酵。多级连续发酵法也称连续流动发酵法，保持前三个罐为主发酵罐，之后罐处于后发酵阶段，最后一罐流出成熟的发酵醪，整个过程是连续的。目前，我国淀粉质原料连续发酵制乙醇基本上是利用以上两种方式。

(6) 连续发酵的优点

提高了设备利用率：一般 15 天左右对罐体洗刷、杀菌一次；间歇发酵每用 3d 对罐体洗刷、杀菌一次。省去了间歇发酵中的前发酵期，提高设备利用率 20%以上。

提高了淀粉利用率：连续发酵不易染菌，流动状态，均匀接触，利于 CO_2 排出。

省去了酒母工段：采用液体曲酒母新工艺，酒母培养在液体曲发酵罐中进行，然后将成熟的液体曲酒母投入发酵罐。

便于实现自动化：省去了人工繁重的体力劳动，流程上易于控制。具体见表 3－8。

四、实例：甜高粱秆汁流态化发酵制取乙醇工艺

(1) 甜高粱秆汁流态化发酵制取乙醇工艺流程（图 3－19）

(2) 菌种造粒机（图 3－20）

(3) 流态化五级连续发酵系统（图 3－21）

表 3－10 糖类原料乙醇发酵工艺优缺点比较

	优点	缺点	应用场合
间歇式	设备费用低；统一设备可进行多种产品生产；高效率；发生杂苗污染或菌种变异的概率低	反应器的非生产周期较长；由于频繁杀菌，易使检测装置损伤；每次培养均要接种，增加了生长成本；需要非稳定过程控制费用；人员操作加大了污染的危险	使用同一种反应器，进行多种产物的生长；易发生杂菌污染或菌种变异
半连续式	同一套设备可进行多种产品的生产；可任意控制反应器中的基质浓度；可确保微生物所需的环境；高收率	有非生产周期；需要较高投入；人员操作加大了污染的危险；由于频繁杀菌，易使检测装置损伤	生产效率低；希望延长反应时间；出现基质抑制；使用缺陷型变异株；一定培养基成分的浓度是菌体收率或代谢产物生产速度的影响因素；需要高菌体浓度

（续表）

	优点	缺点	应用场合
连续式	易机械化、自动化；节约劳动力；反应器体积小；可确保产品品质稳定；由于机械化操作，减少了操作带来的污染，几乎没有因杀菌，使检测装置损伤的可能	同一套设备不能生产多种产品；需要原料的品质均一；设备投资高；长时间培养；增加了杂菌污染或菌种变异的概率；反应器内保持醪料的恒定，有一定困难	需生产速率高的场合（对于容易品质，大量生产的产品）；基质是气体、液体和可溶性固体，不易发生杂菌污染或菌种变异

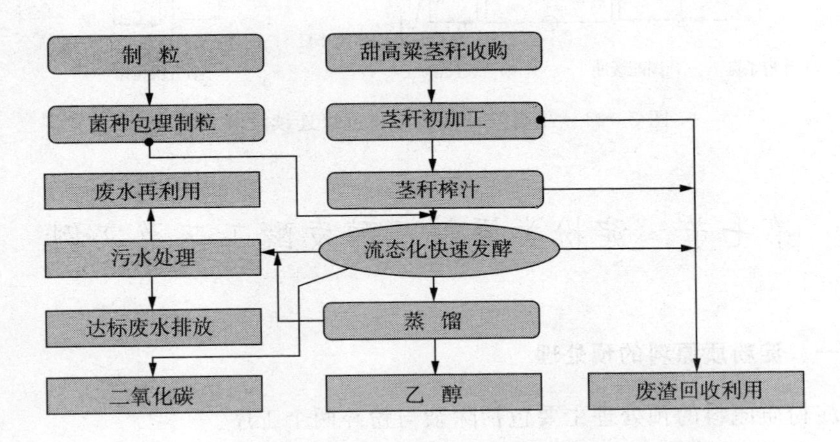

图 3－19　甜高粱秆汁流态化发酵制取乙醇工艺流程

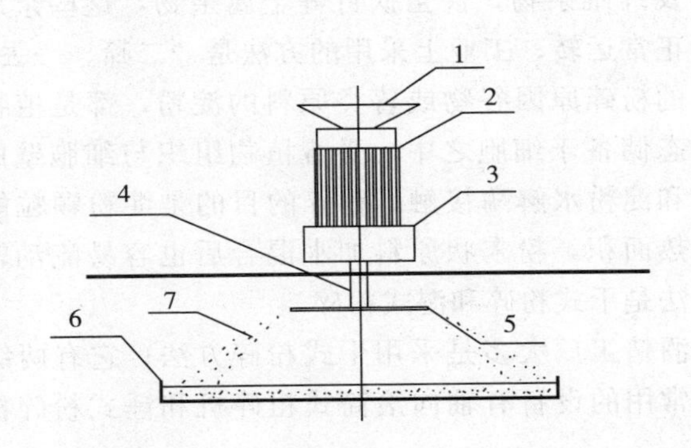

图 3－20　菌种造粒机示意图

1—料斗；2—电机；3—电磁调速器；4—空心传动轴；

5—离心甩盘；6—粒子托盘；7—粒子

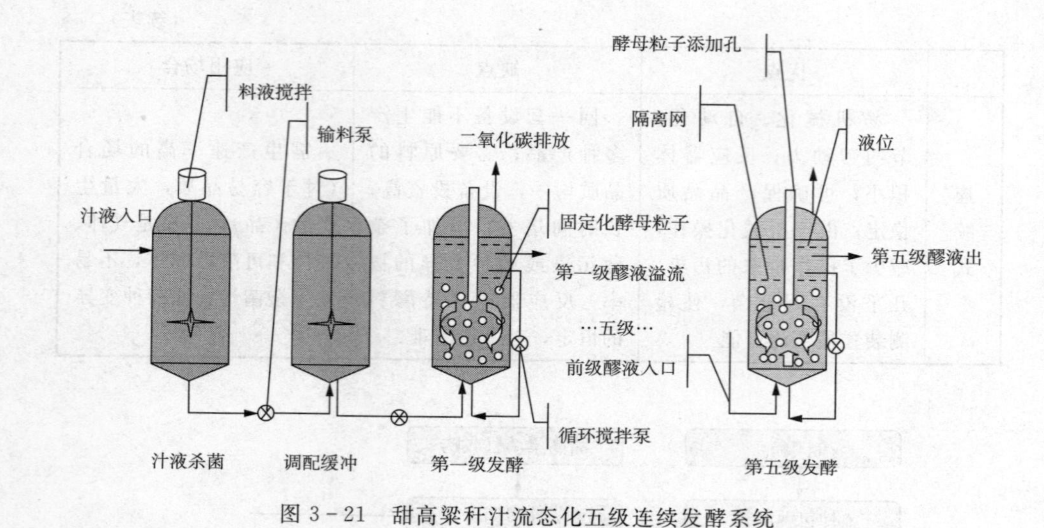

图 3-21　甜高粱秆汁流态化五级连续发酵系统

第七节　淀粉类原料乙醇发酵工艺及实例

一、淀粉质原料的预处理

淀粉质原料的预处理主要包括除杂与粉碎两个工序。

淀粉质原料的除杂是因为淀粉质原料在收获过程中，很容易混入泥土、小沙石、短绳头及纤维杂物，甚至铁钉等金属杂物，这些杂质必须除净，否则会影响生产的正常运转；工业上采用的方法是“二筛、一去石、一磁选”。

淀粉质原料的粉碎原因谷物或薯类原料的淀粉，都是植物体内的储备物质，常以颗粒状态储备于细胞之中，受着植物组织与细胞壁的保护，既不能溶于水，也不易和淀粉水解酶接触。粉碎的目的是淀粉颗粒能从细胞中游离出来增加原料受热面积，粉末状原料加水混合后也容易流动输送。通常采用的方法是粉碎方法是干式粉碎和湿式粉碎。

目前国内的酒精工厂大多是采用干式粉碎方法；它有两级粉碎工艺即粗碎和细碎；粗碎常用的设备有轴向滚筒式粗碎机和锤式粉碎机；细碎设备是锤式粉碎机。

湿式粉碎指粉碎时将拌料用水与原料一起加到粉碎机中进行粉碎；常用于粉碎湿度比较大的原料。优点是减少原料粉尘，降低原料损失，改善劳动条件，还可省去除尘设备；缺点是不耐贮藏和耗电量高（8%～10%）；

二、淀粉浆的糊化（蒸煮）、液化与糖化

1. 糊化（蒸煮）原理

淀粉在水中因加热、冷却会发生粘度变化，且在相同剪力之下会呈现相同特征，记录此变化的图即为糊化曲线。天然淀粉为微小的颗粒，颗粒的粒度和形状是淀粉类植物特征。淀粉颗粒由淀粉分子组成，这些淀粉分子呈辐射状排列并形成一系列无定型和半晶型交替的同心层；每个淀粉分子均为脱水葡萄糖单元构成的大分子多聚物，又可分为两种不同的类型。较小者为直链淀粉，其结构基本上是线型的；支链淀粉则为分子量很大的多聚物，其结构有很多分枝。一般淀粉通常含15%～30%的直链淀粉，但也有例外，例如：糯性淀粉只含少量的直链淀粉。天然的淀粉通常不溶于水（50℃以下），但在水中被加热超过某临界温度一时，淀粉颗粒即吸收大量的水并溶胀至其原体积的许多倍，如此现象持续并超出临界温度范围，淀粉颗粒即发生不可逆的变化、此为通常以晶体的熔化、双折射的消失和淀粉的溶解为标志。见图3－22，图3－23和图3－24，；表示的是淀粉颗粒吸热膨胀过程电子照片。

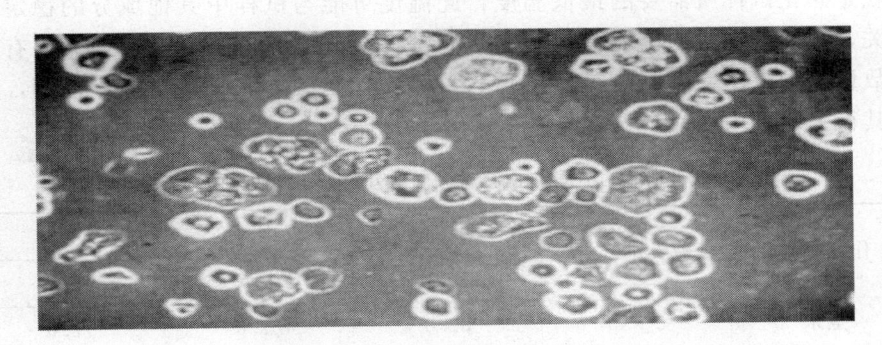

图3－22　67℃淀粉颗粒照片

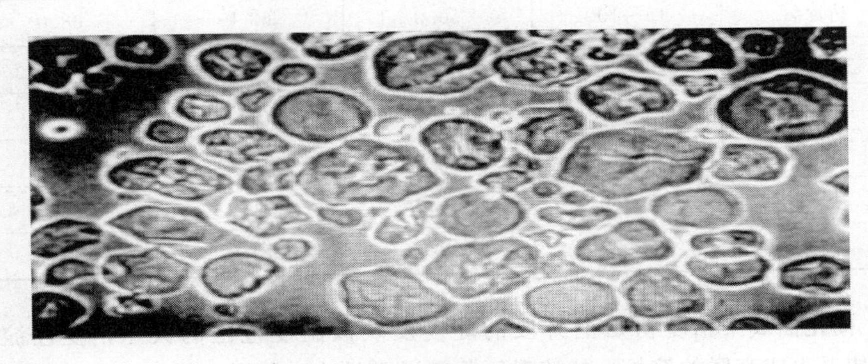

图3－23　75℃淀粉颗粒照片

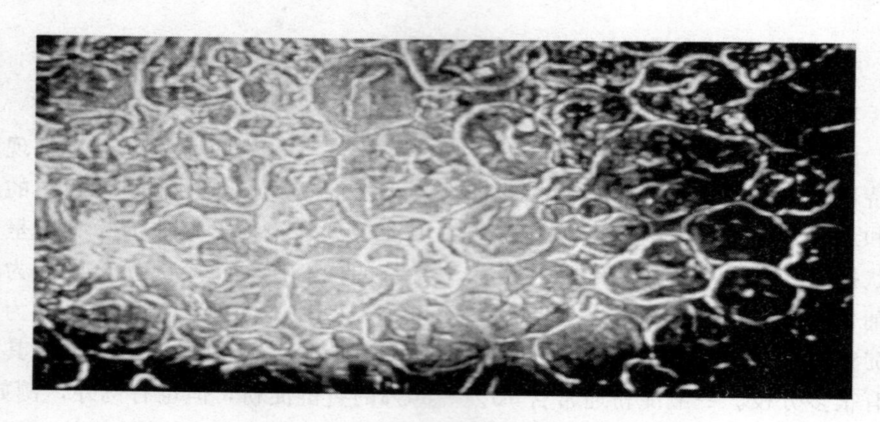

图 3-24 85℃淀粉颗粒照片

在测试的初期，因为温度低于淀粉的糊化温度（表 3-11），所以粘度值较低；温度高于糊化温度时，淀粉颗粒开始溶胀，受剪切力的作用，这些溶胀的淀粉颗粒彼此挤压表现出粘度增加，粘度开始增加的温度就是。糊化温度就是熟化试样所需要的最低温度，此温度可能与试样中其他成分的稳定性有关，并反映能量的消耗。在一定的淀粉浓度（约 10%）范围内，只要有足够数量的颗粒溶胀，粘度就迅速增大。淀粉颗粒的溶胀有一个温度范围，表明其行为的不均一性。

表 3-11 不同作物淀粉颗粒大小和糊化温度（℃）

作物种类	颗粒大小（μm）	糊化温度		
		初始	中点	终结
玉米	5～25	62.0	67.0	72.0
小麦	2～45	58.0	61.0	64.0
马铃薯	15～100	50.0	63.0	68.0
木薯	5～35	52.0	59.0	64.0
大米	3～8	68.0	74.5	78.0
大麦	5～40	51.5	57.0	59.5
黑麦	5～50	57.0	61.0	70.0
高粱	5～25	68.0	73.0	78.0

糊化曲线中粘度初始上升段的陡度反映该温度范围的大小，变性淀粉（例如退火或交联的淀粉）的该温度范围通常较小。随温度升高，淀粉颗粒会破裂并有更多的直链淀粉逸出到溶液中，支链淀粉随后也以较慢的速度逸出，

淀粉颗粒的破裂及随后因机械剪切力的作用使多聚物重新排列将降低淀粉糊的表观粘度，随着凝胶化发生的这些综合过程就被称之为发生在溶胀和多聚体逸出导致粘度增加与破裂和多聚物重新排列导致粘度降低之间的平衡点，通常也测量峰值粘度出现时的温度（峰值温度）和时间（峰值时间）。峰值粘度显示了淀粉或混合物结合水的能力，它与最终产品的质量有关，也是说明混合熟化机的粘性负载的一个指针。在测试的保持期，试样受到恒定高温（95℃）和机械剪切力的作用，淀粉颗粒进一步崩解，淀粉分子进入溶液并重新排列。该阶段通常表现为粘度衰减至保持强度或衰减的速率取决于①温度和混合的程度；②施加到混合物的剪切力；③物料自身的性质；④试样耐受加热和剪切力的能力等，这些对于许多加工过程都是重要的因素。随着混合物逐渐冷却，在淀粉分子间，尤其是直链淀粉分子间多少会发生重聚合，浓度足够时即可形成凝胶，粘度增加至最终粘度，该糊化曲线段即此时发生淀粉分子的回生或重排。淀粉质试样的回生可能十分明显，回生与各种产品的质地密切相关，回生值高低与凝胶脱水或液体的渗析有关（例如冷冻/解冻循环）；具体见下曲线图 3－25。比较需要注意，依淀粉种类和测试条件不同，有时回生值并不是以最终粘度和保持粘度之间的差值代表，而是以最终粘度和峰值粘度之间的差值（通常对于大米）。另外也是定义某种试样的品质时最常用的参数，因为它表明了物料在熟化并冷却后形成粘糊或凝胶的能力。

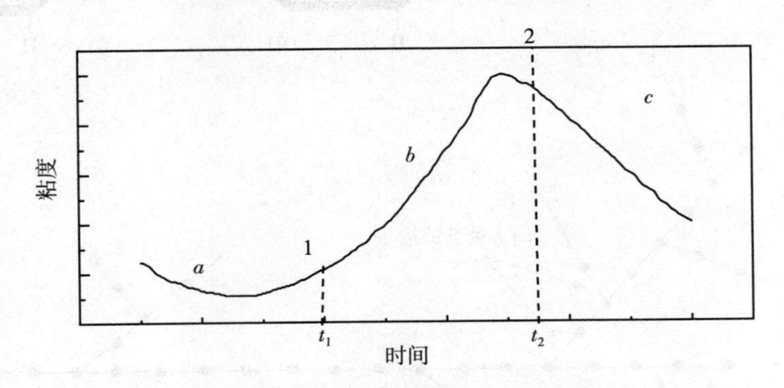

图 3－25 淀粉糊化过程中醪液黏度的变化图

2. 液化原理

直链淀粉链长度多为 200～1000 个葡萄糖单位，也有长度可达 2000 甚至 6000 个葡萄糖单位的直链淀粉（结构见图 3－26）；直链淀粉溶于水后形成粘度不高的溶液；如果没有液化完全可用碘液进行检测，它可使直链淀粉变蓝。

支链淀粉（图 3－27）在一定温度下才溶于水，并生成粘性溶液；支链长度平均为 25 个葡萄糖单位，分枝点之间平均有 5～8 个葡萄糖单位；可用支链淀粉遇碘液变成紫红色进行液化完全检测；其液化后液体称为混合糊精即产生的短直链（低聚糖）淀粉称为糊精，而短支链淀粉被称为 α－极限糊精。

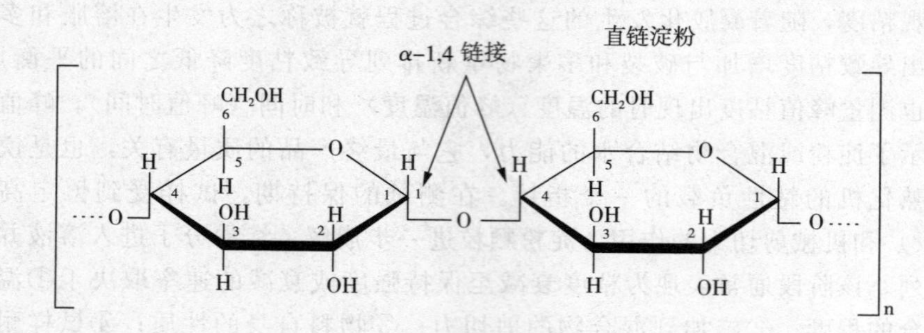

图 3－26　直链淀粉分子

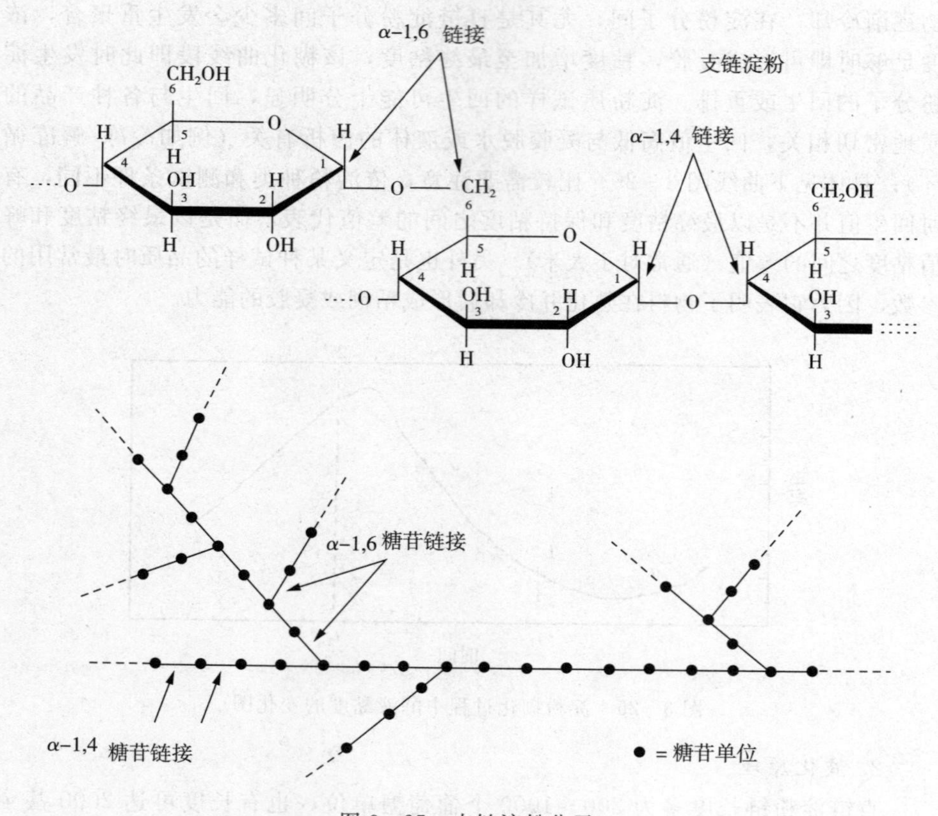

图 3－27　支链淀粉分子

3. 糖化原理

糖化是从液化的混合糊精中释放单个的葡萄糖分子；糊精具有不同的链长，而且链长越短，胞外糖化酶就越容易发挥作用；糖化酶连续水解 α－1，4 糖苷键；也水解 α－1，6 糖苷键，但速度比较慢；利用 α－淀粉酶、β－淀粉酶、外切—1，4—α葡萄糖苷酶三种酶进行糖化原理分析。

4. 原料的糊化（蒸煮）工艺

(1) 高温高压蒸煮工艺

Ⅰ间歇蒸煮工艺设备简单，操作方便，投资也较少，适宜于生产规模较小的液体酒精厂。操作过程中加水使用回收的热水；温度要求按加水比的确定；投料要求总量不应超过蒸煮锅容量的75%，蒸煮时间控制在15～20min；升温过程中防假压，阀门要逐渐开大，罐体受压时严禁敲击检查；在蒸煮中药放乏气有利于循环翻动醪液；排醪时间控制在10～15min内，应预先在糖化罐内加入部分冷水；工艺流程见图3-28。工艺缺点是蒸汽消耗量大，而且需要量不均匀，造成锅炉操作的困难和煤耗的增加；辅助操作时间长，设备利用率低；蒸煮质量较差，出酒率也较低；难以实行操作过程的自动化。

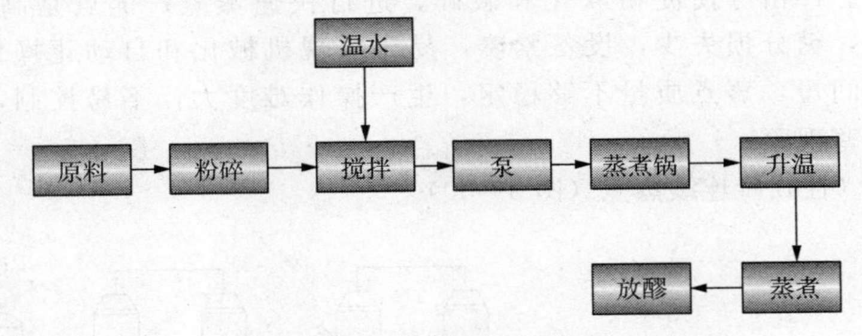

图3-28 高温高压蒸煮工艺流程图

Ⅱ连续蒸煮工艺

连续蒸煮工艺有锅式连续蒸煮、管式连续蒸煮和塔式（柱式）连续蒸煮。

锅式连续蒸煮也叫罐式连续蒸煮，工业生产使用频率较高一类蒸煮方式。其流程见图3-29；蒸煮过程依据不同的原料进行确定（表3-12）。

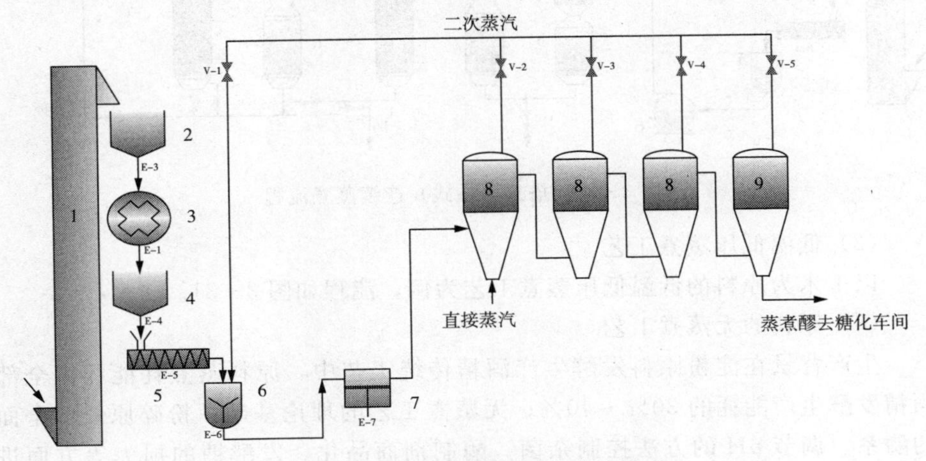

图3-29 锅式（罐式）连续蒸煮流程

表 3-12 几种原料锅式连续蒸煮的工艺条件

原料	Ⅰ号锅		Ⅱ号锅		Ⅲ号锅	
	温度（℃）	时间（min）	温度（℃）	时间（min）	温度（℃）	时间（min）
甘薯干粉	135	20	132	20	125	20
玉米粉	150	20	146	20	135	20
元麦粉	145	20	140	20	135	20

管式连续蒸煮工艺是将淀粉质原料在较高的温度和压力下进行蒸煮，是通过加热器和管道来完成的；物料先通过加热器在较高温度和压力下，使物料和蒸汽在短时间内充分混合，完成热交换。使醪液发生收缩膨胀、减压汽化、冲击等使淀粉软化和破碎，进行快速蒸煮；优点是高温快速，糊化均匀，糖分损失少，设备紧凑，易于实现机械化和自动化操作；缺点是蒸煮时间短，蒸煮质量不够稳定，生产操作难度大，不易控制，有时还会出现阻塞现象。

塔式（柱式）连续蒸煮（图 3-30）。

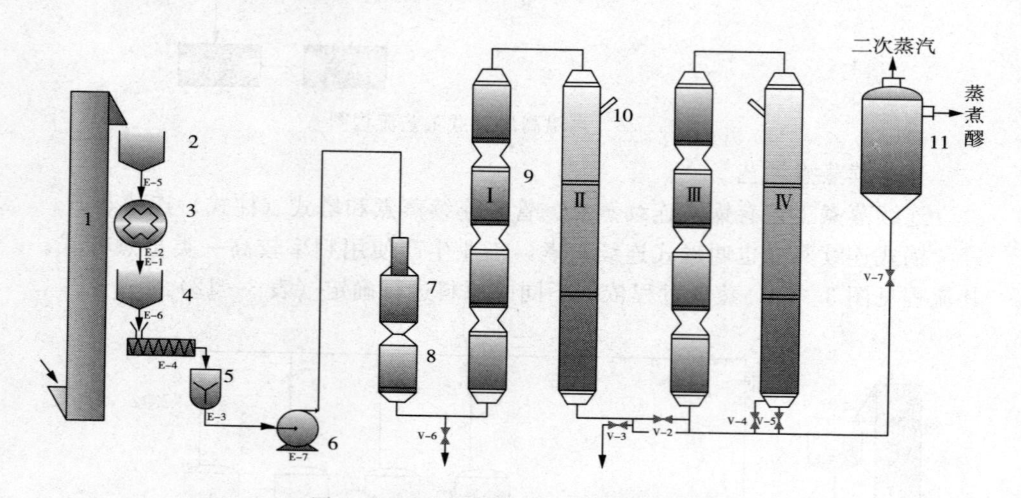

图 3-30 塔式（柱式）连续蒸煮流程

（2）低温低压蒸煮工艺

以玉米为原料的低温低压蒸煮工艺为例，流程如图 3-31。

（3）原料的无蒸煮工艺

生产背景在淀粉原料发酵生产酒精传统工艺中，原料蒸煮耗能约占全部酒精发酵生产能耗的 30%～40%；无蒸煮工艺的理论基础：粉碎原料、全面的酶系、调节 pH 的方法控制杂菌、酶制剂商品化、发酵糖的损失等方面进

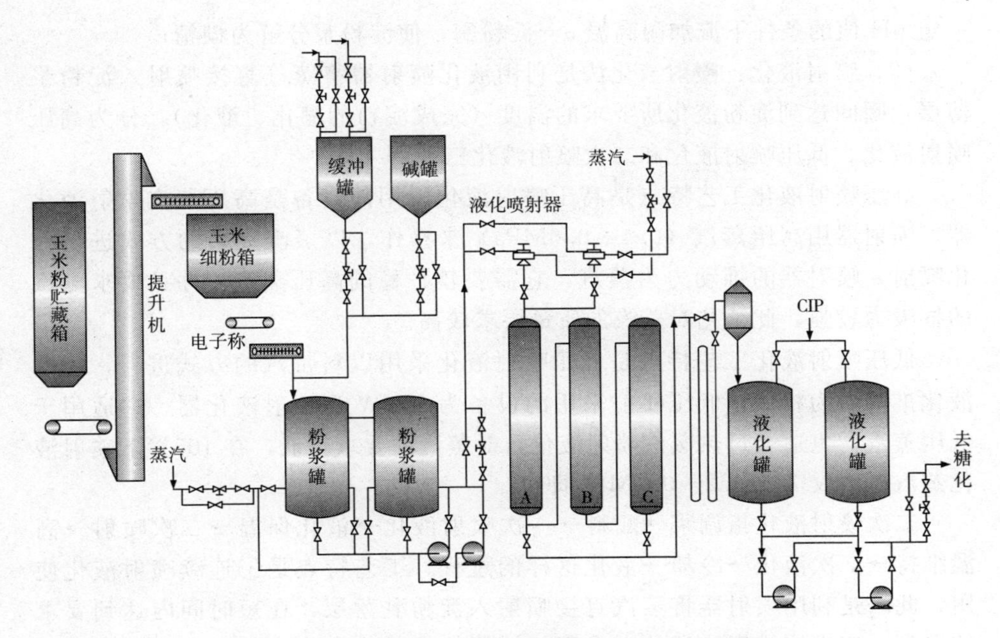

图 3－31 玉米粉为原料的低温低压蒸煮工艺流程图

行全面阐述；其无蒸煮工艺包含生淀粉发酵、膨化工艺和超细磨技术。

Ⅰ生淀粉发酵的实验研究（图 3－32）

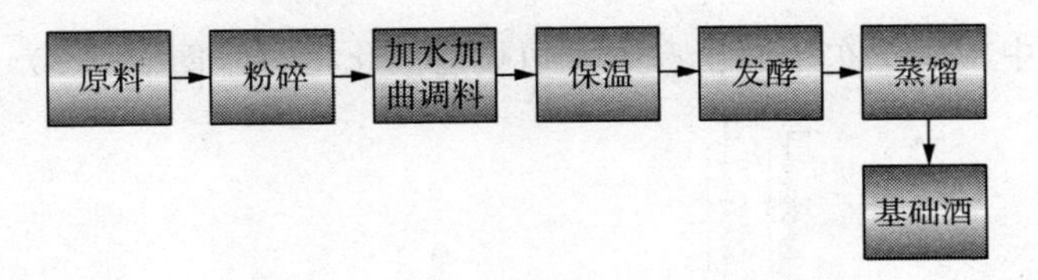

图 3－32 生淀粉发酵流程图

Ⅱ膨化工艺

膨化技术分为气流膨化和挤压膨化两大类；气流膨化是我国流传于民间的古老传统技艺；挤压膨化是近 20 年来才在世界各国发展起来的一种玉米加工新技术；膨化技术在酒精工业上的应用主要要解决一个规模性生产问题及最终的能源消耗问题。

Ⅲ超细磨技术

能在能耗不太大的前提下解决原料的超细磨技术，将为无蒸煮酒精发酵提供一条新的途径。

5．液化工艺

（1）传统液化工艺：将糊化后的淀粉浆送入液化罐，在保持一定温度，一定 pH 值的条件下流加耐高温 α—淀粉酶，使淀粉浆分解为糊精；

（2）喷射液化：喷射液化法是利用液化喷射器将蒸气直接喷射入淀粉浆薄层，瞬间达到淀粉液化所要求的温度（完成淀粉的糊化、液化）。分为高压喷射液化、低压喷射液化和二次喷射液化三种。

高压喷射液化工艺特点是高压喷射液化所用的设备是高压蒸汽喷射液化器，喷射器用高压蒸汽（0.4～0.6MPa）来操作，以蒸汽吸料的方式进行液化喷射，喷射器的推动力为蒸汽，它需要较平稳的高压蒸汽，并且要求蒸汽的抽吸力较强，此工艺对蒸汽的质量要求较高。

低压喷射液化工艺特点是低压喷射液化采用以料带汽的方式进行，喷射液化推动力为料液，低压喷射采用的设备为 HYW 型喷射液化器，它适用于低压蒸汽，也适合过热蒸汽喷射液化，对蒸汽的要求较低，在 105℃下喷射液化蒸汽压力仅需要 0.2～0.4MPa 即可。

二次喷射液化指调浆→配料→一次喷射液化→液化保温→二次喷射→高温维持→二次液化→冷却→液化这样的过程。工艺特点是①连续喷射液化使用，此法是利用喷射器将蒸汽直接喷射入淀粉乳薄层，在短时间内达到要求的温度，完成淀粉糊化液化；②层压罐层流罐的应用；设计了一层压罐及层流罐，料液从层压罐上部进入，下部排出，然后，切线方向进入层流罐上部，从层流罐下部排出，这样防止料液走短路，从而保证了料液先进先出最后液化均匀一致。

案例：中粮（肇东）酒精有限公司喷射液化工艺（图 3－33）

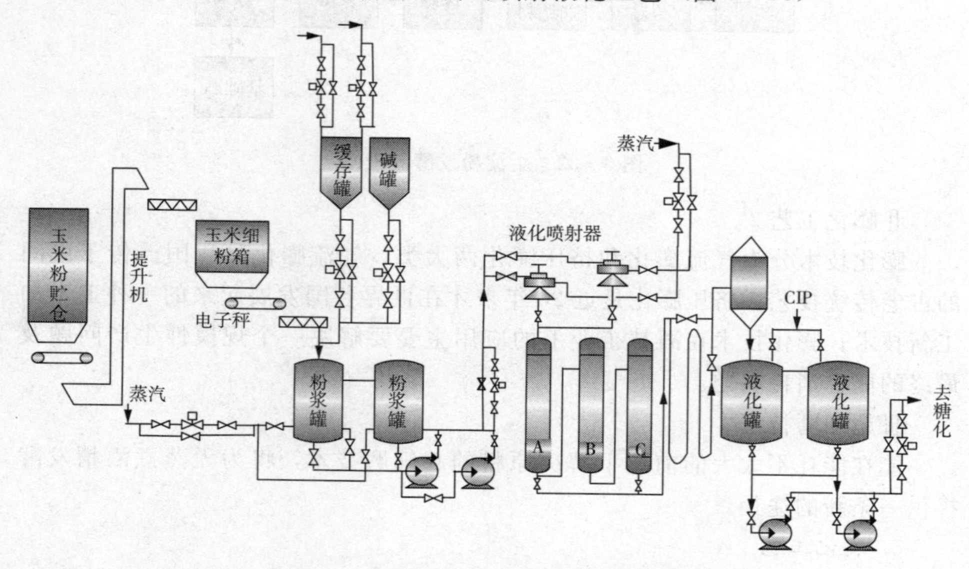

图 3－33　中粮（肇东）酒精有限公司喷射液化工艺流程

(3) 液化喷射设备（图 3-34）

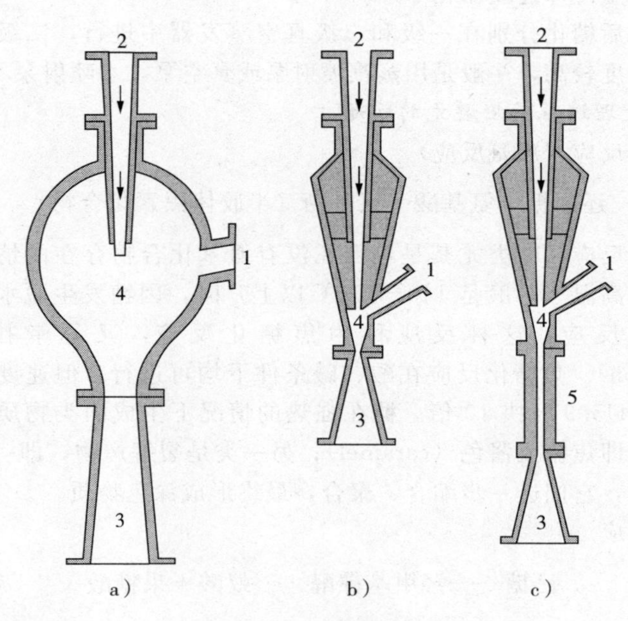

图 3-34　液化喷射设备

1—料液进口；2—蒸气进口；3—扩散管；4—气液混合室；5—缓冲管

6. 糖化工艺

(1) 间歇糖化工艺

间歇糖化设备为糖化锅，是一种具有碗状外形的设备，顶部用轻薄的铁板作盖；间歇糖化工艺是在糖化锅内放入一部分水，使水面达搅拌桨叶，然后放入蒸煮醪，边搅拌，边开冷却水冷却。蒸煮醪放完并冷却到 61℃～62℃时，加入糖化剂，搅拌均匀后，静止进行糖化 30min，再开冷却水和搅拌器，将糖化醪冷却到 30℃，然后用泵送至发酵车间。

(2) 连续糖化工艺

Ⅰ混合冷却连续糖化

该工艺的特点是利用原有糖化设备，将前冷却和糖化两个工序仍放在原有糖化锅中进行，而将后冷却的任务交给新增加的喷淋冷却或套管冷却设备去完成。

Ⅱ真空冷却连续糖化

原理是 102℃的蒸煮醪在压力只有 17.3～18.7×l03Pa 的真空空间中，会瞬时绝热蒸发，产生大量蒸汽，醪液的温度立即降到 60℃，热量则被产生的二次蒸汽带走；工艺特点是蒸煮醪在进入糖化锅前，在真空蒸发器内瞬时冷却至 60℃。

Ⅲ二级真空冷却连续糖化

前糖化和后糖化分别在一级和二级真空蒸发器中进行，二级真空蒸发器所需要的真空度较高，一般是用蒸汽喷射泵或真空泵，水喷射泵不适用。

7. 水热处理过程的应避免的问题

Ⅰ氨基糖反应（羰氨反应）

还原糖＋氨基酸＝氨基糖（半胶体黑素化合物）

Ⅱ焦糖化反应：糖类尤其是单糖在没有氨基化合物存在的情况下，加热到熔点以上的高温（一般是 140－170℃以上）时，因糖发生脱水与降解，也会发生褐变反应，这种反应称为焦糖化反应，又称卡拉密尔作用(caramelization)。焦糖化反应在酸、碱条件下均可进行，但速度不同，如在 pH8 时要比 pH5.9 时快 10 倍。糖在强热的情况下生成两类物质：一类是糖的脱水产物，即焦糖或酱色（caramel)；另一类是裂解产物，即一些挥发性的醛、酮类物质，它们进一步缩合、聚合，最终形成深色物质。

Ⅲ脱水反应

己糖——羟甲基糠醛——蚁酸＋果糖酸

三、发酵工艺类型

（1）间歇式发酵：连续添加法、一次加满法、分次添加法和发酵醪分割法四种。

（2）半连续式发酵：根据流加方式分为第一种方法和第二种方法。

（3）连续式发酵：有阶梯式发酵罐组，发酵罐体能循环使用，自动化程度高。

第八节　酒母的制备

一、酒母微生物

酵母菌（结构图 3－35)。

酵母菌繁殖方式：有性繁殖（子囊和子囊孢子）、无性繁殖（芽殖、裂殖、掷孢子和厚垣孢子）

二、酵母菌的培养

酵母菌的一般化学成分（干基）含有水分 4%～8%、粗蛋白质 45%～

55%、类脂1%～8%、糖分25%～40%、灰分6%～8%；酵母的化学成分在质的方面是恒定的，但在量的方面则随其菌种、营养和培养条件而变化。

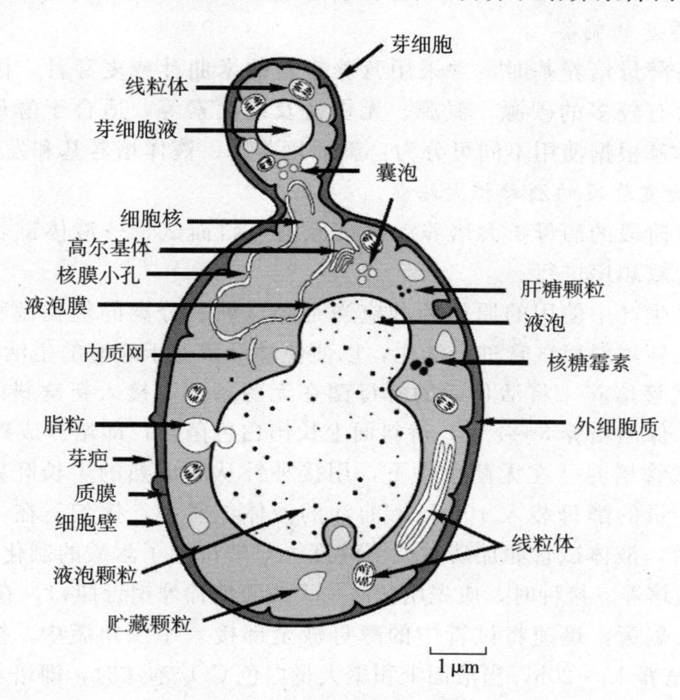

图3-35　酵母结构图

酵母菌生长需要的营养物质是①碳源：一方面用于合成菌体蛋白中的碳架，另一部分转变为酵母菌的贮藏物质，还放出一定能量，以供合成菌体物质时的能量消耗。②氮源：氮源就是指构成酵母细胞的细胞质中所含蛋白质、核酸、酶等成分，以及代谢产物中氮素来源的营养物质。$(NH_4)_2SO_4$。③无机盐：酵母繁殖过程中需要的无机盐可从原料中获得，一般不需另加。④维生素：酵母菌不能将初级的化合物合成维生素；酵母在生长繁殖过程中所需的维生素主要由糖化醪中获得，故不能高温长时灭菌。以上这些营养物质要能易通过细胞壁、能酵母菌同化且是搭配合理的营养物质。

酵母菌所需的生长环境是①水分：水是酵母细胞的主要成分，水是良好的溶剂；是细胞质胶体的一个结构部分，并直接参与代谢作用中的许多反应；是热的良导体，有利于放热，可调节细胞的温度。②温度：酵母生存和繁殖的温度范围很宽，其正常的生活和繁殖温度是29℃～30℃；发育的最适温度不总是和表现最高发酵活性的温度相吻合。③酸度：培养基的活性酸度（即氢离子浓度）对酵母的生命活动也有显著影响；pH在2～8范围之间，酵母都能保持其生命活动。但酵母生长的最适pH值则为4.8～5。④氧气：当容器通气性良好时，一旦糖全被耗尽，酵母细胞就重新利用它们所产生的乙醇进行氧化性生长，并把乙醇氧化为二氧化碳和水；也称为“巴斯德效应”。

1. 培养基的制备

在制备酵母培养基时，常采用营养丰富的米曲汁或麦芽汁，因为这两种培养基中含有较多的碳源、氮源、无机盐及维生素等，适合于酵母菌的生长繁殖。培养基根据使用不同可分为：斜面培养基、液体培养基和发酵培养基。

2. 试验室阶段的酒母扩大培养

试验室阶段的酒母扩大培养大体按原菌→斜面试管→液体试管→三角瓶培养→卡氏罐顺序进行。

原菌是生产中使用的原始菌种应当是经过纯种分离的优良菌种；在投产前，应接入新鲜斜面试管进行活化，以便使酵母菌处于旺盛的生活状态。

斜面试管培养　将活化后的酵母菌在无菌条件下接入新鲜斜面试管，于28℃～30℃保温培养3～4天，待斜面上长出白色菌苔，即培养成熟。

液体试管培养　在无菌条件下，用接种针从刚成熟的生长旺盛的斜面试管中挑取少量的酵母装入10mL米曲汁的液体试管中，摇匀，在(28±1)℃培养24h后，液体试管如加磷酸调节酸度，对酵母起了耐酸的驯化作用。

三角瓶培养　接种时，应先用新洁尔灭或酒精棉球消毒瓶口，在接种箱内、酒精灯的火焰旁，迅速将试管中的酵母液全部接入小三角瓶中，摇匀后．置(28±1)℃培养15～20h，当液面上积聚大量白色CO_2泡沫时，即培养成熟。

卡氏罐培养　卡氏罐所用培养基一般采用酒母糖化醪，目的是使酵母菌在培养过程中逐渐适应大生产的培养条件。卡氏罐用的糖化醪应单独杀菌后备用，同时加入H_2SO_4调pH值4.0左右．以抑制杂菌的生长。卡氏罐种子的质量标准是酵母细胞数0.8～1.0亿个/mL，出芽率20%～30%，染色率1%以下，无杂菌，耗糖率35%～40%。

3. 酒母车间扩大培养

酵母菌经试验阶段扩大培养以后，即转入酒母车间扩大培养。酒母车间所用的培养基，主要以大生产的原料为主，适当添加一些营养物质；扩大培养按卡氏罐—→小酒母罐—→大酒母罐—→成熟酒母送发酵车间顺序进行。在扩大培养中会用到酒母罐，这是酒母扩大培养中非常重要一类仪器，如图3-36所示。

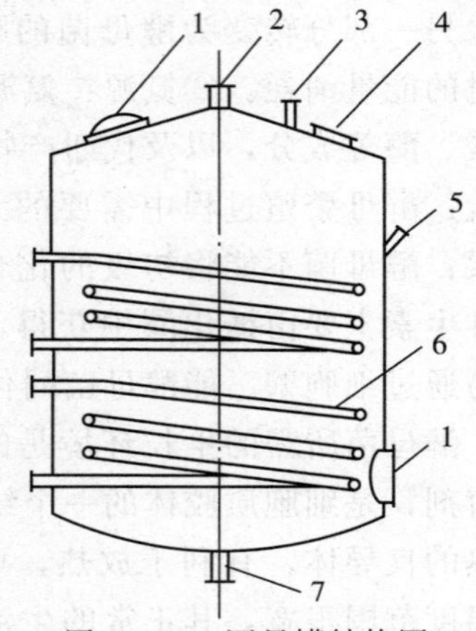

图3-36　酒母罐结构图

1—人孔；2—CO_2排出管；3—进醪管；4—视镜；5—温度计；6—冷却水管；7—排醪管

4. 影响酒母质量的主要因素

● 酒母的种龄：应选用对数生长期的酒母作为种子；

● 接种量控制：一些工厂酒母接种量通常为8%～10%，经过10～18h培养，酵母数达0.6亿～1亿个/ml以上；分割培养酒母；

● 通风培养：在有氧环境中，主要进行呼吸作用，吸收的养料用于合成菌体，一般$1m^3$酒母醪每小时通入$2～3m^3$无菌空气就能满足酵母对空气的需求量；

● 培养温度与pH值：酒母培养温度一般为28℃左右，酒母醪的pH恒为4.0～4.5为宜；

● 酒母杂菌的防治：抗生素药物。

5. 成熟酒母质量指标（表3-13）

表3-13　成熟酒母的指标

检查项目	小酒母	大酒母
酵母细胞数（亿个/ml）	1	1
出芽率（%）	20～25	15～20
外观糖度下降率（%）	40	45～50
死亡率（%）	<1	<1
酸度	不增高	不增高
酒精含量（v/v）	3%～4%	3%～4%

6. 酒母培养中的异常情况及处理（表3-14）

表3-14　酒母培养中的异常情况及处理方法

异常情况	原因	处理方法
酒母细胞数不够	①接种量太少； ②冷却温度过低	①检查醪液的糖浓度、酸度等是否合适； ②适当补种或通风； ③减少冷却水量，延长培养时间
酵母耗糖率过低	①糖液浓度太低； ②接种量太少； ③培养时间过短	①调整糖的浓度； ②适当增加接种量； ③控制酵母培养时间
酵母空胞大，出芽率低	①糖化醪养分不够； ②培养时间过长	①添加糖化醪或营养物质； ②缩短培养时间；
酵母死亡率高	①糖化醪酸度过大； ②蒸汽管道漏气使培养温度太高 ③醪液中含有毒物质	①检查醪液酸度并调整； ②维修管道，加强冷却； ③增加营养； ④补种

（续表）

异常情况	原因	处理方法
酒母中杂菌多	①管道培养罐杀菌不彻底 ②糖化醪中带入杂菌	①搞好车间卫生和杀菌工作； ②硫酸净化法处理：浓硫酸 1（1 倍水稀释后）加入醪液酸化使 PH 值达 2.7—3. 当醪中 50％酵母死亡时，则杂菌也死亡，然后将此酒母接入比平时酸度低 1 度的糖化醪中培养，或加入青霉素处理

7. 活性干酵母（AADY）的利用（图 3－37）

在流程图中当大酒母培养成熟后，与糖化醪同时泵入发酵罐；大酒母的培养经 6—8h 即可成熟；发酵温度控制在 30℃～32℃，发酵时间为 60h 左右，利用这种方法培养酒母时，每吨酒精均需 1kg 活干酵母。

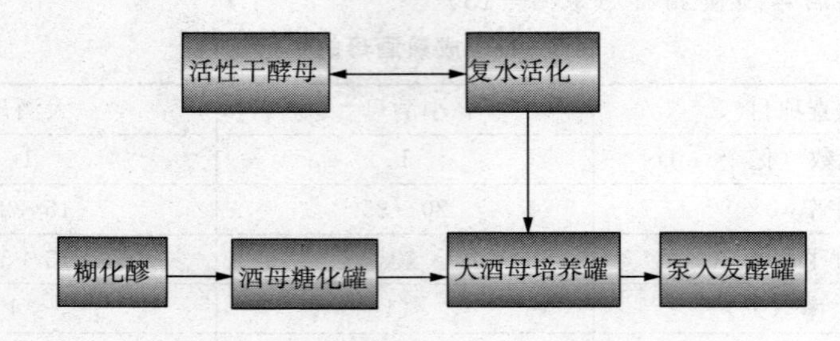

图 3－37　活性干酵母（AADY）的利用流程图

第九节　纤维素类原料发酵工艺解析

一、纤维素原料制乙醇工艺流程（图 3－38）

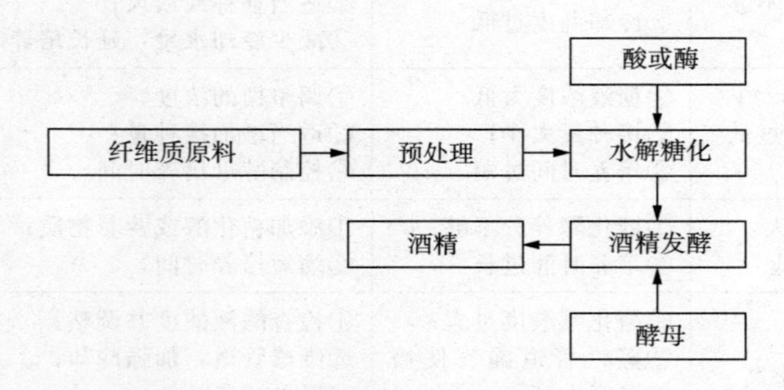

图 3－38　纤维素原料制乙醇工艺流程

二、纤维素原料主要成分

纤维质原料主要成分纤维素、半纤维素以及木质素；纤维素分子是葡萄糖糖苷通过β—1，4 糖苷键连接起来的链状聚合体；是一种分子量很大的多糖，其分子量可达几十万，甚至几百万；半纤维素是一大类结构不同的多聚糖的统称；木质素是由苯基丙烷结构单元通过碳—碳键连接而成的具有三维空间结构的高分子聚合物；天然的纤维素原料直接进行酶水解时，其水解的程度是很低的，即水解成糖的百分率很低，一般只能达到10%～20%左右。其原因与其结构有关，如图 3-39 所示。

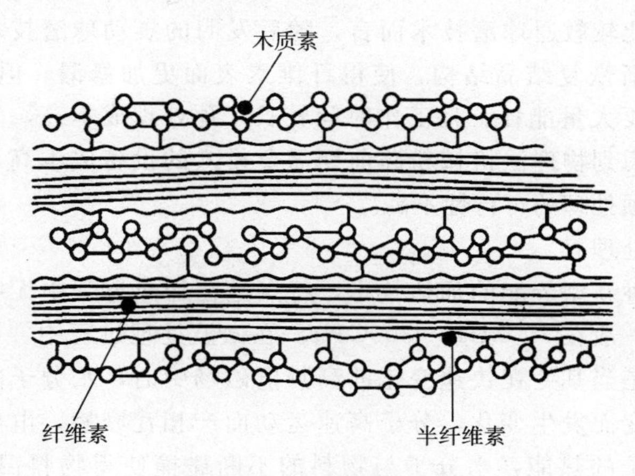

图 3-39　纤维素结构图

三、预处理方法

由于木质纤维素原料的结构相当致密，纤维素中部分结构高度结晶．被木质素及半纤维素紧密缠绕，难以直接被纤维素酶降解。所以，在酶解之前要对木质纤维素原料进行适当的预处理，以降低纤维素的结晶度及聚合度，增加纤维素的表面积和多孔性，并使半纤维素及木质素溶解于水解液中，从提纤维素酶的酶解效率。

目前，木质纤维素的预处理方法主要有物理法、化学法、物理化学法和生物法四种。物理方法是指用机械法将木质纤维素粉碎毫米甚至微米级的颗粒，以便与纤维素酶能有效攻击木质纤维素原料。化学法主要指以酸、碱、有机溶剂作为物料的预处理剂，在一定温度压强下处理木质纤维素，可以有效溶解半纤维素及木质素，破坏纤维素的晶体结构。物理化学方法主要有蒸汽爆破法和高温液态水法。在蒸汽爆破法中，木质纤维素原料在高压下被水蒸汽完全润浸，之后在短时间内释放压力至大气压，此过程可使纤维结构严重膨化破坏。生物法则是利用能够分泌漆酶等酶类的微生物，专一性地降解木质素，已达到预处理的目的。

1. 物理法

（1）机械粉碎

利用削片、粉碎或研磨的方法将木质纤维素粉至0.2～2mm甚至更小的颗粒，以便于增大纤维素的比表面积，提高酶解转化率。物理法的优点是经过处理后的木质纤维素颗粒没有膨润性，可以提高底物浓度以获得更高浓度的乙醇。该方法操作简单，比较容易实施。1946年，研究者采用球磨技术得到了无定形结构的纤维素然而这种结构非常不稳定，在较短时间内还会重新形成结晶。相比较教通球磨技术而言，随后发明的震动球磨技术能更有效地防止纤维素重新恢复结晶结构，使得纤维素表面更加暴漏。但是总体来说，物理法粉碎需要大量能耗，且工作时问较长，预处理成本高，无法形成工业化生产。且考虑到物理法机械粉碎前期需要投入的设备成本高，所以采用物理法进行原料预处理的可行性不高。

（2）微波处理

微波是一种新型节能的加热技术，特点是在加热过程中无明显的温度梯度。微波频率一般在300MHz～300GHz。在微波处理过程中，被加热介质是水分子，原理是当其处在快速变化的高频电磁场中时，水分子的极性取向会随电磁场的改变而发生变化，分子高速运动而产相瓦摩擦，电磁场内的电磁能转化为水分子的热能，水分子与物料的不断碰撞使得物料温度急剧升高，从而破坏晶体结构，达到预处理的目的。木质纤维素经微波处理后，纤维素之间的氢键被破坏，结晶程度大大降低，纤维素比表面积大大增加，从而可提高纤维素酶的效率。微波处理的优点是反速度快，耗时短，木质纤维素物料处理较为彻底。Deepak R等应用微波/H_2SO_4，微波/NaOH两种技术分别处理柳枝稷，研究发现，将柳枝稷沉浸在3%的氧氧化钠溶液巾250W微波处理10分钟，可得到最高还原糖产量。但是微波处理需要大量的电磁能，能耗较大，且在工业生产中需要处到大量木质纤维素原料，现有的微波处理设备难以达到这一要求，所以微波技术在木质纤维素预处理方面还有待研究。

2. 化学法

（1）酸处理

酸溶液可溶解木质纤维素中的半纤维素及部分木质素。其原理是酸在水溶液中解离

的氧离子与水结合少成水合氢离子，半纤维素中糖苷键的氧原子在水和氢离子的作用下迅速质子化，形成共轭酸，从而削弱糖苷键键能，破坏糖苷：键，在末端正碳离子与水结合形成单糖，又释放出质子，反应得以循环进行。

按照酸的性质可分为无机酸及有机酸两种，无机酸中又按浓度的大小分为浓无机酸和稀无机酸。

浓无机酸处理是指用浓度为10%（*v*/*v*）以上的无机酸处现木质纤维素，反应温度一般低于100℃．浓酸处理的优点时反应速度快，在较短时间内半纤维素及木质素即可被溶解到水解液中，但是浓酸对设备的腐烛相当严重，且水解后的浓酸需要回收，否则会造成污染。若采用中和的方法，则需要大量的碱液，增加处理成木。所以浓酸处理在实际应用中有一定局限性。

稀无机酸酸处理一般指用5%（*v*/*v*）以下的硫酸、盐酸或磷酸处现生物质原料，以去除半纤维素和部分木质素，使纤维素的结晶度降低，增加纤维酶的可接触面积，从而大幅提高纤维素的酶水解率。Badal C. Saha等采0.75%（*v*/*v*）的硫酸在121℃条件下处理木质纤维素原料麦秆1h后，经过纤维素酶酶解，最终麦秆糖化率可达74%。CaraC等尝试在0.2%，0.6%，1.0% and 1.4%（*w*/*w*）硫酸浓度下，170°C～210°C处理橄榄树10min，结果发现用1.0%硫酸170°C处理10min后半纤维素可达到最大回收率83%，但用纤维素酶酶解这一条件处理后的固体时发现酶解效率不高，继续寻找较优的预处理条件，发现用1.4%的硫酸210°C处理lOmin后可得到最大的糖化率76.5%。但是随着酸解强度的增加，如反应温度过高、反应时间过长、酸浓度过大等，木质纤维素中的纤维素、半纤维素木质素会发生不同程度的过度降解，这不仅造成原料的损失，而且生成乙酸，糠醛，五羟甲基糠醛等副产物，其中乙酸是由半纤维素中的乙酰基团转化生成的，糠醛是由于木糖与阿拉们糖的过度水解产生的，而5－HMF是由于半乳糖、葡萄糖及甘露糖过度水解产生的，这些副产物会严谓影响后续的酶解发酵过程。

有机酸处理木质纤维料的原理与无机酸类似，主要是通过氢离子的作用使半纤维素溶解，以便纤维酶能够很好地攻击纤维素。Lee. IW等应用响应面法优化玉米芯原料的预处理条件，得到最佳条件为反应温度168℃、反应时间74min、乙：酸浓度为0.027g/g玉米芯，用该条件处理后的玉米芯中半纤维素含量7.5%（*w*/*v*），木质素含量24.4%（*w*/*v*）。随后采用毕赤酵母进行同步糖化发酵，48h后乙醇产量为20g/L，乙醇转化率为68.7%。相比较无机酸而言，有机酸对反应容器的腐蚀性更小，对后续水解过程的毒性低，具有更大的发展潜力。

此外，在稀酸水解时添加适量的助催化剂，可以降低水解反应的活化能，从而提高水解效率。伯永科等研究了氯化铬、氯化亚铁、氯化铜、氯化锌四种金属盐助催化剂对纤维素稀酸水解效率的影响，发现氯化亚铁对酸解过程影响最大，且浓度为1.0%（*w*/*v*）时催化效率最佳。此外添加电解液NaCl也可提高稀酸水解速率，原理是半纤维素分子中b－1，4－糖苷键上的氧原子有孤对电子，而钠离子有空轨道，两者结合使 b－1，4－糖苷键变弱，从而有利于水解反应的进行。

（2）碱处理

碱处理主要针对原料中的木质素，有效除去木质素而保留纤维素和半纤维素，处理后纤维素和半纤维素结晶度降低，内部结构比表面积变大，提高了纤维素高聚糖的反应活性。实验室研究比较多的碱包括 NaOH、$Ca(OH)_2$ 及氨等。NaOH 不仅能有效脱除木质素，也能使半纤维素大量水解，但是使用 NaOH 处理后，不利于碱回收再利用，对环境污染比较大。Zhao 等用浓度为10％的 NaOH 溶液处理农场杂草茎，反应时间半小时，最后约25％的木质素被脱除，研究表明，物料中木质素素含量减少，纤维素结晶指数降低，酶解后还原糖含量比未处理明显提高。$Ca(OH)_2$ 预处理方法的优点是碱来源成本低，处理后直接通入 CO_2 便可以中和，反应生成的 $CaCO_3$ 经高温煅烧变成 CaO 可作为碱循环利用，但不足之处是预处理需要比较长的时间。徐忠等利用氨水对大豆秸秆处理后，秸秆中纤维结构发生改变，且纤维素的含量提高70％，半纤维素和木质素含量分别下降 41％、30％。Lee 等利用液氨循环浸泡法在高温条件下对玉米秸秆进行预处理，研究结果显示：该法可去除约80％的木质素，并溶解 60％的木聚糖，在反应后的固体残渣中纤维素的含量高达 92％，且后续酶解活性明显提高。

（3）湿法氧化处理

湿法氧化处理主要是利用 H_2O_2、$KMnO_4$ 等一类强氧化剂对纤维素类生物质原料进行预处理。该方法机理是：反应通过氧化降解木质素，破坏木质素对纤维素的网状包裹结构，增大纤维素与纤维素酶接触的表面积。Klinke 等利用 Na_2CO_3 溶液在高温高压条件下加过氧化氢处理玉米秸秆，进而采用纤维素酶水解，最终降解率达 86.4％。汪丹妤等利用臭氧处理麦草浆的研究结果表明：当 pH＝2 时，低温下纤维素损伤程度最小，且低 pH 值有利于臭氧脱除木质素。臭氧氧化处理方法可以在常温常压下进行，简单易操作，且不产生抑制物。与其他几种预处理方法相比较，湿法氧化可以得到的纯度较高的纤维素，同时能避免处理反应过程中产生一些对发酵微生物有抑制的副产物。

3. 微生物法预处理

目前，微生物预处理法已经成为纤维素类生物质的研究热点。生物法是使木质素在真菌作用下降解，如白腐菌，它能够有效地选择性降解纤维素生物质原料中的木质素。潘亚杰等利用白腐菌对玉米秸秆进行处理，在常温常压中性条件下降解，最终产物为 CO_2 和水，高效无污染。微生物降解过程具有低能耗、无污染等明显优点，但是处理周期很长，且菌体本身会消耗一部分纤维素和半纤维素，最终导致水解得率降低。随着基因工程技术的发展，可以利用基因诱变等技术手段选育出具有高活性的菌株，充分发挥生物法预处理技术的优势。

四、纤维类生物质水解工艺

1. 稀酸水解工艺（图3-40）

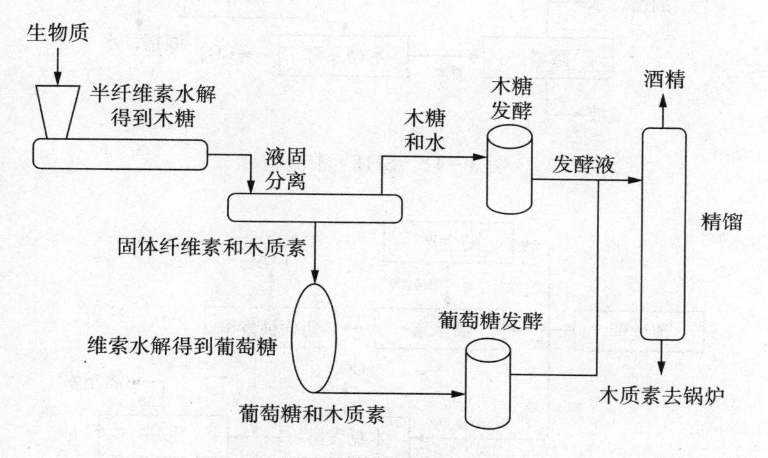

图3-40　稀酸水解工艺

2. 分步水解和发酵

分步水解和发酵（简称SHF）是指纤维素的水解和发酵过程分步进行，这种发酵方法可以使两步反应均在各自最佳条件下达到反应最大程度，而相互不影响。但是此法的不足之处是在酶解过程中，随着水解进行，产生的葡萄糖和纤维二糖含量不断增加，当糖含量增大到一定值时会对纤维素酶活性产生反馈抑制作用。研究表明，当反应液中纤维二糖的浓度升高至6g/L时，纤维素酶的催化活性将降低60%；当葡萄糖浓度达到3g/L时，β—糖苷酶的催化活性会降低70%。Jingping Ge等对休哈塔假丝酵母HDYXHT—01利用木糖发酵生产乙醇的工艺进行研究，结果表明硫酸铵、磷酸二氢钾、酵母粉和接种量是影响木糖乙醇发酵的4个关键因素，在木糖80g/L，$MgSO_4 \cdot 7H_2O$ 0.1g/L，pH 5.0，培养温度30℃，装液量100mL/250mL，摇床转速140r/min，发酵40h，乙醇产量可达到26.18g/L。基因工程技术的快速发展，通过基因诱变、驯化等手段，在高糖浓度下，培育出能利用高糖的微生物突变株已不断取得新进展。Verma等在烟草叶绿体中提取的木质纤维素水解糖化酶，用其处理滤纸得到的葡萄糖产量是市售商业组合酶的36倍。Murai等通过基因工程与细胞表面工程技术相结合的手段，将纤维素酶等基因片段插入到酵母细胞表层蛋白基因上，反应液糖含量始终保持高浓度，持续发酵，可以提高糖化率。目前有两种工艺流程见图 3-41 和图 3-42。

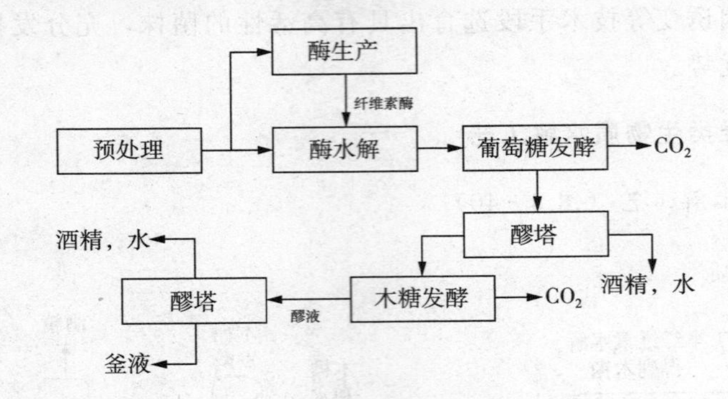

图 3-41　SHF—1 流程

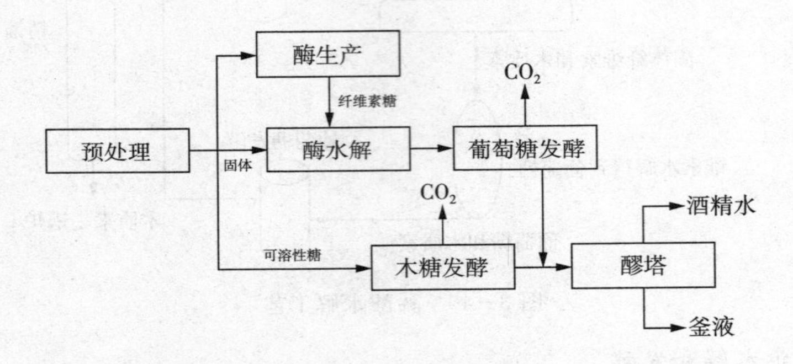

图 3-42　SHF—2 流程

3. 同步水解糖化发酵（简称 SSF）

同步水解糖化发酵是指酶水解和发酵过程在同一容器、相同条件下同时进行，整个发酵过程中可以一直利用纤维素水解产生的葡萄糖，使糖含量保持较低水平，进而可以消除糖对纤维素酶所产生的抑制作用，提高纤维素酶解效率。各国学者通过对 SSF 法水解并发酵纤维素产生乙醇的限制因素做了研究，结果表明影响 SSF 法主要的因素有：纤维素结构、酶活力以及纤维素酶与酵母菌的协调作用能力。但是 SSF 工艺的最大问题是酶水解最佳条件与发酵最佳条件在通常情况下不一致，在同步糖化发酵时只能在折中条件下进行，导致这两步反应都不能在各自最适条件下完成，糖和乙醇产量均受到限制。Olsson 等采用 SSF 法实验，结果表明：纤维素酶水解的最佳条件温度 40℃～50℃，pH4～5。而 S. cerevisiae 菌对己糖和戊糖最佳发酵条件分别是 30℃～50℃，pH4～5 和 30℃～70℃，pH5～7。这两步中温度是最难协调的，酵母菌发酵温度偏低，解决这一问题可以通过选育耐高温酵母菌株。姚梦吟等利用紫外线照射对酵母进行人工诱变，最终分离获得了两株高效耐 40℃高温的酵母菌株。Wu Z W 等通过改造设备，采用非等温同步水解糖化发酵技术，水解塔和发酵罐各自独立，由管道连接，将酵母细胞固定在发酵罐体中，反应液在两者之间循环流动，可以很好地解决这一矛盾，但实际上是间接的分步水解发酵。目前同步水解发酵工艺流程见图 3-43（SSF）。

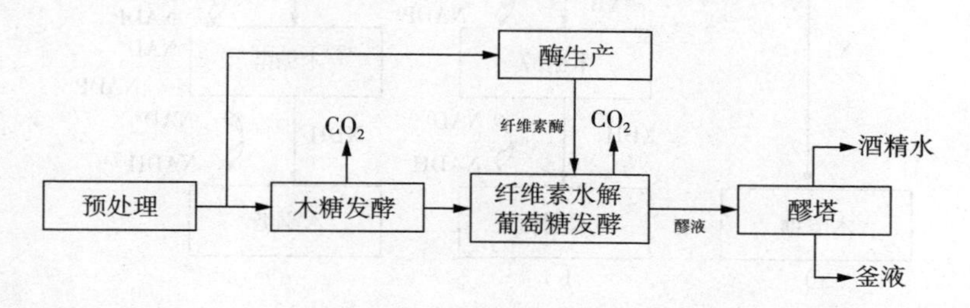

图 3-43 SSF 流程

4. 同时糖化和共发酵（SSCF）

除纤维素外，一些微生物也能利用半纤维素，同时糖化和共发酵（Simultaneous Saccharification and Co－fermentation SSCF）是指木质纤维素经预处理后无需固液分离，水解液与固体残澄一起进入酶解与发酵过程。同时糖化和共发酵的优点是不仅减少了产物反馈抑制，而且将戊糖融入乙醇发酵，减少了固液分离的操作，同时提高了底物的浓度与利用率，也提高了终点乙醇的浓度，减少蒸傲成本。其工艺流程简图如 3-44。

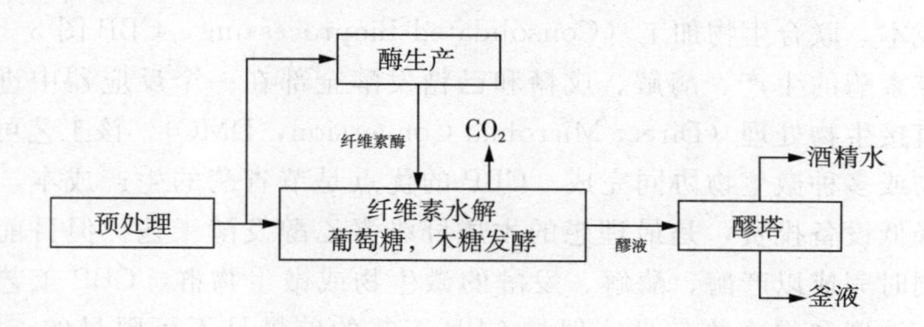

图 3-44 SSCF 流程

但目前由于酿酒酵母（Saccharomyces cerevisiae）缺乏木糖代谢途径，无法利用戊糖，这在一定程度上阻碍了 SSCF 的发展。通常木糖代谢的途径上要有二种，如图 3-45 所示。大多数细菌通过途径（a），通过木糖异构酶（XI）的催化将木糖直接转化成木酮糖；酵母和大多真菌类中主要通过途释（b）或（C），先是在木糖还原酶（XR）的作用下生成木糖醇，然后再山木糖醇脱氖酶（XDH）作用生成木酮糖。两者不同的是（C）途径中 XR 可以以 NADH 为辅助因子。相比 NADPH 而言，NADH 能够更好的保持胞内氧化还原平衡，不会造成木糖醇累积，一般毕赤酵母中含有这种木糖还原酶。

目前构建木糖发酵菌种的要方法是利用基因工程手段将携带外源基因的质粒转入酿酒酵母中，得到基因工程菌。在已经报道的基因工程菌中，部分

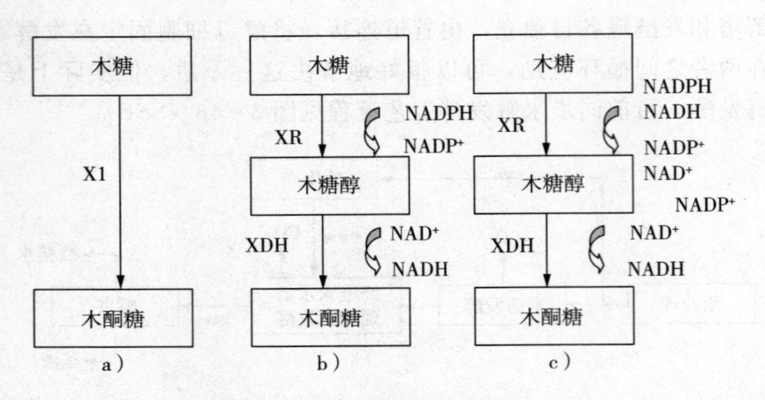

图 3-45　木糖转化途径

乙醇产率高。Karhumaa K 等将编码 XR 和 XDH 的基因转入到酿酒酵母中，重组菌株的乙醇产率为 0.13gL/h，Karin Ohgren 等将一株重组菌株 TMB3400 用于葡萄糖与木糖混合发酵，得到 40g/L 的乙醇，乙醇转化率为理论位的 59%。

5. 联合生物加工工艺

在纤维素乙醇发酵中，酶的成本很高，若能将里氏木霉、绿色木霉等霉菌产生的纤维素酶直接添加到发酵液中，则会节翁纤维素提纯过程的成本，降低总成本。联合生物加工（Consolidated Bioprocessing，CBP 图 3-46）就是指纤维素酶的生产、酶解、戊糖和已糖发酵全部在一个反应器中进行，也被称做直接生物处理（Direct Microbial Conversion，DMC）。该工艺可以有一种微生物或多种微生物协同完成。CBP 的优点是节省酶的生产成本，减少反应器，降低设备投资，是最理想的木质纤维素乙醇发酵工艺。但目前由于缺少可以同时完成以产酶、酶解、发酵的微生物或微生物群，CBP 工艺还不成熟，乙醇浓度和得率均较低。但是 CBP 工艺的前景是不可限量的，VanZyll 等的研究发现，CBP 工艺的成本是 SSCF 的一半。未来 CBP 的研究将是木质纤维素乙醇发酵的重点。

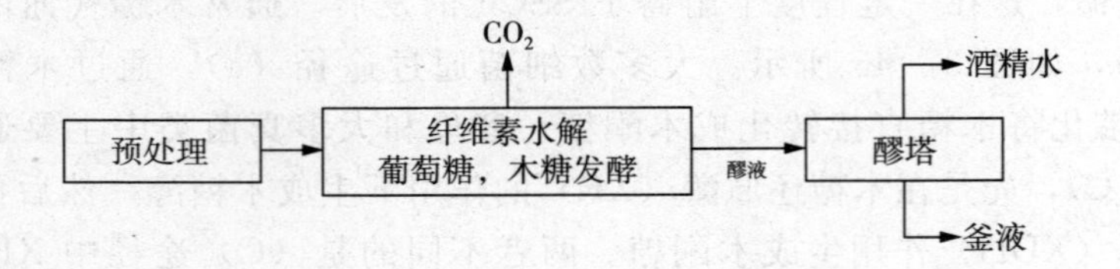

图 3-46　CBP 流程

第四章　生物柴油工程技术与应用分析

第一节　生物柴油相关概念

生物柴油是生物质能的一种，它是生物质利用热裂解等技术得到的一种长链脂肪酸的单烷基酯。生物柴油是含氧量极高的复杂有机成分的混合物，这些混合物主要是一些分子量大的有机物，几乎包括所有种类的含氧有机物，如：醚、酯、醛、酮、酚、有机酸、醇等。

生物柴油基本不含硫和芳烃，十六烷值高达52.9，可被生物降解、无毒、对环境无害。它的高含氧CN值十分有利于压燃机的正常燃烧从而降低尾气有害物质排放，所以被称为低污染燃料。

生物柴油（biodiesel）：以动物和植物油脂、微生物油脂为原料与烷基醇通过酯交换反应和酯化反应生成的长链脂肪酸单烷基酯。

FAME（fatty acid methanol ester）：脂肪酸甲酯，一种生物柴油。

酯化反应（esterfication）：醇跟羧酸或含氧无机酸生成酯和水的反应。

酯交换（transesterification）：酯与醇作用生成一个新的酯和一个新的醇的反应。

超临界法（supercritical process）：使反应物温度与压力处于临界点以上，形成超临界流体，在此状态下进行反应。

脂肪酶（lipase）：即三酰基甘油酰基水解酶，它催化天然底物油脂水解，形成脂肪酸、甘油和甘油单酯或二酯。

固定化细胞/酶（immobilized cell/enzyme）：利用物理或化学的手段将游离的细胞或酶固定在某种载体上并使其保持活性。

第二节 生物柴油国内外发展现状

目前，中国已成为世界上仅次于美国的第二大原油消费国，同时也是全球能源消费量增长最快的国家。英国石油公司于2012年6月发布的《世界能源统计报告2012》显示，2011年全球石油储量增加了8.3%，若按照现在全球每天非常保守的0.8亿桶的消耗速度来看，当前的世界石油储量可供全球消费54年。2011年中国的能源消费量增长了5.5%，中国（内地）的石油消费量达每天975.8万桶；中国石油净进口量增长13%，达每天600万桶。与此同时，石油基液体燃料大量消费产生的机动车尾气对大气环境的污染也越来越严重，我国汽车及其他动力设备的尾气排放已成为空气污染的主要因素。国家能源安全和可持续发展面临严峻挑战。

基于化石和矿物能源具有不可再生性和燃烧时带来的严重环境问题，世界各国都在积极探索可再生的绿色能源。柴油作为我国主要的能源油料之一，年消费量达1.5亿吨以上。生物柴油（biodiesel）是指以动植物油脂、微生物油脂、餐饮垃圾油等为原料油通过酯交换工艺制成的可代替石化柴油的液体燃料，与柴油相溶性极佳，而且能够与国标柴油混合或单独使用，是典型的清洁、可再生“绿色能源”，是石油等不可再生资源的理想替代品。目前生物柴油在世界各国发展迅猛，并逐渐形成一定的产业规模。2005年全球生物柴油产量只有340万吨，2008年则增产到1400万吨。欧洲的生物柴油份额已占成品油市场的5%以上，欧盟计划在2020年使生物柴油的市场占有率达到12%。美国2006年生产生物柴油30万吨以上，计划2010年生物柴油产量提高到1200万吨。日本年产量已达40万吨。我国2011年生物柴油年产量约40万吨，“十二五”规划目标年产200万吨。因此，世界各国竞相研究和发展生物柴油，采取各种措施推动生物柴油等清洁可再生燃料产业的快速发展。在国际市场上，美国、欧洲、亚洲的一些国家和地区已开始建立商品化生物柴油生产基地，并把生物柴油作为代用燃料广泛使用。

● 奥地利

奥地利是世界上最早进行植物油酯化的国家，目前年生产能力为55万t/a左右，其生物柴油的主要市场在于农业及林业设施以及湖泊与河川的休闲游艇发动机之用，以利清洁空气，提升环保。1982年Graz有机化学研究院进行了世界上第一次菜籽油酯化制成柴油燃料试验。1983年使用回收的废食用油作为生产生物柴油的原料，1985年在Silberberg农业学院建立第一座菜籽油甲酯的示范工厂。1995年申请再酯化专利，转化率可达100%。1998年建立将动物脂肪达20%的原料生产生物柴油的工厂。

表4-1　国外生物柴油研究和利用现状

国家	原料	生物柴油比例	现状
美国	大豆	B10～B20	推广应用中
原联邦德国	油菜籽、豆油、动物脂肪	B5～B20，B100	广泛使用中
巴西	蓖麻油		形成试验中
奥地利	油菜籽、废油脂	B100	广泛使用中
澳大利亚	动物脂肪	B100	研究推广中
法国	各种植物油	B5～B30	研究推广中
意大利	各种植物油	B20～B100	广泛使用中
瑞典	各种植物油	B2～B100	广泛使用中
比利时	各种植物油	B5～B20	广泛使用中
阿根廷	大豆	B20～B100	推广使用中
保加利亚	向日葵、大豆	B100	推广使用中
韩国	米糠、回收食物油和豆油	B5～B20	推广使用中
加拿大	桐油、动物脂肪	B2～B100	推广使用中

● 巴西

巴西主要选用大豆、棉籽、葵花子、油菜籽、蓖麻籽和棕榈等生产生物柴油，餐厅和家庭煎炸食品后的废油也被收集起来提炼生物柴油。目前，巴西使用的乙醇、生物柴油及其他可替代能源已占其能源消耗总量的44%，远高于13.6%的世界平均水平。巴西圣十字州立大学也开发出利用油炸食品残油生产汽车燃料的新技术，这所大学的试验工厂每周从市内的饭店回收炸完各种食品后需要扔掉的残油，其中的90%可转换成代替柴油的燃料，另外的10%还可提炼用于生产化妆品的甘油。

● 美国

美国不仅对生物柴油生产技术的研究领先世界，而且在标准规范、减免税收、商品化生产等方面也走在世界前列。年总生产能力300万吨，主要生产厂家有：世界能源替代品公司、格里芬工业公司、哥伦布食品公司、Ag环境产品公司等。早在1983年美国科学家就将菜籽油甲酯用于发动机，燃烧了1000小时。1999年，美国总统克林顿专门签署了开发生物燃料的法令，其中生物柴油被列为重点发展的清洁能源之一。2002年5月，南加利福尼亚港建立第一座能提供100%生物柴油作船用燃料的码头。2002年6月，威斯康星州 Madison 大学的学生，驾驶使用生物柴油的机车，获得“2002 福特探险者”比赛的胜利。1999 年只有 3 个主要的汽车运输公司使用生物柴油，而到 2000 年 3 月使用生物柴油的运输公司超过了 40 个，2002 年已经超过 100 个车队。主要用户是联邦政府和公用事业部门的车队以及具有集中加油站的大巴和卡车运输公司。

● 德国

德国为了保护环境，提倡使用生物柴油。目前已拥有 8 个生物柴油的工厂，有超过 1000 座生物柴油加油站，其中绝大部分分布在使用柴油车辆较多的农村。2000 年生物柴油产量达 250 万吨。对生物柴油不收税，制定了生物柴油的标准，该标准在欧盟内部基本是通用标准。其最大的生物柴油提炼厂在德国东部勃兰登堡州的施瓦尔茨海德地区，年生产能力为 100 万吨生物柴油和 30 万吨甘油。另外萨利亚（Saria）公司在德国东部梅前州建立一座利用动物脂肪提炼生物柴油的工厂，它以屠宰动物的脂肪为原料，提炼车用发动机柴油，可年产 1.3×107L 生物柴油。

● 韩国

韩国的生物柴油 80%是柴油，20%是从米糠、回收食物油和豆油中提取而成的生物燃料。这种油目前还处在实验期，只在清洁车和垃圾运输车中使用。城市垃圾场的运输车正在使用生物柴油，韩国每年因此能节省 4.77×106L 柴油。

● 日本

日本生物柴油目前年产量达 40 万吨。生产原料主要是回收的废食用油，生物柴油零售价格为 80 日元/L，与普通柴油相同。日本生物柴油研制工作始于 1992 年底，研究人员得知美国密苏里州由大豆油（黄豆油）生产生物柴油消息，1993 年 1 月向密苏里州东京办事处索取有关生物柴油资料；1993 年 6 月生物柴油研发部门研制出样品；1993 年 11 月经陆运局认可使用于柴油机车辆；1999 年建起 259L/d 以煎炸油为原料生产生物柴油的工业化装置。

● 中国

1990 年以前，国内由于原油能自给，对生物柴油的研究很少。随着经济的发展，原油由净出口变成净进口，石油产品价格也与国际接轨，飞快上涨，导致人们对各种替代能源的研究。目前国内已成功利用菜籽油、大豆油、米糠油、工业猪油、牛油及野生植物小桐籽油等作为原料，经过甲醇预酯化后再酯化，生产出的生物柴油不仅可作为代用燃料直接使用，而且可作为柴油清洁燃烧的添加剂。研究单位有中国科技大学、石油化工科学研究院、东北林业大学、华东理工大学、江苏石油化工学院、抚顺市长江生物柴油技术应用研究所等。2002 年四川古杉油脂化学有限公司已达到年生产 30 万吨生物柴油，计划不久将再扩建成年产100万吨生物柴油生产装置。民营企业海南正和生物能源有限公司于2001年9月建成年产近10万吨的生物柴油试验工厂，主要指标达到美国生物柴油标准。

● 意大利

意大利是生产和使用生物柴油较为广泛的国家，年生产能力达750万吨，有世界上规模最大的250万t/a装置。其主要用在空调制暖和柴油发电。从1991年起在19个都市的公车上使用生物柴油，进行了5.2×105km运行，其结果甚佳，尤其黑烟较少。

● 法国

法国目前年生产能力超过400万吨，主要用在柴油发动机上，一部分用于柴油发电厂，使用标准是在普通柴油中添加5%的生物柴油。依照其农业政策，已将1.5×l010m² 食用农场用地改为生产工业用菜籽的耕地，以生产菜籽油脂肪酸甲酯的生物柴油为主。法国ELF及TOTAL两公司系采用混合5%生物柴油的混合油（即5%生物柴油与95%石化柴油的混合油），并出售给30个城市的公车及卡车使用，情况良好。1995年其生物柴油生产量提升为3倍。法国雪铁龙集团也进行了生物柴油的试验，通过1×l05km的燃烧试验，证明生物柴油可用于普通柴油发动机。

● 荷兰

2011年6月，荷兰皇家航空一架波音737飞机搭乘着171名乘客，从阿姆斯特丹飞往巴黎，荷兰航空成为全球首家使用生物燃料进行商业飞行的航空公司。从9月份起，荷兰启用以生物煤油（即俗称的“地沟油”）为燃料的客机执飞阿姆斯特丹至巴黎的航班，以减少碳排放。

2012年7月，荷兰皇家航空上海绿铭环保科技股份有限公司签订战略合作协议。绿铭将为荷兰皇家航空提供由废弃油转化成的“0号生物柴油”1万多吨，经过荷兰公司的技术再处理后变为航空生物煤油，供飞机使用。

第三节 生物柴油特性及优缺点

生物柴油（Biodiesel）是指以油料作物、野生油料植物和工程微藻等水生植物油脂以及动物油脂、餐饮垃圾油等为原料油通过酯交换工艺制成的可代替石化柴油的再生性柴油燃料。生物柴油是典型“绿色能源”，降解速率是普通柴油的2倍，对土壤和水的污染较少。生物柴油的特性见表4-2、表4-3。

表 4－2 Some technical properties of biodiesels

Common name	Bio-diesel or biodiesel
Common chemical name	Fatty acid (m)ethyl ester
Chemical formula range	$C_{14}-C_{24}$ Methyl esters or $C_{15-25}H_{28?48}O_2$
Kinematic viscosity range (mm^2/s, at 313 K)	3.3–5.2
Density range (kg/m^3, at 288 K)	860–894
Boiling point range (K)	>475
Flash point range (K)	428–453
Distillation range (K)	470–600
Vapor pressure (mm Hg, at 295 K)	<5
Solubility in water	Insoluble in water
Physical appearance	Light to dark yellow, clear liquid
Odor	Light musty/soapy odor
Biodegradability	Higher biodegradable than petroleum diesel
Reactivity	Stable, but avoid strong oxidizing agents

表 4－3 生物柴油与普通柴油性能比较

性能指标	生物柴油	普通柴油
20℃密度（g/ml）	0.88	0.83
40℃运动粘度（mm^2/s）	4～6	2～4
闭口闪点（℃）	110	60
冷率值		
夏季产品（℃）	－10	0
冬季产品（℃）	－20	－20
十六烷值	56	49
含硫（质量分数％）	0.001	0.2
氧含量（体积分数％）	10	0
热值（MJ/L）	32	35
燃烧功率（％）	104	100
燃烧 1Kg 燃料最小空气耗量（Kg）	12.5	14.5
水危害等级	1	2

生物柴油具有许多传统柴油不及的优点：①优良的环保优势，使用生物柴油能显著的降低燃烧排放气体中的碳氢化合物、CO、颗粒物、硫化物及含氮杂环化合物等的含量，生物降解性高，比较适合在城市、矿井、林业机械或旅游船只上使用；②以可再生资源为原料，符合可持续发展的需要；③运动粘度高，在汽缸内壁易形成一层油膜，从而提高运动机件的润滑性，降低

机件磨损；④安全性能较好，闪点高（200℃），挥发性较低，运输和使用更加安全；⑤燃烧性能优良，十六烷值高（49以上），能提高发动机性能，燃烧残留物呈微酸性，使催化剂和机油的使用寿命加长；⑥无须改动柴油机，可直接添加使用，同时无须另添设加油设备、储存设备及人员的特殊技术训练；⑦使用范围广，可以单独使用，也可与石化柴油调和使用，还可以作为添加剂提高燃烧的效率。

生物柴油缺点是含水率较高，最大可达30%～45%。水分有利于降低油的黏度、提高稳定性，但降低了油的热值；生物柴油具有较高的溶解性，作燃料时易于溶胀发动机的橡塑部分，需要定期更换；生物柴油作汽车燃料时NO_x的排放量比石油柴油略有增加；原料对生物柴油的性质有很大影响，若原料中饱和脂肪酸，如棕榈酸或硬脂酸含量高，则生物柴油的低温流动性可能较差；若多元不饱和脂肪酸，如亚油酸或亚麻酸含量高，则生物柴油的氧化安定性可能较差，这需要加入相应的添加剂来解决。

第四节　生物柴油标准与测试方法

一、各国生物柴油标准

世界上很多国家已经拟定了生物柴油标准，从而保证柴油的质量，保证使用者更加放心地使用生物柴油。

生物柴油的国际标准是ISO14214A另一个是ASTM国际标准ASTMD6751，这一标准是美国所采用的标准，该标准由美国环保局1996年在“清洁空气法”的211（b）部分加以了法律确认。

另一被广泛认同的是德国的DIN生物柴油系列标准，是迄今为止最为详细系统的生物柴油标准，该标准体系针对不同的制造原料有不同的DIN标准：以油菜籽和纯粹以蔬菜籽为原料的RME（rapeseedmethylester）、PME（vegetablemethylester）生物柴油DINE5160标准，以蔬菜油脂和动物脂肪为混合原料FME（fatmethylester）的生物柴油DINV51606标准。

DINV51606生物柴油标准主要对以下成分进行考评：生产制造的整个反映过程，甘油的去除情况，催化剂的去除情况，酒精的去除情况，以及确保不含游离脂肪酸。生物柴油的生产标准评定指针包括比重、动态粘度、闪火点、硫含量、残留量、十六烷值、灰分、水分、总杂质、三酸甘油酯、游离甘油等。

此外奥地利、澳大利亚、捷克共和国、法国、意大利、瑞典等国家也拟订了生物柴油燃油规范。欧盟也在2003年11月颁布了EN14241生物柴油燃料标准。

生物柴油标准的规范，正在极大的推动生物柴油在这些国家的汽车工业中正式应用和合法化，同时，大量国家对生物柴油的认可也正在推动生物柴油作为一种新型可再生生物能源的国际化。

二、生物柴油标准主要质量分析

（1）闪点：表示油品蒸发性和着火危险性的指标。其值与甲醇含量有关；我国生物柴油闪点指标为130度；

（2）水含量：水在生物柴油中的危害性；水的存在形式有溶解水和悬浮液滴两种形式；生物柴油中水分限制要求是不大于500mg/kg。

（3）灰分含量：生物柴油中的灰分可导致机械结构的磨损、滤网堵塞、发动机沉积；可利用硫酸盐指标来监测其灰分含量。

（4）甘油含量：过高可导致喷射器沉积，阻塞系统，引起黑烟；成品不高于0.24%；可采用水洗的方式去除。

（5）氧化安定性：生物柴油在氧化过程能生成不溶性聚合物，这要严格的控制；其检测方法可以根据生物柴油的酸值、粘度、颜色和气味四个指标来判定。

三、生物柴油测试方法

（1）脂肪酸甲酯含量测定：测定方法中可以采用气相色谱、动态光散射液相色谱来进行检测；在生产过程检测通常采用气相色谱和动态光散射液相色谱来监视检测。

（2）甘油含量测定：中国通常采用碘酸钠法即在强酸溶液中，甘油被过碘酸氧化，加入碘化钾，淀粉为指示剂，用硫代硫酸钠滴定，来测定甘油含量。

（3）甲醇含量测定：利用紫外分光光度计法，用水萃取甲醇，在酸性溶液中，甲醇被高锰酸钾氧化成甲醛，加入硫酸和变色酸，后测吸光度，与标准比较即可。

（4）酸值测定和硫含量测量各国标准不尽相同，具体问题具体对待。

第五节　生物柴油生产工艺与工程实例分析

一、生物柴油生产工艺

1. 物理法

物理方法中有直接混合法和微乳液法两种；直接混合法其将天然油脂与

柴油、溶剂或醇类直接混合制备均匀液体燃料的方法，主要缺点是生产的生物柴油粘度过高和产生低温凝胶现象。微乳液法是将两种不互溶的液体与离子或非离子表面活性剂混合而形成直径为1～150nm的胶质平衡体系，是一种透明的、热力学稳定的胶体分散系，可在柴油机上代替柴油使用；一定程度改善燃烧性能，短期使用没问题，但乳化后粘度仍然很高，环境变化易出现破乳现象。

2. 化学法

生物柴油的化学法生产是采用生物油脂与甲醇或乙醇等低碳醇，并使用氢氧化钠（占油脂重量的1%）或甲醇钠（Sodium methoxide）做为触媒，在酸性或者碱性催化剂和高温（230℃～250℃）下发生酯交换反应（transesterification），生成相应的脂肪酸甲酯或乙酯，再经洗涤干燥即得生物柴油。甲醇或乙醇在生产过程中可循环使用，生产设备与一般制油设备相同，生产过程中产生10%左右的副产品甘油。

但化学法合成生物柴油有以下缺点：反应温度较高、工艺复杂；反应过程中使用过量的甲醇，后续工艺必须有相应的醇回收装置，处理过程繁复、能耗高；油脂原料中的水和游离脂肪酸会严重影响生物柴油得率及质量；产品纯化复杂，酯化产物难于回收；反应生成的副产物难于去除，而且使用酸碱催化剂产生大量的废水，废碱（酸）液排放容易对环境造成二次污染等。

化学法生产还有一个不容忽视的成本问题：生产过程中使用碱性催化剂要求原料必须是毛油，比如未经提炼的菜籽油和豆油，原料成本就占总成本的75%。因此采用廉价原料及提高转化从而降低成本是生物柴油能否实用化的关键，因此美国已开始通过基因工程方法研究高油含量的植物，日本采用工业废油和废煎炸油，欧洲是在不适合种植粮食的土地上种植富油脂的农作物。

3. 生物法

自20世纪90年代以来，国内外开始开发酶法生产生物柴油，即以生物酶替代酸、碱催化剂催化合成生物柴油，相关研究报道已有很多，在此不再赘述。生物（酶）法生产生物柴油主要有以下几个优点：①对原料和催化剂不需要预处理；②不同类型的油脂和脂肪酸都能够用作底物；③反应过程环境友好。但此方法也存在较易失活、催化剂成本相对较高等缺点。

脂肪酶（lipase，E. C 3. 1. 1. 3），能催化天然底物油脂水解，生成脂肪酸、甘油和甘油单酯或二酯，也可逆向催化三脂酸甘油的合成、转酯化反应。脂肪酶催化的一个显著特点是它只能作用于油－水界面，其催化油脂的能力高低主要决定于酶与油脂的接触面积，也就是界面活化现象。Bocrnrnizomucor miehei的脂肪酶基因进行了克隆和测序，发现该脂肪酶由

269 个氨基酸组成，分子量约为 29.5kDa。在 363 个氨基酸组成的 R. miehei 脂肪酶前体中，含有一个 24 个氨基酸组成的信号肽和一个 70 个氨基酸组成的前肽。该脂肪在经过复杂修饰后以两种形式存在，两种形式脂肪酶的碳水化合物含量分别为 11%和 4%。此外，该脂肪酶还有一段保守序列，包含一个 Ser 残基及其附近较多的疏水性氨基酸残基。截至目前，大约有 60 多个真菌脂肪的基因和氨基酸序列被发现和报道，它们除了基本上都具有一个共同的“GXSXG”保守序列外，其余结构差别很大。脂肪酶在非水相中有出色的催化活性和稳定性，有助于完成生物柴油生产中的醋化和转酯化反应。作为合成生物柴油的催化剂，脂肪酸主要有游离酶、固定化酶、全细胞催化等几种形式。由于游离脂肪酶作催化剂难以回收重复使用且催化效率较低等原因，在生物柴油的生成中已较少使用。固定化酶是在保持酶的催化活性条件下而物理性（通过吸附、共价键、包埋、交联等）的固定在一个指定的区域，能够重复连续使用。多种来源的固定化脂肪酶已被应用于生物柴油的生产中，如 Candida antaftica，Pseudomonasfluorescens Pseudomonas cepacia、Porcine pancreatic Rhizomucor Miehei 和 Chromobacteri^umviscosum 等。最常使用的，尤其在大规模工业生产中使用最多的两种脂肪酶是 Candida antartica 脂肪酶（固定在丙烯酸树脂上，商品名为 Novozym 435）和 Candida sp. 99—125 脂肪酶（固定在便宜的无纺布上）。全细胞脂肪酶作为一种特殊形式的固定化酶，可以省却提取、纯化和固定化等工序而直接利用，有望降低生物柴油的生产成本。贺序等利用自制的华根霉脂肪酶全细胞催化制备生物柴油。华根霉脂肪酶全细胞催化剂在无溶剂以及有机溶剂体系中均可以有效地催化生物柴油的合成，脂肪酸甲酯的最高收率均达到 86%以上，具有良好的应用潜力。李治林等研究发现，在正己烷等有机溶剂体系中，米根霉脂肪酶全细胞催化剂不能有效催化酯化反应；而在含水体系中，该脂肪酶的催化活性较高。在反应体系含水量占大豆油质量的 5%～20%的条件下，使用该脂肪酶全细胞催化剂催化大豆油甲酯化反应，甲酯得率可稳定在 60%以上。经过优化，全细胞催化剂用量以占大豆油质量的 4%较为适宜，重复使用全细胞催化反应 4 次后，仍能够保持甲酯得率 80%以上。结果表明，全细胞催化剂具有较好的催化性能和重复使用性。

提高脂肪基因在宿主细胞中的表达水平，是推动和改进酶法合成生物柴油的基础性工作。分析已报道的 60 多种真菌脂肪酶，总结脂肪酶基因在宿主菌中表达的影响因素，主要有以下几个方面：

①油脂等诱导物的诱导。研究表明，脂肪酶的表达需要油脂类物质的诱导且在诱导条件下的表达量明显比无诱导物条件下高出很多。但是在大肠杆菌和部分酵母中一般不需要油脂的诱导。

②非翻译区的影响。Yamaguchi 等比较了 Pem′ci7//Mm 脂肪酶基因高效表达的关键区域与 Geotrichum candidum 的高效表达脂肪酶和低表达脂肪酶基因的关键区域，认为脂肪酶基因非翻译区的 3 个高同源性区域可能对脂肪酶的高效表达有重要作用。

③前肽序列和信号肽序列的影响。Takahashi 等分别将两种脂肪酵 rProROL 和 r28ROL 单独表达于醜酒酵母工程菌（Kex2p 蛋白酶缺失），这两种脂肪酶基因的表达产物在最适反应温度、底物特异性等方面有较大的不同。由此推测，前肽序列可能对表达产物脂肪酶的性质影响较大。Beer 等进一步研究了 Rhizopus oryzae 不同加工形式脂肪酶 ROL、ProROL 和 PreProROL 在中的表达，结果表明，ROL 的前肽序列有助于促进脂肪酶蛋白的折叠，而其信号序列则有抑制蛋白折叠的作用。

④遗传索码在翻译中的差异。部分脂肪酶如 C. rugosa 脂肪酶在蛋白质翻译过程中存在不正常现象，如将编码亮氨酸（Leu）的 CUG 翻译成丝氨酸（Ser），从而导致这些脂肪酶基因的异源表达产物常常是无活性的酶蛋白。

4. 超临界法

超临界法制生物柴油，即通过高温高压使甲醇处于超临界状态，然后与油脂反应生产生物柴油。其反应机理是在高压下，甲醇分子直接轰击甘油三酯的羰基；超临界法制备生物柴油是在超临界状态下，甲醇和油脂成为均相，反应的速率常数较大，因此可以在较短时间内完成反应。该方法对原料的要求较为宽松，油脂中的游离脂肪酸和水分不会影响产品收率，是一种高效、简便的方法。以酸化油、乙醇为原料．在超临界条件下制备生物柴油的最高产率是 89.7%。以废餐油为原料，转化率在 10min 内达到 95%。该方法不需要催化剂、后处理工艺比较简单、对环境没有污染。但是该方法也存在耗能高、对设备要求苛刻等不足，难以实现大规模、工业化生产。

5. 其他方法

加氢法制备生物柴油是近年来新兴的生产技术，其特点是直接以各种动植物油为原料，在催化剂存在条件下进行加氢饱和、加氢脱氧、脱羧基以及加氢异构化反应来制备生物柴油。直接加氧法具有原料适用性强、生产成本低等优点，可以利用我国现有的化工设备直接进行生产生物柴油，是生物柴油未来发展的一个重要方向。

离子液体作为一种新型的绿色溶剂具有广阔的发展前景，利用离子液体来催化生物柴油的生产也是一条很新颖的思路此外，超声波法、微波法、水力空化法等可加速生物柴油中的酯交换反应，大大缩短酯交换反应达到平衡的时间，但都还处于小规模生产或实验室研究阶段。

二、生物柴油案例

我国发展生物柴油的课题由闵恩泽院士在《绿色化学与化工》一书中首先提出发展的，国家“十五”计划发展纲要曾明确提出发展各种石油替代品，将发展生物液体燃料确定为国家产业的发展方向，其中利用现有的各种废油和含油生物资源来生产生物柴油被定为近期阶段的发展目标；国家“十一五”计划中设立了农林生物质工程重大专项，其中将油脂资源综合利用生产生物柴油技术示范作为重点的研究课题之一。

目前我国已经有海南正和生物能源公司、四川古杉油脂化工公司、福建卓越新能源发展公司、河北古杉油脂化学有限公司和无锡华宏生物燃料有限公司等企业生产生物柴油，他们主要以回收的废油、野生油料、植物油下脚料及废动植物油脂等为原料生产生物柴油，所得产品的性能与丫柴油相当，年生产能力都在万吨以上。以下为安徽生物柴油企业。

（1）中实生物能源有限公司位于阜阳循环经济园，项目总投资 7000 万元，年产生物柴油 6 万吨，全部项目投产后可实现年销售收入 5 亿元，利税 3000 多万元，可解决 200 人就业。该公司主要以油料作物、动物油脂、地沟油、酸化油为原料从事生物柴油的生产经营，生物柴油生产技术目前在国内外最先进。新扩建的三条生产线满负荷生产后，日产生物柴油 200 吨。（资料来自互联网）

（2）安徽国风生物能源有限公司坐落于合肥市包河工业园，主要从事生物柴油等新能源有机化工产品生产，技术上与东南大学等科研机构进行合作，多项技术处于国内领先水平，属国家 861 项目。此次考察，意在我县进行二期扩大投资，项目规划占地 300 亩，投资 5 亿元，计划 2012 年 10 月前建成投产，实现年销售收入 20 亿元，年利税 8000 万元以上。（资料来自互联网）

第五章　生物质燃烧、气化、液化及致密成型技术与工程应用

第一节　生物质特性、燃烧机理与方式

一、生物质的成分与化学特性

1. 生物质的元素分析成分

生物质的元素成分是指生物质含有不同元素的多少，它将影响决定生物质的燃烧状态。从化学角度来看，生物质固体燃料是由多种可燃质、不可燃的无机矿物质及水分混合而成的。其中，可燃质是多种复杂的高分子有机化合物的混合物，主要由碳（C）、氢（H）、氧（O）、氮（N）和硫（S）等元素所组成，而C、H和O是生物质的主要成分。

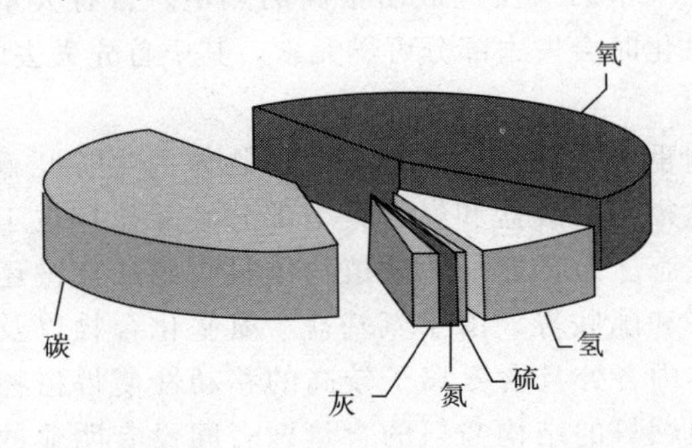

元素分析是指组成燃料的碳（C）、氢（H）、氧（0）、氮（N）、硫（S）。在实际工程计算中就以此作为燃料的成分同时还认为燃料就是由这些元素构成的机械混合物而不考虑其中所含有的各有机化合物的单独特性。这种处理方法不完全反映出燃料的特性不能以此来判断燃料在各方面的化学性质和燃料特性但燃料中各组成元素的性质及其含量与燃料燃烧性能却是密切相关的其影响也各不相同。碳（C）、氢（H）、氧（0）、氮（N）、硫（S）、通常用

其相对质量（即质量分数）来表示，即 C＋H＋O＋N＋S＋A＋M＝100％

（1）碳含量

碳是燃料中最基本的可燃元素 1kg 碳完全燃烧时生成二氧化碳可释放出大约 33858KJ 热量固体燃料中碳的含量基本决定了燃料热值的高低。以干燥无灰基计生物质中含碳 44％58％，而煤的形成年代愈长元素含量愈高，泥煤中含碳 50％60％褐煤中含碳 60％77％无烟煤中含碳 90％98％。

碳在燃料中一般与 H、N、S 等元素形成复杂约有机化合物在受热分解（或燃烧）时以挥发物的形式析出（或燃烧）。除这部分有机物中的碳以外生物质中其余的碳是以单质形式存在的固定碳。固定碳的燃点很高需在较高温度下才能着火燃烧，所以燃料中固定碳的含量愈高则燃料越难燃烧，着火燃烧的温度也就越高，易产生固体不完全燃烧在灰渣中有碳残留。

（2）氢含量

氢是燃料中仅次于碳的可燃成分 1kg 氢完全燃烧时能放出约 125400KJ 的热量相当于碳的 3.5－3.8 倍。氢含量多少直接影响燃料的热值着火温以及燃烧的难易程度。氢在燃料中主要以碳氢化合物形式存在，当燃料被加热时碳氢化合物以气态挥发出来，所以燃料中含氢越高越容易着火燃烧燃烧得越好。

氢在固体燃料中的含量很低煤中约为 2％～8％并且随着碳含量的增多（碳化程度的加深）逐渐减少；生物质中约为 5％～7％。在固体燃料中有一部分氢与氧化合形成结晶状态的水该部分的氢是不能燃烧放热的；而未和氧化合的那部分氢称为“自由氢”它和其他元素（如碳、硫等）化合构成可燃化合物在燃烧时与空气中的氧反应放出很高的热量。含有大量氢的固体燃料在储藏时易于风化风化时会失去部分可燃元素，其中首先失去的是氢。

（3）氮含量

氮是生物体内重要的营养元素富含在植物体内生长旺盛的部位。氮进入植物体内有两种途径：硝酸盐和氨，其中部分硝酸盐存在于作物体内的溶液中处于可移动的状态。为了更好地被植物体吸收硝酸盐被还原酶还原为氨然后又转化为氨基酸和酯胺等。由于氨基盐、氨基化合物以及其他形式的含氨物质遍布于植物体内各处且含氨离子较高的移动性使得植物体各个部位氮含量很高；可以看出燃料的结构与氨的含量两者间没有明显的联系。一般认为不同生物体内氨含量差别是由土壤营养情况决定的。实际上氨含量较高的生物质一般都是在肥料较为丰富的地方。

生物质中有机氮化物如蛋白质、脂肪、植物碱、叶绿素和其他组织的环状结构中都含有氮这些化合物热稳定性差且易于挥发在热转化过程中会较早的以氮气和 NO_x 的形式析出。氮在高温下与 O_2 发生燃烧反应生成 NO_2 或 NO 统称 NO_x。NO_x 排入空气造成环境污染在光的作用下对人体有害。但氮在较低温度（800℃）与02燃烧反应时产生的NO_x显著下降大多数不与氧气进行化学反应而呈游离态氮气N_2状态生物质中氨的含量较少一般在3%以下故影响不大。

（4）硫含量

硫主要是通过对空气中的SO_2以及根部对土壤中的硫酸盐溶液的吸收而进入植物体内的其中对硫酸盐溶液的吸收是主要的途径。硫在生物体内所起的作用与氮相似主要构成氨基酸、蛋白质和酶等。生物质中含硫量极低一般少于0.3%有的生物质甚至不含硫。lkg硫完全燃烧时可放出9033kJ的热量。但它在燃烧后会生成硫氧化物SO_x（如SO_2、SO_3）气体这些气体可与烟气中水蒸气相遇化合成亚硫酸H_2SO_3，硫酸H_2SO_4在一定温度下凝结在转化设备的低温金属受热面上使之腐蚀；硫氧化物SO_x，如果随烟气排人大气中则会污染大气是酸雨的成因之一对人体、植物都有害。燃料中的硫可分为有机硫和无机硫两类，有机硫是指与C、H、O形成有机化合物的硫。无机硫包括硫化物硫、元素硫以及硫酸盐硫。从燃烧角度上亦可将硫分为可燃硫（挥发硫）和固定硫（不可燃硫）两类。将有机硫、无机硫中的硫和元素硫称为可燃硫，他们燃烧后以SO_2、SO_3气态形式存在于烟气中。将无机硫中的硫酸盐硫称为固定硫因为它不可燃烧最后仍以固态形式留在灰中。

（5）氧含量

氧不能燃烧释放能量但加热时氧极易被有机组分分解为挥发性物质。燃烧中的氧是内部杂质它的存在会使燃料成分中可燃元素碳和氢相对地减少使燃料热值降低。此外氧与燃料中一部分可燃元素氢或碳结合处于化合状态因而降低了燃料燃烧时放出的热量。氧以有机和无机两种状态存在。有机氧主要存在于含氧官能团如羧基（—COOH）、羟基（—OH）和甲氧基（—OCH3）等中；无机氧主要存在于水分、硅酸盐、碳酸盐、硫酸盐和氧化物中等。生物质中含氧量一般为35%～48%。

（6）氯元素

氯在生物体内主要起物质平衡的作用，由于作物对氯的吸收远小于土壤所提供的，植物体内氯含量与土壤中氯浓度水平无关，主要取决于生物质的生理情况。氯在植物体内主要是以氯离子（Cl^-）的形式存在的，其浓度也在100～700Omg/kg不等。氯可以大大提高无机物的活动性尤其是钾，因此氯对于生物质热化学转化过程中碱金属的析出具有很大的影响，它可以和碱金属形成稳定且易挥发的碱，金属化合物往往是氯的浓度决定了挥发相中碱金属的浓度。在多数情况下氯起输送作用将碱金属从燃料中带出。氯是挥发性很强的物质几乎所有的氯都会进入气相根据化学平衡会优先与钾、钠等构成稳定但易挥发的碱金属氯化物。在600℃以上碱金属氯化物在高温下蒸汽压升高而进入气相是氯元素析出的一条最主要途径。除了碱金属氯化物 HCl 是氯析出的一种重要的形式。

(7) 硅元素

硅是生物质原料中含量较高的一种无机元素它是由于植物体吸收土壤溶液中的硅酸而来。至于硅是否是生物体生长所必需的元素目前还存在着争议，但是对于一些作物如小麦、水稻等表现出很高的选择性吸收的能力。硅是一种惰性元素不可溶也没有挥发性。硅在热解过程中几乎全部在残留物中出现。

(8) 钙元素

钙是构成植物体细胞壁的重要元素是强化细胞壁构成植物机体的重要原料。其主要功能是加强细胞壁硬度并使作物结构完整还可以促进作物的生长。生物质中的钙主要集中在木质素部分生物质材料特别是一些生长快的作物都含有大量的钙在生物质中钙基本上存在于可离子交换、可溶于酸的物质中。作物内的钙在热解过程中基本上都不会挥发而且形成的含钙化合物具有相当高的稳定性。在热解过程中更倾向于进入固态残渣在固态产物里几乎可以找到生物质原料所带的所有钙。

(9) 钾元素

钾是生物体内重要的无机元素，是植物生长过程中所必需的营养物质，对作物的新陈代谢起到不可忽视的作用。其含量随着生物质种类的不同也存在着差异在秸秆和一些草本生物质原料中含量较高稻草和草本植物的新生组织、壳、皮以及具有年度生长周期的生物质都包含了大约 1%～2%的钾元素。木材中的钾含量比稻草少许多，约为 0.1%～0.2%。生物对钾元素的摄入具有很高的选择性，钾参与生物体的新陈代谢对生物体内酶的活化膜的传输以及气孔调节等生理过程都有很重要的作用因此大量存在于羧物体内生命力量旺盛的地方如新叶、苞芽等。

生物质原料中的钾主要以水溶盐的形式存在于生物体内也有一部分以离子吸附的形式存在于竣基和其他官能团及化学吸附物质上。几乎在所有的生物质中都有 90%的钾以离子状态存在于可溶于水或者可进行离子交换的物质中具有很高的可移动性并倾向于在热解过程中进入挥发分。而 K2O 的存在则可降低灰分的熔点，形成结渣现象。

(10) 钠元素

钠对植物的生长来说并不是一种必需的元素其含量较低虽然对于一些特定的作物来说低浓度的钠在一定程度上有代替钾的作用但是对大多数植物来说过高的钠含量对植物体的生长是有害的。钠在生物体内的存在形式以及析出特性与钾相似，基本上存在于易挥发的物质中与钾相比含量小得多。

(11) 磷元素

磷是生物质燃料特有的可燃成分。生物质中磷的含量很少一般在0.2%～3%不等有机磷、无机磷共存。无机磷如磷灰石［3Ca3（PO4）22CaF2］、磷酸铝矿（Al6P2O14218H_2O）等其余以有机磷的形式存在于生物质细胞中。在燃烧等转化时燃料中磷灰石在湿空气中受热，这时磷灰石中的磷以磷化氢的形式逸出，磷化氢是剧毒物质。同时在高温的还原气氛中磷被还原为磷蒸汽。随着在火焰上燃烧与水蒸气形成了焦磷酸（H4P2O7），而焦磷酸附着在转换设备壁面上，与飞灰结合时间长了就形成坚硬、难溶的磷酸盐结垢使设备壁面受损。但一般在元素分析中若非必要并不测定磷和钾的含量也不把P和K的热值计算在内。

元素测定分析工作比较烦琐，设备比较复杂必须有专门的化学实验室来完成，一般的工程技术人员不做这种测定。此外，我国目前还没有针对生物质进行元素分析的国家标准，所以一般进行的元素分析参照煤的元素分析相关标准进行。

2. 生物质组成成分的表示方法

在隔绝空气条件下对燃料进行加热，首先是水分蒸发逸出，然后燃料中的有机物开始热分解并逐渐析出各种气态产物，称为挥发分（V），主要含有氢气、甲烷等可燃气体和少量的氮气、二氧化碳等不可燃气体。余下的固体残余物为木炭，主要由固定碳与灰分组成。用水分、挥发分、固定碳和灰分表示燃料的成分称为燃料的工业分析成分（表5-1）。

表5-1　生物质组成成分分析表

燃料种类	成分/%				元素组成/%						低位热值 Q_{dw}^{y}/（kJ. kg^{-1}）
	W^f	A^f	V^f	C_{gd}^f	H^f	C^f	S^f	N^f	P^f	K_2O^f	
豆秸	5.10	3.13	74.65	17.12	5.81	44.79	0.11	5.85	2.86	16.33	16157
稻草	4.97	13.86	65.11	16.06	5.06	38.32	0.11	0.63	0.146	11.28	13980
玉米秸	4.87	5.93	71.45	17.75	5.45	42.17	0.12	0.74	2.60	13.80	15550
麦秸	4.39	8.90	67.36	19.35	5.31	41.28	0.18	0.65	0.33	20.40	15374
牛粪	6.46	32.40	48.72	12.52	5.46	32.07	0.22	1.41	1.71	3.84	11627
烟煤	8.85	21.37	38.48	31.30	3.81	57.42	0.46	0.93	—	—	24300
无烟煤	8.00	19.02	7.85	65.13	2.64	65.65	0.51	0.99	—	—	24430

在工业上对生物质组成成分的表示方法通常用以下四种方法表示与分析。

（1）应用基：实际进入炉灶的燃料取样分析计算所得质量分数；用“*y*”表示，具体计算时使用，不作数据查用。

（2）分析基：风干燃料为基准，分析化验得组成百分数；用元素右上角“f”表示，数据稳定。

（3）干燥基：完全干燥的燃料为基准，进行测定计算；元素右上角用“g”表示。

（4）工业分析法：测定生物质中W、A、V、C主要燃烧特性指标。

3. 生物质的热值

热值是表示燃料品质的一种重要指标，指单位质量的燃料完全燃烧后，在冷却至原有温度时所释放的热量；国际单位：kJ/kg。高位热值是生物质燃料完全燃烧释放出的全部热量，包含显热和所含水分的汽化潜热。低位热值是在大气状况下完全燃烧单位重量的生物质所得到的热量；即燃料实际所放出的热量。高位热值与低位热值之间换算公式如下：

$$QDW=QGW-25\ (9H+W)$$

QDW——燃料的低位热值；

QGW——燃料的高位热值；

H、W——氢、氧的元素组成，%。

生物质热值计算公式通常用门捷列夫公式进行计算，公式如下：

$$QDW_y=4.19\ [81C_y+246H_y-26\ (O_y-S_y)]\ -6W_y$$

QDW_y——燃料低位发热量；

C_y、H_y、O_y、S_y、W_y——燃料中碳、氢、氧、硫和水分的应用基含量，%

二、生物质的物理特性

1. 密度

密度指生物质燃料单位体积的质量，单位为g/cm³、t/m³；真密度是将生物质细胞腔内和细胞孔隙中的自由水全部除去后，以其外观体积与质量所测得的密度；堆积密度是包括固体燃料颗粒空间在内的密度，一般在自然堆积的情况下进行测量，它反映了单位容积中物料的质量；以此生物质分类为木质燃料和农作物秸秆。

2. 含水率

由于水是维持生物质生存必不可少的物质之一，所以生物质都含有一定的水分，并且随生物质的种类、产物不同而有很大变化。生物质中的水分以其不同的形态分为游离水分、化合结晶水。前者附着于生物质颗粒表面及吸附于毛细孔内，后者和生物质内矿物质成分化合。游离水又分为外在水分和内在水分。生物质作为固体燃料其水分用干燥法测定，即将生物质在一定温度下缓慢干燥 lh 后再计算生物质失去的质量，从而得到生物质的水分。

(1) 外在水分（Surfacemoislure）

生物质的外在水分是指以机械方式附着在生物质的表面上以及在较大毛细孔（直径大于 10～4mm）中存留的水分。与生物质的运输和储存有关可用自然干燥法去除。将生物质置于空气中其外在水分就不断蒸发直至外在水分的蒸汽压力与空气中的水蒸气压力相平衡为止，此时失去的质量就是外在水分的质量；但由于失去水的质量多少取决于当时的空气相对湿度和温度。因此同一生物质试样的外在水分数值并不是固定的随测定时空气湿度和温度的变化而变化。

(2) 内在水分（Inherent moisture）。

生物质中以物理化学结合力吸附在生物质内部毛细管（直径小于 10～4mm）中的水分为内在水分。由于内在水分的蒸汽压力小于同温度下空气的水蒸气分压力，所以很难在室温下除去，必须在 105～110℃的温度下干燥才能除去。风干生物质在 105～110℃下失去的水分为内在水分。生物质中内在水分的含量比较稳定，而且有近似的固定值（5%左右）。

(3) 化合结晶水（Decomposilion moisture）

结晶水是与生物质中矿物质相结合的水分，在生物质中含量很少。它在 105℃～110℃下不能除去。在超过 200℃时，才能分解逸出；如 CaSO422H_2O、Al2O322$SiO_2$22H_2O 等分子中的水分均为结晶水。由于当温度超过 200℃时，生物质中的有机质也开始分解，所以结晶水不可能用加热的方法单独地测出它的值不列入生物质的水分之中，与挥发物一道计入挥发分。

含水率指生物质燃料中水分重量与生物质重量之比值，用百分数表示；公式计算如下：

$$湿基含水率＝(W_1-W_2)/W_1$$

$$干基含水率＝(W_1-W_2)/W_2$$

W_1——烘干前的重量，g；

W_2——烘干后的重量，g。

3. 灰熔点

灰分熔点指在高温下灰分将变成熔融状态从而形成渣结在反应装置的内壁上或黏结成难以清除的大渣块。灰分开始熔化的温度叫灰熔点生物质的灰分熔点可用角锥法测定。

将灰分制成的角锥在保持半还原性气氛中加热。角锥尖端开始变圆或弯曲时的温度称为变形温度角锥尖端弯曲和水平面接触或呈半球形时的温度称为软化温度；角锥熔融开始溶溢或显著熔融时的温度称为流动温度。

常用的是角锥法是把煤灰用模子制成底边长为10mm、高为20mm的等边三角锥体其中一个侧面垂直于底面及灰托板，然后连同耐高温的灰托板放入充有适量还原性气体的电炉内加热并以规定的速度升温。

变形温度DT——灰锥顶端变圆或开始弯曲时的温度；

软化温度ST——灰锥弯曲并触及托板时的温度；

半球温度HT——灰锥弯曲变成半球形时的温度；

液化温度FT——灰锥完全溶化成液态并能在托板上流动时的温度；

灰熔点的高低与灰的成分有关不同的生物质种类和不同的产地其灰熔点都会有所不同。生物质中的Ca和Mg元素通常可以提高灰熔点，K元素可以降低灰熔点，Si元素在燃烧过程中与K元素形成低熔点的化合物。木材的灰含量很低对反应装置工作的影响较小，但秸秆类原料中Ca元素含量较低，K元素含量较高，导致灰分的软化温度较低；应用时应控制反应温度在灰熔点以下。

测定煤灰熔融性的意义：可提供设计锅炉时选择炉膛出口烟温和锅炉安全运行的依据；预测燃料的结渣；为不同燃烧方式选择燃煤。

三、生物质燃烧机理与方式

1. 燃烧的基本类型

燃烧是指燃料中所含可燃元素与氧发生激烈的氧化反应，同时释放热量的过程。燃烧基本类型分为表面燃烧、分解燃烧和蒸发燃烧三种。

表面燃烧是指燃料表面进行的，发生在几乎不含挥发分的阶段，通常在如木炭表面进行；分解燃烧阶段挥发分与氧进行气相燃烧，但温度低时，有大量浓烟产生；这是燃烧过程非常重要阶段；蒸发燃烧发生在熔点较低的固体燃料中，此阶段有熔融、蒸发、燃烧三个层次的阶段。

2. 生物质的燃烧过程

生物质燃烧过程分以下几个阶段进行：①预干燥阶段，在该阶段生物质被加热，温度逐渐升高；当温度达到100℃时，表面水分、外在水和生物质颗粒缝隙的水分内在水逐渐蒸发变成干物料。②热分解阶段，当生物质被加热到160℃时开始释放出挥发分。挥发分的组成有二氧化碳（CO_2）、一氧化碳（CO）、低分子碳氢化合物如甲烷（CH_4）、乙烯（C_2H_4）等，还有氢、氧、氮等气体。挥发分中的氢气、甲烷、不饱和烃（C_mH_n）、一氧化碳是可燃成分，二氧化碳、氮气是不可燃成分；氧气参加燃烧反应，但它本身不放出热能。③挥发分燃烧阶段，生物质经高温加热所释放的挥发分在高温下开始燃烧同时释放出大量的热能，我们平时看到木质类物质燃烧时的火焰（火苗）就是挥发分的燃烧所形成的。由于挥发分的成分较复杂，其燃烧反应也很复杂。④固定碳、木炭、焦炭燃烧阶段，挥发分物质在燃烧初期将固定碳包裹着氧气不能接触炭的表面，因而炭在挥发分燃烧的初期是不燃烧的，经过一段时间以后，挥发分燃烧结束，剩下的火红炽热的木炭与氧气接触并发生燃烧反应。⑤燃尽阶段，固定碳含量高的生物质的碳燃烧时间较长，而且后期燃烧速度慢。随着焦炭的燃烧不断产生灰分把剩余的焦炭包裹，妨碍气体扩散，从而阻止碳的继续燃烧；而且灰分还要消耗热量。此时加强风火加以搅动都可以加强剩余焦炭的燃烧。

3. 燃烧要素

生物质充分燃烧必须具备三个条件，一定温度是良好燃烧的首要条件，且燃料释放的热量不小于所散失的热量；合适空气量及与燃料的良好混合是充分燃烧的重要条件，过量空气数可以用 $a=V/Vc$ 公式进行计算，因为过量空气多少影响燃烧质量；燃烧时间是第三个条件，化学反应时间短，在燃烧过程不起主导作用，但空气与燃气混合时间对生物质充分燃烧至关重要。

4. 影响燃烧速度的因素

（1）温度对燃烧速度的影响

温度是通过对化学反应速度的影响起作用；燃烧的温度越高，反应速度越快；

（2）气流扩散速度对燃烧速度的影响

气流扩散速度由氧气浓度所决定；

$$M=Ck\ (cgl-cjt)$$

M——气流扩散速度的量；

Ck——扩散速度常数；

cgl，cjt——气流和木炭表面的氧气浓度。

第二节　生物质热裂解机理、工艺类型及影响因素分析

一、生物质热裂解机理

生物质热裂解技术是目前世界上生物质能研究的前沿技术之一。该技术能以连续的工艺和工厂化的生产方式将以木屑等废弃物为主的生物质转化为高品质的易储存、易运输、能量密度高且使用方便的代用液体燃料（生物油），其不仅可以直接用于现有锅炉和燃气透平等设备的燃烧，而且可通过进一步改进加工使液体燃料的品质接近于柴油或汽油等常规动力燃料的品质，

此外还可以从中提取具有商业价值的化工产品。相比于常规的化石燃料，生物油因其所含的硫、氮等有害成分极其微小，可视为21世纪的绿色燃料。

根据反应温度和加热速度的不同，生物质热解工艺可分为慢速、常规、快速或闪速几种。慢速裂解工艺具有几千年的历史，是一种以以生成木炭为目的的炭化过程，低温和长期的慢速裂解可以得到30%的焦炭产量；低于600℃的中等温度及中等反应速率（0.1～1℃/s）的常规热裂解可制成相同比例的气体、掩体和固体产品；快速热裂解大致在10～200℃/s的升温速率，小于5s的气体停留时间；闪速热裂解相比于快速热裂解的反应条件更为严格，气体停留时间通常小于1s，升温速率要求大于103℃/s，并以102～103℃/s的冷却速率对产物进行快速冷却。

生物质快速热解过程中，生物质原料在缺氧的条件下，被快速加热到较高反应温度，从而引发了大分子的分解，产生了小分子气体和可凝性挥发分以及少量焦炭产物。可凝性挥发分被快速冷却成可流动的液体，称之为生物油或焦油。生物油为深棕色或深黑色，并具有刺激性的焦味。通过快速或闪速热裂解方式制得的生物油具有下列共同的物理特征：高密度（约1200Kg/m^3）；酸性（pH值为2.8～3.8）；高水分含量（15%～30%）以及较低的发热量（14～18.5MJ/Kg）。下面详细地介绍一下生物质热裂解机理

1. 纤维素热裂解机理

纤维素是生物质的主要成分，其热裂解规律极大程度上反映了生物质热裂解的基本机理。纤维素热裂解时，发生一系列复杂的脱水、解聚、脱挥发份、结构重整等变化，最终可获得气、液、固三种类型的产物，该过程的反应路径机理用Broido－Shafizadeh（简称，B－S）模型表示，如图5-1所示。

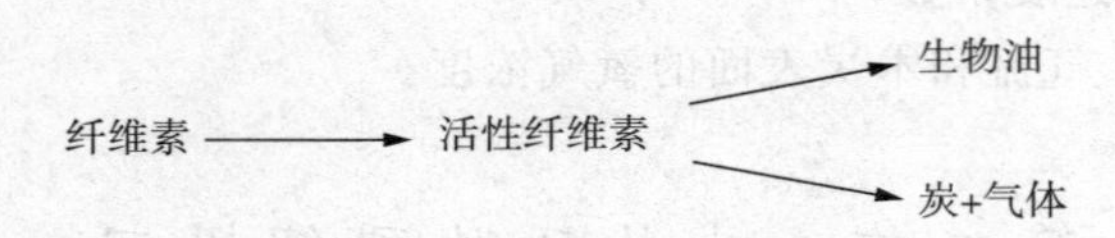

图5-1　纤维素热裂解机理模型

在热裂解初期，较低的温度即可使纤维素化学键断裂及聚合度降低，发生自由水脱除、缩合、解聚，形成聚合度较低的活性纤维素。随后，活性纤维素一方面继续脱水、芳构化形成炭和小分子气体；另方面发生基团脱水、醇醛缩合，形成多组分的中间产物并在高温条件下形成不可凝气体、可凝气体和焦炭。

虽然有学者认为纤维素热裂解没有形成活性纤维素，但纤维素热裂解的B－S机理最具代表性，许多研究初步推断活性纤维素确实作为中间产物存在。Arseneau采用差示热重分析法，通过观察发现热裂解在大约180℃时的出现微吸热峰红外光谱检测也证实在200℃～240℃之间的C—O和C—H键

伸缩光带减弱，出现几基伸缩和乙炼基震动的弱光带，表明纤维素热裂解在低温阶段发生了结构变化，形成了中间态化合物。Boutin 等采用快速热裂解进行研究，通过急剧冷凝收集到不同于纤维素和生物油的中间态化合物，LeDe 等 _ 还发现这种化合物转化为可凝性挥发物和不可凝气体。Wooten 通过 NMR 检测 300℃和 325℃的热裂解焦炭，发现低聚合度的无定形纤维素确实存在于较低温的焦炭中，而且认定为活性纤维素。应用这一机理，很好解释木薯莲秆在热作用导致分子的基团化学键重排、分子骨架断裂破坏，有可能形成黄酮类、酯类、糖、香豆素、植物留醇、三蔽类和挥发油等化学成分。

2. 半纤维素热裂解机理

半纤维素是复合聚糖的总称，不同的生物质具有不同特性、不同组成的半纤维素。在其分子结构链上，D－木糖基、D－甘露糖基和 D－葡糖糖基等作为主链节，侧链上分布有其他糖基而且结构很不稳定。在较低温度范围内(热裂解初始阶段)，半纤维素较纤维素、木质素最先发生热裂解，受热分解形成气体产物为主。

由于获得纯半纤维素相当困难，因而关于半纤维素热裂解机理研究很少，常见一些以单组分聚糖为对象模化物的裂解机理研究。Williams 等基于一步全局反应机理，研究了木聚糖在不同升温速率下的动力学机理，表观活化能在 125～259. 5KJ. mol^{-1}之间；Koufopanos 等从木屑中分离得到半纤维素，依据多步反应机理模型计算得到三个阶段的活化能分别为 72. 4KJ. mol^{-1}、174KJ. mol^{-1}、172KJ. mol^{-1}、Blasi 研究木糖的热裂解时发现，挥发份和中间产物快速生成，在 250℃之后发生焦炭和挥发份的竞争反应。在不同的实验条件下，木聚糖热裂解产物分布存在一定的差异，主要产物有水、甲酸、乙酸、2－糠酸，Beaumont、谭洪的研究还检测到产物中有丙酸，Ivan 研究还检测到产物中有甲醇、甲醛、丙烯酸、丙酮等。总的看来，木聚糖热裂解的主要产物是水、酸类、酸类、酮类、醇类化合物及一些小分子化合物 CO_2和 CO。

3. 木质素热裂解机理

木质素是以苯丙烷为主体的无定形多聚体，由芳香环组成，同时芳香环上有多种多样的官能团。其结构单元类型主要有愈创木基型、紫丁香基型和对羟基苯型，内部结构的氢键网具有阻止热降解的作用。在生物质的三组分中，虽然它是最稳定的物质，但研究表明其在 100℃左右即首先发生分解，在 200℃之前，热裂解析出 CO_2、CO 等小分子化合物；在 400℃以上，芳香环发生分解、缩合，热分解失重区间很宽。目前，一般上以木质素模化物为研究对象进行热裂解机理研究。这些模化物是能够代表木质素结构特征的一些单体或二聚体，如制造纸后的残渣（以木质素为主要成分，其热裂解产物主要是芳香烃类和苯酚类化合物，主要产物有甲氧基苯酚、邻甲氧基苯酚、甲酚等，以及甲醇、甲酸、醋酸和轻质碳氢化合物。木质素化学结构的不同，其热裂解机理也不同。松木类木质素比落叶木木质素具有更好的热稳定性，热裂解的焦炭产量也较高。

二、生物质热裂解工艺类型及影响因素

1. 生物质热裂解工艺类型

按温度、升温速率、固体停留时间（反应时间）和颗粒大小等实验条件可将热解分为炭化（慢热解）、快速热解和气化。由于液体产物的诸多优点和随之而来的人们对其研究兴趣的日益高涨，对液体产物收率相对较高的快速热解技术的研究和应用越来越受到人们的重视。快速热解过程在几秒或更短的时间内完成。所以，化学反应、传热传质以及相变现象都起重要作用。关键问题是使生物质颗粒只在极短时间内处于较低温度（此种低温利于生成焦炭），然后一直处于热解过程最优温度。要达到此目的一种方法是使用小生物质颗粒（应用于流化床反应器中），另一种方法是通过热源直接与生物质颗粒表面接触达到快速传热（这一方法应用于生物质烧蚀热解技术中）。由众多实验研究得知，较低的加热温度和较长气体停留时间有利于碳的生成，高温和较长停留时间会增加生物质转化为气体的量，中温和短停留时间对液体产物增加最有利。工艺类型见表 5－2。

表 5－2　生物质热裂解的主要工艺类型

工艺类型	滞留期	升温速率	最高温度/℃	主要产物
慢速热裂解				
碳化	数小时～数天	非常低	400	炭
常规	5～30min	低	600	气、油、炭
快速热裂解				
快速	0.5～5s	较高	650	油
闪速（液体）	<1s	高	<650	油
闪速（气体）	<10s	高	>650	气
极快速	<0.5s	非常高	1000	气
真空	2～30s	中	400	油
反应性热裂解				
加氢热裂解	<10s	高	500	油
甲烷热裂解	0.5～10s	高	1050	化学品

2. 影响生物质热裂解过程及产物组成的因素

热裂解液化的主要产物为液体生物油、固体焦炭和不可冷凝气体，但热裂解产物的产量、组成以及产物的成分会受到热裂解方式、热裂解材料以及

催化剂等条件的影响。

（1）热裂解方式对产物的影响

慢速热裂解的主要产物为固体焦炭，副产物焦油的产量只有15%～20%，快速热裂解生成的焦炭含量不超过15%，但生成的生物油和不可凝性气体含量却可高达70%以上，而由于快速热裂解的焦炭灰分含量比慢速热裂解所得焦炭灰分含量高，因此其价值较低。较低的反应温度和较低的升温速率以及较长的滞留时间，会导致二次结焦及重聚反应的发生而增加焦炭产量，但无论是慢速热裂解，还是快速热裂解，得到的焦炭热值均在33MJ/kg左右。较高的温度和较高的升温速率有利于气态产物的生成，在低温下，主要生成水、二氧化碳和一氧化碳，高温下则以氢气和烃气为主，二氧化碳和一氧化碳含量较少。慢速热裂解所产生的气体主要含有CO、CO_2、H_2以及少量的CH_4、小分子经以及其他有机气体，热值约为10～15MJ/N. m^3；对于快速热裂解，气态产物主要含有H_2、CO和CH_4，气体产量高达1.3Nm^3/kg左右，热值为14000KJ/Nin3，质量比慢速热裂解气好。相比于快速热裂解产生的生物油，慢速热裂解由于脱水、脱酯、冷凝等反应的发生，产生的焦油具有含氧量低、含水率低、极性低、含芳烃量高等特点。

（2）热裂解材料对产物的影响

虽然生物质中各组分之间没有明显的相互作用，但各组分的含量及特征对热裂解特性以及产物的分布具有很大的影响。与纤维素和半纤维素相比，木质素分解比较困难，所以一般情况下生物质含木质素越多，焦炭产量就会越大，反之，焦炭产量就会越小。另外，木质素经过热裂解所生成的产物主要是酚类化合物、甲氧基化合物以及环氧化物等，热裂解生成的生物油具有较大热值；而纤维素、半纤维素经过热裂解获得的产物主要是醇、酸、糖、呋喃和有机酸，木聚糖经过热裂解得到的热裂解气也具有较大热值。还可以通过改变热裂解条件，使木质—纤维素热裂解生成大量脱水糖或烃基乙酸等。

生物质中的灰分也在一定程度上影响热裂解特性和产物的分布。通常情况下，生物质灰分含量越高，热裂解所产生的焦炭也会越多，其中的无机成分可能催化二次成炭反应。去灰分可以增加反应活性表面，提高挥发分产量。

（3）催化剂对产物的影响

生物质的热裂解也会受到催化剂的影响。例如，碱金属碳酸盐会增加失重率，提高气体和焦炭的产量，降低生物油的产量，还可以使原料中氧的释放速率增加，从而增大热裂解气中的氢气与一氧化碳之比。钾离子对水的生成几乎没有影响，但可以促进一氧化碳和二氧化碳的生成，而在纤维素热裂解反应中，氯化钠可以促进水、一氧化碳和二氧化碳的生成。

三、生物质热裂解液化技术工艺及装置

生物质热解技术常用装置类型有：固定床、流化床、夹带流、多炉装置、旋转炉、旋转锥反应器、分批处理装置等。其中，流化床装置因能很好地满足快速热解对温度和升温速率的要求而被广泛采用。下面介绍可操作性强的几种典型热解工艺及装置。

1. 流气床热解

流化床反应器的传热和传质效率非常高，温度场均匀，操作范围宽，处理能力大，非常适合生物质快速热裂解的工艺需要，该装置的工作原理为生物质颗粒与砂子预先混合预热，然后被循环的不可冷凝气体（载气）吹进反应器中，热裂解产物经过旋风分离器分离砂子和焦炭，可凝气体进入冷凝器中冷凝成生物油。加拿大在 20 世纪 80 年代开始开发的流化床热裂解装置，使用可变速的双螺旋给料器送料，采用中温快速热裂解工艺，用 0℃冰水作为冷却介质。该类装置小巧、气相停留时间短，能较好避免二次裂解发生，处理能力达到 650kg. h^{-1}。广州能源研究所（GIEC）、华东理工大学也自主研制了同类装置，但规模只有 5kg. h^{-1}，加拿大 Wterloo 大学的闪速热解工艺（WFPP）装置，生物油产率高达 75%。

流化床反应器一般以石英砂、沙子等作为热载体，利用物料燃烧加热热载体，加热后的热载体在流化床反应器中与生物质混合，并迅速将热量传递给生物质，使生物质快速升温热裂解产生热裂解气，热裂解气经过冷凝后最终得到生物油图 5－2 是流化床热裂解液化装置结构示意图。

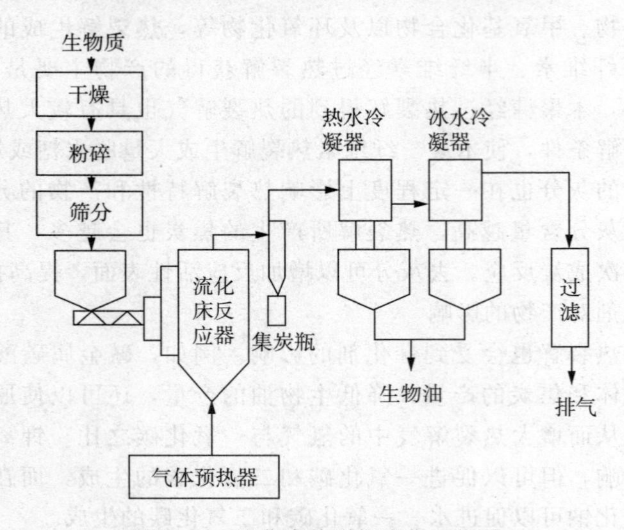

图 5－2　流化床热裂解液化工艺图

流化床是热裂解反应器的一种重要形式之一，其广泛应用于石油化工、药品生产、食品加工、环境保护等领域，具有传热传质效率高、温度场均匀、操作范围广、处理颗粒能力强等优点。其基本原理是将热载体颗粒堆放在安装于流化设备底部的一块多孔分布板上，流体由设备下部通入并通过粒子间的空隙上升将粒子吹起呈悬浮流动状态。一般在流化设备上安装有压差计，以方便测量流化气体流经床层的压力降 Δp。当流体流过床层时，随着流体速度的增加，床层会出现以下几种不同的状态（如图 5-3）：

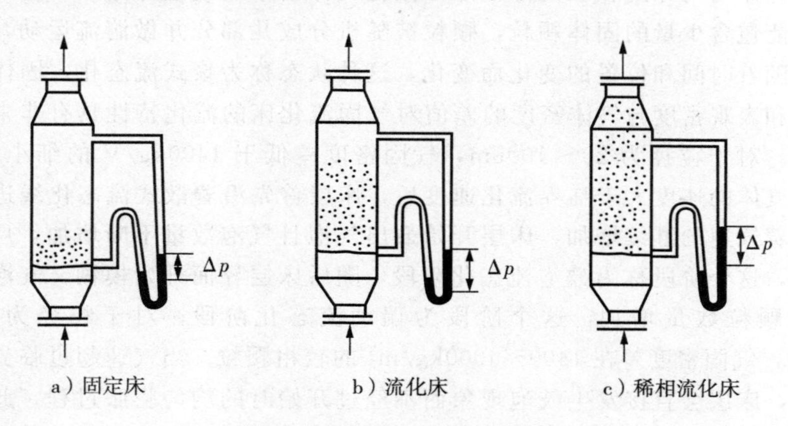

图 5-3　床层的三种不同状态

（1）固定床或静止床——在一个床层内，如果流体速度比较小，固体颗粒基本保持静止状态，流体只能穿过静止颗粒之间的空隙而流动，床层压降随流体速度的增加而增加，这时的床层称为固定床或静止床。

（2）临界流化床——床内流体的流速逐渐增大到一定值时，固体颗粒开始松动但仍不能自由运动，床层稍有膨胀，此时床层压降 Δp 达到最大，这时的床层处于初始流化状态或临界流化状态，此时流体的流速称为临界流化速度，其值随颗粒的大小、密度以及流体的物性而变化。

（3）流化床——流体流速继续增大，固体颗粒被流体吹起呈悬浮状态并能在床层内自由运动，整个床层呈现流体状态，床层具有明显的斜面，流速继续增加，床层高度随之增大，但床层压降基本保持不变，这种状态称为流化床，对应的流体流速即为操作流化速度。

（4）稀相流化床——当床内流体速度继续升高到某一极限值时，固体粒子开始吹出容器，流化床上界面消失，颗粒分散整个容器悬浮在流体中并被流体带走，且流体流速越高，带出的颗粒数量越多，床层压降就越小，这种状态称为稀相流化床。

根据流化介质的不同，流化床可以分为以气体为流化介质的气固流化床、以液体为流化介质的液固流化床和以液体、气体为流化介质的气液固三相流化床，其中气固流化床在工业生产中最为广泛，液固流化床主要应用于生物化工、离子交换、电镀冶金等领域，而三相流化床则主要应用于费－托合成以及重油和渣油的加氧处理等。当床层处于流态化阶段时，可以表现为两种状态，聚式流态化和散式流态化。理想的流化状态是固体颗粒在床层中均匀分散，床层随着流体流速的增加而均匀膨胀，这种状态称为散式流态化。通常，多数液固流化床比较符合散式流态化的理想状态，但气固流化床中的流化气体并非均匀穿过颗粒内部，部分流化气体会形成气泡并经床层逸出，气泡内可能包含少量的固体颗粒，颗粒被随机分成几部分并做湍流运动，床层空隙率随着时间和位置的变化而变化，这种状态称为聚式流态化。固体颗粒的粒径和表观密度与气体密度的差值对气固流化床的流化特性具有非常显著的影响。对于粒径为 20～100um，气固密度差低于 1400kg/V 的细小颗粒，在流化气体的速度大于临界流化速度后，床层首先沿着散式流态化线进行膨胀，随着气速的继续增加，床层开始鼓出气泡且气泡数量不断增加，尺寸不断变大，这个阶段称为鼓泡流态化阶段，随后床层界面开始模糊，气泡夹带的固体颗粒数量增加，这个阶段为瑞动流态化阶段；对于粒径为 40－500Um，气固密度差在 1400～4000kg/m^3 的较粗颗粒，当气速超过临界流化速度时，床层会直接发生鼓泡现象而不经过开始时的均匀膨胀过程，此时床层出现密相区和稀相区两个相段，而固体颗粒主要存在于密相区。因此，反应器尺寸和固体颗粒粒径对于气固流化床来说至关重要。

流化床具有的优点主要有以下几点：

①气固间传热和传质速率快，床层与壁面间传热系数大，能达到良好的传热传质效果。

②床层内部的温度和浓度比较均匀，能够保证反应条件的相对稳定。

③细粉颗粒在悬浮状态下有利于进行非均相反应，提高了催化剂的利用率。

④可在两个流化床之间循环，提高易失活催化剂的利用效率。

⑤设备可实现连续化和自动化，操作条件好，生产强度大，经济性高。

2. 真空热解（图 5－4）

生物质在一个高 2m、直径 0.7m 的真空多级炉缸内进行热解，该反应器可实现水与油组分的分离、回收。反应温度为 350℃～450℃。在炉的每一段收集液体组分。收率可达 50％（分析基）。整个过程的热效率为 82％。实验原料包括木材、树皮、农业渣料、泥炭和城市垃圾，进料量为 0.8kg×h－1～35kg×h－1。

3. 旋转锥反应器

旋转锥反应器由 Twente 大学开发。它通过离心力输送生物质，150kg×

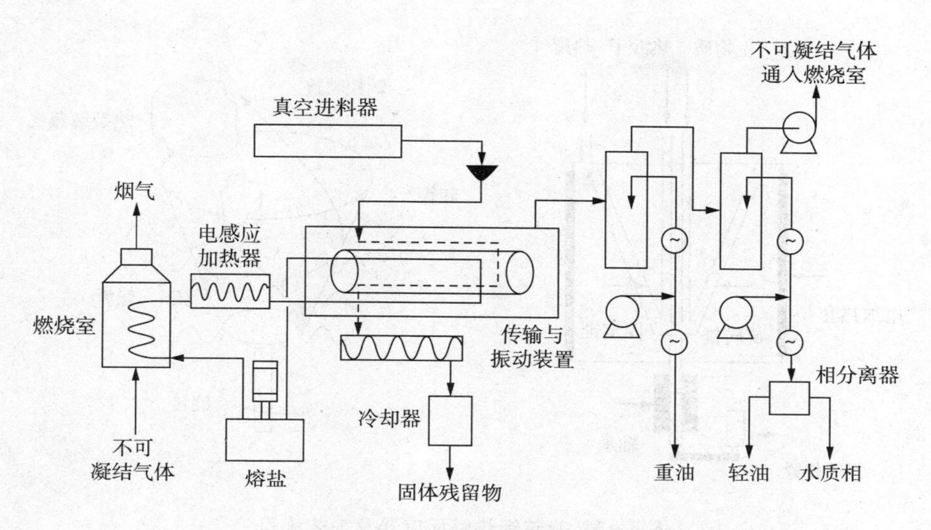

图 5-4　真空热解反应器工艺流程

h^{-1}加工能力的装置业已运行。最近宣布了达到 10t×天$^{-1}$加工能力的计划。该装置的核心技术是旋转锥工艺（rotaing cone process）：从旋转锥底部进入的生物质颗粒沿锥壁螺旋上升，迅速发生快速热解反应，同时利用离心原理实现热裂解高温气固产物分离，可冷凝气经冷凝器冷凝，得到生物燃油。该装置不用载气，升温速率高且停留时间短，体积较小，冷凝器负荷较低，液化效率较高，但规模小、能耗高。上海理工大学消化吸收旋转锥式反应工艺，设计了一套旋转锥式闪速热解液化装置，但产油率只有 20%～23%；沈阳农业大学引进荷兰 Twente 大学技术，设计了生产能力 50kgh^{-1} 的旋转锥装置（图 5-5），并用松木粉进行生物燃油制备实验；东北林业大学设计的 ZKR 系列旋转锥式闪速热解反应器，成功进行了各种废弃生物质为原料的热解实验。旋转锥技术的主要特色是：旋转的加热锥产生离心力驱动热砂和生物质；碳在第二个鼓泡流化床燃烧室中燃烧，砂子再循环到热解反应器中；热解反应器中的载气需要量比流化床和传输床系统要少，然而需要增加用于碳燃烧和砂子输送的气体量；旋转锥热解反应器、鼓泡床碳燃烧器和砂子再循环管道三个子系统统一操作比较复杂；典型液体产物收率：60%～70%重量（干基）。

4. 携带床反应器热裂解液化工艺

此工艺装置是由美国佐治亚技术研究院开发的携带床反应器。其工作原理是，以一定化学计量比的空气和丙烷燃烧后的高温烟气为载气，采用与生物质的重量比约为 8∶1 的较大的载气流量，生物质在高温烟气的作用下快速加热分解生成热裂解气。携带床反应器在工作时需要大量的高温燃烧气，而

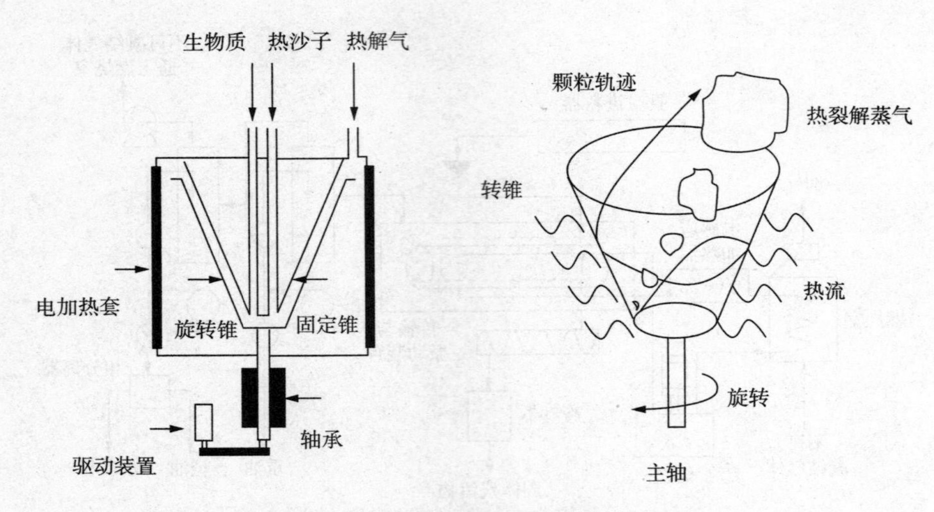

图 5-5　旋转锥热解反应器及工艺流程

且会产生大量低热值的不可冷凝气体。

5. 部分燃烧的热解

由生物质生产液体燃料的热解工厂（$500kg.h^{-1}$）从 1985 年起就已在意大利投入运行。原料包括木条橄榄壳、稻草和藤枝。原料经筛分、复切，在进入反应器前先到回转干燥器中干燥，反应过程中，通入空气，进行部分燃烧，以提供反应所需热量。操作条件为常压和 500℃。副产物焦炭在旋风分离器中收集。气体通过冷却器由循环产物水直接冷却。油水混合物在重力分离器中分离。粗油产率为 20%～25%，与焦碳产率相近。粗油为黑色，粘度 55cP。含氧量 31%、含水量 15%，还悬浮着 10%焦碳。粗油密度为 $1.195g\times mL^{-1}$。

6. 低温热解

这种热解的反应温度不超过 350℃，反应时间不超过 60min。目的是生产低氧含量的油。在实验室规模上同时进行了间歇和连续热解的研究。在间歇实验中，脱水污泥或其他生物质在厌氧环境下于 20min 内被缓慢加热到 300℃～350℃。液体产物在冰浴中收集。连续装置是基于一个间接加热的螺旋式火炉。因为污泥中的硅、硅酸盐和重金属可以充当催化剂，所以反应中无需任何添加剂。低温热解的油收率为 18%～27%，焦碳收率为 50%～60%。由生物质得到的油，氧含量为 15%，而由污泥得到的油的氧含量则低于 5%。

7. 涡流式烧蚀热解

同其他热解方法相比，烧蚀热解在原理上有实质性的不同。在所有其他热解方法中，生物质颗粒的传热速率限制了反应速率，因而要求较小的生物质颗粒。在烧蚀热解过程中，热量通过热反应器壁面来“融化”与其接触的处于压力下的生物质（就好像在煎锅上融化黄油，通过加压和在煎锅上移动可显著增加黄油的融化速率）。这样，热解前锋通过生物质颗粒单向地向前移动。生物质被机械装置移走后，残留的油膜可以给后继的生物质提供润滑，蒸发后即成为可凝结的生物质热解蒸汽。反应速率的影响因素有压力、反应器表面温度和生物质在换热表面的相对速率。

此装置（图 5－6）中生物质颗粒在氮气引射（夹带）加速以 1200m/s 的速度，从反应管切线方向进入，受到高速离心力的作用，与管壁迅速接触，受到高度烧烛，在反应器壁上形成生物油膜并被快速蒸发。该装置经过增加热裂解气强化过滤装置后，获得更优质的生物油。

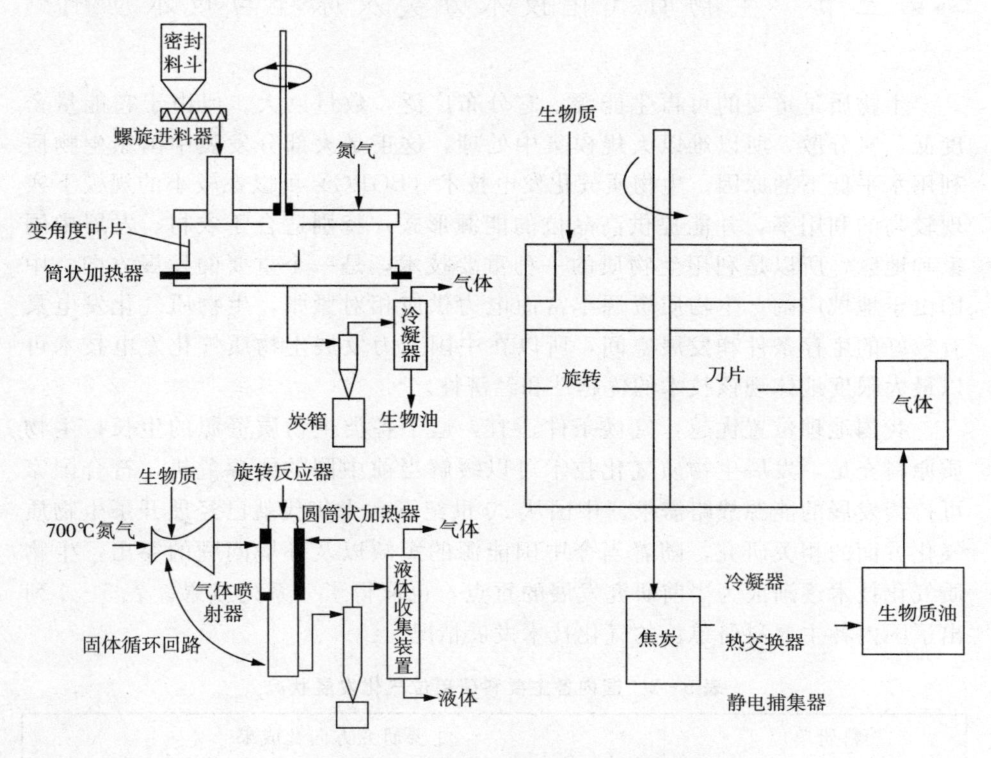

图 5－6　烧蚀涡流反应器工艺流程

8.2.35kg・h^{-1} 闪速液化实验台建设

本装置由流化床热解反应器、进料装置、非标准电加热器、气一气换热器、气一水换热器、风机、集油器、水过滤器、旋风分离器和数据采集控制系统构成。反应器本体是内径为 f125mm、f150mm 的不锈钢管和中间过渡大小头焊接成的一个整体，这样反应器内床料可构成内循环，改善了换热条件。设计工作温度 600℃左右。反应器外有加热器件及保温材料，确保反应器内温度达到工艺要求。由于生物质颗粒流动性差，颗粒之间容易搭桥，易造成给料过程中料仓和进料螺杆之间产生空隙，进料螺杆空转而无生物质颗粒进入反应器本体，影响连续进料。为达到连续生产要求，料仓内装有搅拌器，以确保给料连续。进料装置采用变频电机驱动，通过实验找到约 $5kg \times h^{-1}$ 进料量的频率范围。采用两级换热器方式。气－气换热器的采用是为了充分利用热量，以提高整个装置的效率。通过控制风机风量来调整进入气－水换热器的风速，以达到快速冷却的目的。

第三节　生物质气化技术分类及原理与技术应用

生物质是重要的可再生能源，它分布广泛，数量巨大。但由于它能量密度低，又分散，所以难以大规模集中处理，这正是大部分发展中国家生物质利用水平低下的原因。生物质气化发电技术（BGPG）可以在较小的规模下实现较高的利用率，并能提供高品位的能源形式，特别适合于农村、发展中国家和地区，所以是利用生物质的一种重要技术，是一个重要的发展方向。中国由于地域广阔，生物质资源丰富而电力供应相对紧张，生物质气化发电具有较好的生存条件和发展空间，所以在中国大力发展生物质气化发电技术可以最大限度地体现该技术的优越性和经济性。

我国地理位置优越，气候条件适宜，适于各类生物质资源的生长，生物质原料充足，发展生物质气化技术可以缓解当前中国的能源危机，符合国家可持续发展的能源战略需求。中国从 20 世纪五六十年代就已经展开了生物质气化方面的相关研究，随着当今中国能源的短缺以及环境问题的突出，生物质气化技术逐渐成为当前研究发展的重点，也取得了一系列成果。表 5－3 列出了国内各主要科研单位的气化技术发展情况。

表 5－3　国内各主要科研单位气化发展状况

科研单位	主要研究方向及成果
中科院广州能源所	循环流化床气化发电，完成了多处气化发电系统的建设
山东省农科院能源研究所	对生物质循环流化床气化热电联产技术进行了研究发
中国科学技术大学	对木屑在循环流化床中的气化特性进行了研究，并重点考察了当量比对生物质气化特性的影响
山东大学	固定床气化技术，完成了生物质气化集中供气及中小型气化发电多处工程建设
中国林业科学院	生物质流态化气化、内循环流化床富氧气化等

一、气化技术概念

气化是指将固体或液体燃料转化为气体燃料的热化学过程；生物质气化市利用空气中的氧气或含氧物质作气化剂，将固体燃料中的碳氧化生成可燃气体的过程。

二、气化技术分类

按气化剂分类有使用气化剂分为空气气化、氧气气化、氢气气化、水蒸气气化和复合式气化五种类型；不用气化剂有干馏气化。

按设备运行方式分类分为固定床气化炉、流化床气化和旋转床三类，其中固定床气化炉有上吸式、下吸式、横吸式和开心式四种；流化床气化有单流化床、循环流化床、双流化床和携带床四种。

三、生物质气化原理及影响因素

1. 气化基本原理

生物质气化是利用空气中的氧气或含氧物做气化剂，在高温条件下将生物质燃料中的可燃部分转化为可燃气（主要是氢气、一氧化碳和甲烷）的热化学反应。20 世纪 70 年代，Ghaly 首次提出了将气化技术应用于生物质这种含能密度低的燃料。生物质的挥发份含量一般在 76～86％，生物质受热后在相对较低的温度下就能使大量的挥发份物质析出。

为了提供反应的热力学条件，气化过程需要供给空气或氧气，使原料发生部分燃烧，尽可能将能量保留在反应后得到的可燃气中，气化后的产物含有 H_2、CO 及低分子的 CmHn 等可燃性气体。整个过可分为：干燥、热解、氧化和还原（见表 5 - 4）。

干燥过程是生物质进入气化炉后，在热量的作用下，析出表面水分。在 200℃～300℃时为主要干燥阶段。热解反应当温度升高到 300℃以上时开始进行热解反应。在 300℃～400℃时，生物质就可以释放出 70％左右的挥发组分，而煤要到 800℃才能释放出大约 30％的挥发份。热解反应析出挥发份主要包括水蒸气、氢气、一氧化碳、甲烷、焦油及其他碳氢化合物。氧化反应热解的剩余木炭与引入的空气发生反应，同时释放大量的热以支持生物干燥、热解和后续的还原反应，温度可达到 1000℃～1200℃。还原过程还原过程没有氧气存在，氧化层中的燃烧产物及水蒸气与还原层中木炭发生反应，生成氢气和一氧化碳等。这些气体和挥发份组成了可燃气体，完成了固体生物质向气体燃料的转化过程。气化工艺生物质气化有多种形式，如果按气化介质可以分为使用气化介质和不使用气化介质两种，前者又可以细分为空气气化、氧气气化、水蒸气气化、氢气气化等，后者有热分解气化。不同气化技术所得到的热值不同，因而应用领域也有所不同。

表 5-4 生物质气化各反应阶段特征描述

反应阶段	主要特征
干燥阶段	本阶段主要进行原料脱水、干燥，最终产物为干燥后的原料和析出的水蒸气，本区域温度 300°C 以下
热解阶段	本阶段主要进行挥发分的析出，最终产物为 H_2、CH_4、CO、H_2O(g)、CnHm、焦油以及未析出的挥发分，本区域温度约为 400℃
氧化阶段	本阶段主要进行原料的氧化燃烧和不完全燃烧反应，主要产物为 CO_2、CO 以及大量热量，本区域温度较高，可达 1000℃以上
还原阶段	本阶段主要是 H_2O (g)、CO_2 与残余木炭的还原反应，主要产物为 CO、CH_4 等

2. 气化主要影响因素

在生物质气化过程中，当气化炉类型确定后，在确定的气化剂气氛下，操作条件诸如空气当量比，生物质/气化剂的比率，粒径，温度，压力、气化介质、催化剂和添加剂等对碳的转化率，产品气的组成，焦油的形成和焦油的减少都有很重要的影响，下面仅就几个方面来探讨其影响。

气化剂的影响：生物质气化时所用的气化剂有空气、水蒸气、空气—水蒸 气、二氧化碳、水蒸气—氧、水蒸气—二氧化碳等，气化剂不同，气化炉出口产生的气体组分也不同。在工业规模中，气化剂一般是用空气，当量比为 0.2—0.3，出口气体包括 50vol% N_2，8～12vol%的 H_2、CO、CH、C2、C3、H_2O 和焦油。这个组成只适用于发电和供热。气体确切的组成随操作条件而变化。当需要大量的氢气时，用空气作气化剂是不合适的，可以从木质纤维废物的热解液体的催化重整和生物质水蒸气的直接气化得到 CO、H_2 或合成气。水蒸气气化的出口气组成和空气气化很不同，出口气不再包括氮气，氢气的浓度高达 50～55vol%。大量的 C2、C3 和焦油与 H_2，CO 和 CO_2 一起得到；另外，水蒸气的二次催化重整，轻的碳氢化合物和大多数的焦油能被转化成 H_2 和 CO，H_2 的量增加至 70～75vol%，如果出口气中富含氢气，它可以被用作燃料电池，如果 H_2 和 CO 的比例近似为 2：1，可以用作 Fischer—Tropsch 的合成，如果气体富含甲烷，可以被用做热值燃料。

粒径的影响：在生物质气化过程中，生物质粒子的热解反应直到加热到一定温度时才能发生，生物质的粒径主要影响其加热速率，生物质粒子的加热速率又影响气体的产率和产品气的组成。通常认为，加热速率越快，轻质气体越多，焦炭和缩合物的产率越少。吕鹏梅等研究了流化床中对松树锯末空气一水蒸气气化中不同粒径下气体组分的变化；这主要因为粒径越小，热解过程主要通过反应动力学控制。随着粒径的增加，气体扩散过程影响增加。无论是KO－Paros等在一电加热的热丝反应器氮气流中，还是sergo等在一流化床反应器中对杏核水蒸气气化中得出：对于粒径＜1mm的生物质粒子以外部热传递为主，温度是动力学的主要影响因素；粒径越大，热传递的阻抗越大，粒径＞1mm的生物质粒子以内部的热传递为主，而影响整个脱挥发分过程，热传递是动力学控制步骤。作者认为粒径在＜5mm时，粒子内外的温度梯度对热传递没有影响，对过程的反应速率就不会有影响。作者认为粒径是影响过程反应速率的主要参数，粒径的大小决定了反应是由动力学控制还是扩散反应控制。一般而言，粒径增加，在给定的时间内使粒子内外有很大的温度梯度，中心温度低于表面温度，但温度梯度的大小又取决于原材料的孔隙率，孔隙率大则传热快，粒径影响减弱，所以粒径的影响还将取决于原材料。

温度影响：在生物质气化过程中，温度是一个很重要的影响因素，温度对气化产物分布、产品气的组成、产气率、热解气热值等都有很大的影响。苏学泳、吕鹏梅、王翠艳等研究了在流态化状态下不同生物质原料的气体产物产率、成分随反应温度的变化规律，得出随着温度的升高，生物质热解气化产物的产率增加，热值降低；H_2在气体产物中的体积分率增加而CO和CmHn的含量则有所下降，这样不利于产品气热值的提高，但有利于产气率的增大，碳转化率增大；高温提供了热裂解和蒸汽气化的适宜条件。白轩也得出同样结论，CmHn含量在770℃左右有极值，而后降低；说明气体产率的增加部分归因于液体部分的减少。不同学者的研究均表明，随温度升高气体产率增加，反应速率增大，对产品气组成影响则随实验条件的不同而不同。在热解的初始阶段，温度增加气体产率增加，归因于挥发物的裂解。其次，焦油的裂解也是随着温度的升高而增大，生物质气化过程中产生的焦油在高温下发生裂解反应。

压力的影响：操作压力提高，一方面能提高生产能力，另一方面能减少带出物损失；从结构上看，在同样的生产能力时压力提高，气化炉容积可以减小，后续工段的设备也可减小尺寸，而且净化效果好，所以流化床目前都从常压向高压方向发展。

原料前处理的影响：生物质原料在进行热解气化之前，有些研究者对原料用酸、碱或盐进行前处理，研究实验前处理对反应产物的影响；。Enoey等600℃下用CO_2气化时，用不同浓度的硫酸和磷酸对甘蔗渣酸洗，研究表明，酸浓度的增加，导致了生物质比表面积的增加，对比同一浓度酸洗前后的产品分布，气相组分减少，液相组分增多，焦炭量几乎没有变化，但是焦炭中的固定碳含量增多，灰浓度减少，因为在甘蔗渣中的矿物质溶解于酸溶液中。

3. 气化设备

气化炉是生物质气化反应的主要设备。按气化炉的运行方式不同，可以分为固定床、流化床和旋转床三种类型。国内目前生物质气化过程所采用的气化炉主要为固定床气化炉和流化床气化炉。固定床气化炉和流化床气化炉又有多种不同的形式。

(1) 固定床气化炉

固定床气化炉是一种传统的气化反应炉，其运行温度大约为1000℃。固定床气化炉可以分为上吸式（图5－7）、下吸式（图5－8）、横吸式气化炉（图5－9）和开心式（图5－10）。在上吸式气化炉中，生物质原料由炉顶加入，气化剂由炉底部进气口加入，气体流动的方向与燃料运动的方向相反，向下流动的生物质原料被向上流动的热气体烘干、裂解、气化。其主要优点是产出气在经过裂解层和干燥层时，将其携带的热量传递物料，用于物料的裂解和干燥，同时降低自身的温度，使炉子的热效率提高，产出气体含灰量少。在下吸式气化炉中，生物质由顶部的加料口投入，气化剂可以在顶部加入，也可以在喉部加入。气化剂与物料混合向下流动。该炉的优点是，有效层高度几乎不变、气候强度高、工作稳定性好、可以随时加料，而且气化气体中焦油含量较少。但是燃气中灰尘较多，出炉温度较高。在横吸式气化炉中，生物质原料由气化炉顶部加入，气化剂从位于炉身一定高度处进入炉内，灰分落入炉栅下部的灰室。燃气呈水平流动，故称作横吸式气化炉。该气化炉的燃烧区温度可达到2000℃，超过灰熔点，容易结渣。因此该炉只适用于含焦油和灰分不大于5%的燃料，如无烟煤、焦炭和木炭等。

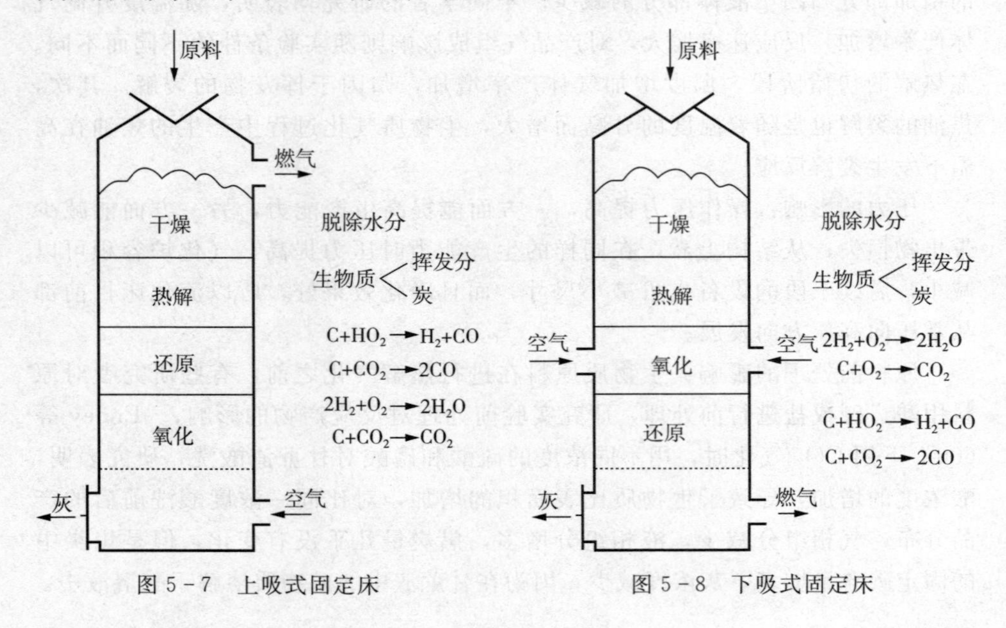

图5－7　上吸式固定床　　图5－8　下吸式固定床

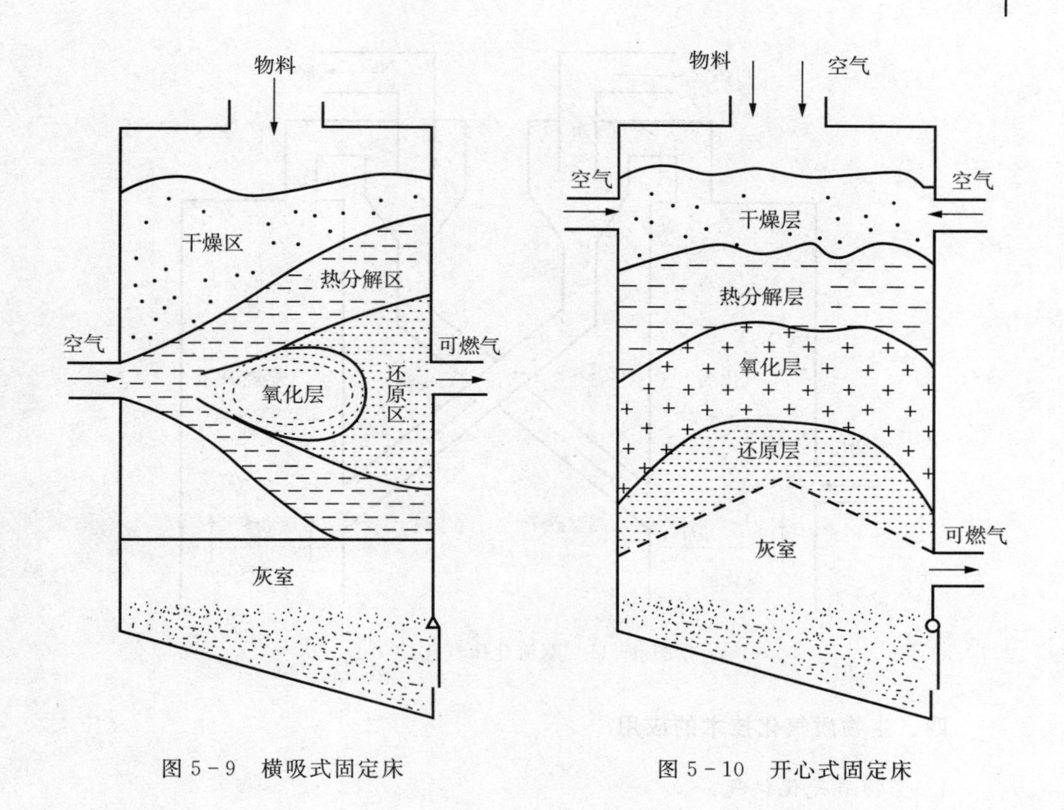

图 5-9　横吸式固定床　　　图 5-10　开心式固定床

（2）流化床气化炉

流化床燃烧技术是一种先进的燃烧技术。流化床气化炉的温度一般在 750～800℃。这种气化炉适用于气化水分含量大、热值低、着火困难的生物质物料，但是原料要求相当小的粒度，可大规模、高效的利用生物质能。按照气固流动特性不同，流化床气化炉分为鼓泡床气化炉、循环流化床气化炉、双流化床气化炉（图 5-11）和携带床气化炉。鼓泡床中气流速度相对较低，几乎没有固体颗粒从中逸出。循环流化床气化炉中流化速度相对较高，从床中带出的颗粒通过旋风分离器收集后，重新送入炉内进行气化反应。双流化床与循环流化床相似，不同的是第 I 级反应器的流化介质在第 II 级反应器中加热。在第 I 级反应器中进行裂解反应，第 II 级反应器中进行气化反应。双流化床气化炉碳转化率较高。

携带床气化炉是流化床气化炉的一种特例，其运行温度高达 1100℃～1300℃，产出气体中焦油成分和冷凝物含量很低，碳转化率可以达到 100％。

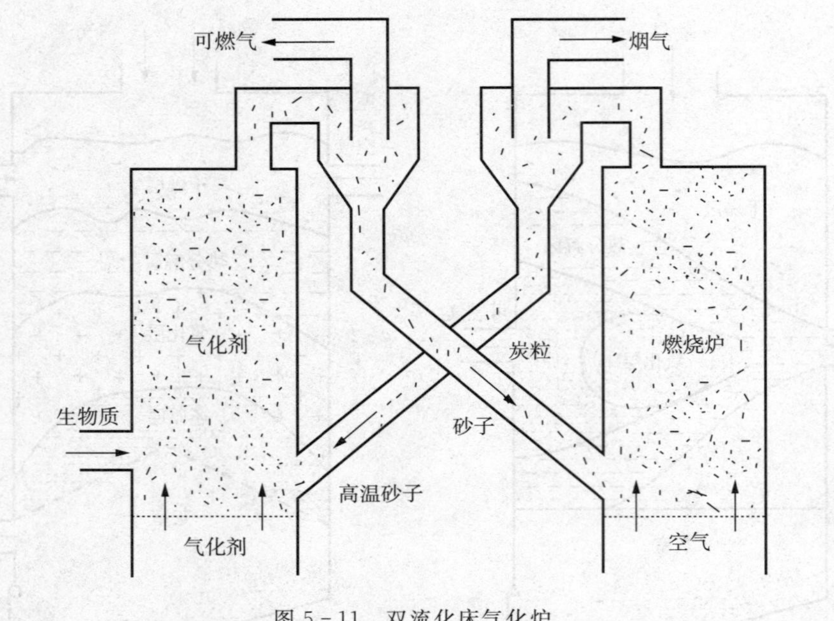

图 5-11　双流化床气化炉

四、生物质气化技术的应用

1. 生物质气化供气

生物质气化供气技术是指气化炉产出的生物质燃气，通过相应的配套装备，完成为居民供应燃气的技术。生物质气化供气系统工艺流程见图 5-12。

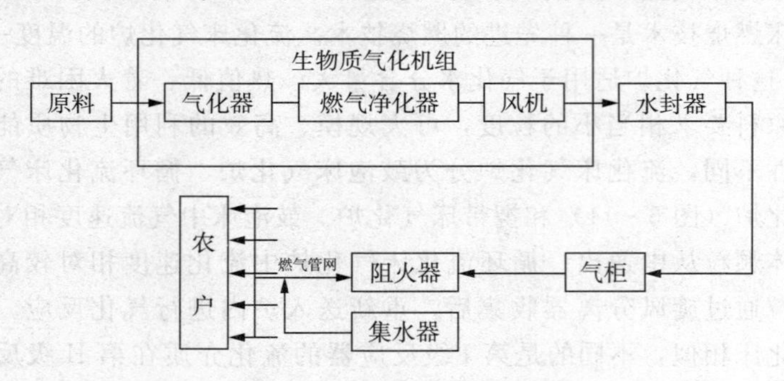

图 5-12　生物质气化集中供气

生物质原料首先经过处理达到气化炉的使用条件，然后由送料装置送入气化炉中，不同类型的气化炉需要配备不同的送料装置。所产生的可燃气体，在净化器中除去灰尘和焦油等杂质。经过净化后的气体经过水封，由鼓风机送入储气罐中，水封相当于一个单向阀，只允许燃气向储气罐中流动。储气罐出口的阻火器是一个重要的安全设备。最后，燃气通过燃气供应网统一输送给用户。

目前，生物质气化供气技术已经在山东、辽宁、吉林、安徽等十几个省市推广开来，已经成功气化的生物质包括玉米芯、玉米秸、棉柴和麦秸等。

2. 生物质气化发电技术

生物质气化发电技术是目前研究与应用最多、装备最为完善的技术。目前，生物质气化发电有3种方式：①作为蒸汽锅炉的燃料燃烧生产蒸汽带动蒸汽轮机发电。这种方式对气体要求不是很严格，直接在锅炉内燃烧气化气。气化气经过旋风分离器除去杂质和灰分后即可使用。燃烧器在气体成分和热值有变化时，能够保持稳定的燃烧状态，排放污染物较少。②在燃气轮机内燃烧带动发电机发电。这种方式对气体的压力有要求，一般为10～30kg/cm²。该种技术存在灰尘、杂质等污染问题。③在内燃机内燃烧带动发电机发电。这种方式应用广泛，效率高。但是该种方法对气体要求极为严格，气化气必须经过净化和冷却处理。大型的生物质气化发电系统均采用燃气轮机发电机，这是目前世界上最先进的生物质发电技术。该系统包括两种发电技术：整体气化联合循环（IGCC）和整体气化热空气循环（IGHAT）。由于燃气轮机系统发电后排放的尾气温度大于500℃，所以增加余热锅炉和过热器产生蒸汽，再利用蒸汽循环，可以有效提高发电效率，这就是生物质整体气化联合循环，其发电工艺流程见图5-13。

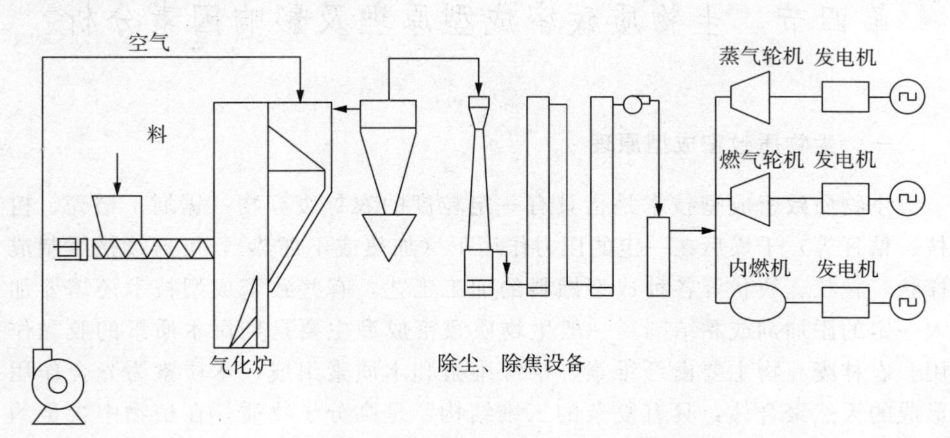

图5-13　生物质整体气化联合循环工艺流程图

该系统由物料预处理设备、气化设备、净化设备、换热设备、燃气轮机、蒸汽轮机等发电设备组成。功率范围在7MW～30MW，整体效率可以达到40%。整体气化热空气循环（IGHAT）技术正处于开发阶段，它和IGCC的主要区别在于用一个燃气轮机代替了后者的燃气轮机和汽轮机。由水蒸气和燃气的混合工质通过燃气轮机输出有用功，其整体效率可以达到 60%，有望成为 21 世纪的新型发电技术。

五、面临的问题及展望

生物质能在我国是仅次于煤炭、石油和天然气的第四种能源资源，在能源系统中占有重要地位。当前，生物质气化技术在实际利用过程中，还存在以下几个主要问题：①生物质灰熔点低、碱金属元素含量高，直接燃烧易结焦和产生高温碱金属元素腐蚀；②生物质气化时，渣与飞灰的含碳量较高，气化效率低；③燃气中焦油含量高，容易导致产生含焦废水以及影响设备的正常运行；④目前气化发电机组的尾气余热回收效果不好，造成整个系统效率较低。所以，降低燃气中的飞灰和焦油含量、提高系统效率和可靠性是今后利用生物质气化技术的主要研究方向。我国生物质能资源十分丰富，仅各类农业废弃物的资源每年相当于 3.08×108t 标准煤，薪柴资源量相当于 1.3×108t 标准煤。第 15 次世界能源大会将生物质气化技术确定为优先开发的新能源技术之一。目前，我国已经建立了 500 个以上的生物质气化应用工程，连续运行的经验表明，生物质气化技术对处理大量的农作物废弃物、减轻环境污染、提高人民生活水平等多方面都发挥着积极的作用。

第四节　生物质致密成型原理及影响因素分析

一、生物质致密成型原理

生物质致密成型技术是指具有一定粒度的农林废弃物（锯屑、稻壳、树枝、秸秆等）干燥后在一定的压力作用下（加热或不加热），可连续挤压制成棒状、粒状、块状等各种成型燃料的加工工艺，有些致密成型技术还需要加入一定的添加剂或黏结剂。一般生物质致密成型主要是利用木质素的胶黏作用。农林废弃物主要由纤维素、半纤维素和木质素组成，木质素为光合作用形成的天然聚合体，具有复杂的三维结构，是高分子物质，在植物中含量约为 15%～30%。当温度达到 70℃～100℃，木质素开始软化，并有一定的黏度。当达到 200℃～300℃时，呈熔融状，黏度变高。此时若施加一定的外力，可使它与纤维素紧密粘结，使植物体积大量减少，密度显著增加，取消外力后，由于非弹性的纤维分子间的相互缠绕，其仍能保持给定形状，冷却后强度进一步增加，成为成型燃料。

美国著名学者 Websetr 对挤压成型的定义是：“物料经处理（粉碎、调湿、预热、混合）后，经过机械作用强制通过一个专门设计的孔口（模具），以形成一定形状和组织状态的产品”。即挤压成型是指塑性或软性物料在机械力的作用下，定向地通过模板连续成型。生物质原料中含有纤维素、半纤维素、木素、树脂和蜡等物质。一般在阔叶木、针叶木中，木素含量为27%～32%（绝干原料）、禾草类中含量为14%～25%。木质素是具有芳香族特性的结构，单体为苯基丙烷型的立体结构高分子化合物，不同种类的植物质都含有木质素，而其组成、结构不完全一样。由于植物生理方面的原因，生物质原料的结构通常都比较疏松，密度较小。这些质地松散的生物质原料在受到一定的外部压力后，原料颗粒先后经历重新排列位置关系、颗粒机械变形和塑性流变等阶段。

如图5-14所示，开始压力较小时，有一部分粒子进入粒子间的空隙内，粒子间的相互位置不断更新。当粒子间所有较大的空隙都被能进入的粒子占据后，再增加压力，只有靠粒子本身的变形去充填其周围的空隙。这时粒子在垂直于最大主应力的平面上被延展，当粒子被延展到相邻的两个粒子相互接触的时候，再增加压力，粒子就会相互结合，这样，本来分散的粒子就被压缩成型了。同时体积大幅度减小，密度显著增大。由于非弹性或粘弹性的纤维分子之间的相互缠绕和绞合，在去除外部压力后，一般不能再恢复原来的结构形状。由上面分析可以看出，生物质原料本身的特性对致密成型是有很大影响的，如生物质原料颗粒大小、含水率、成型压力等。

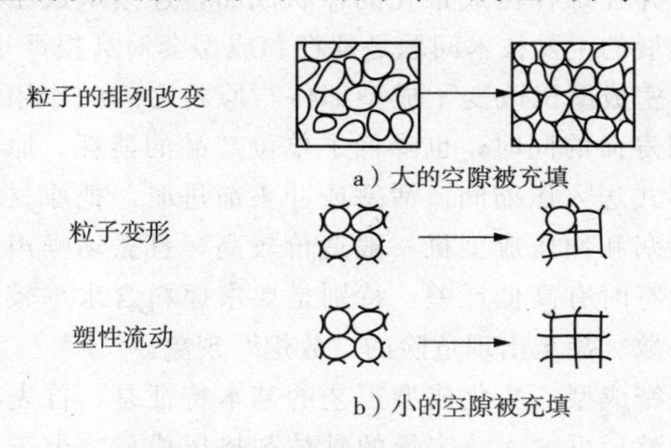

图5-14　生物质颗粒致密成型图解

生物质原料经挤压成型后，体积缩小，密度可达1t/m^{3}左右，含水率在20%以下，便于贮存和运输。成型燃料在燃烧过程中热值可达16000kJ/kg左右，并且“零排放”，即基本不排渣、无烟尘、无二氧化硫等有害气体，不污染环境，热性能优于木材，体积发热量与中质煤相当，可广泛用于民用炊事炉、取暖炉、生物质气化炉、高效燃烧炉和小型锅炉，是易于进行商品化生产和销售的可再生能源。

二、生物质致密成型技术分类及特点

生物质致密成型工艺有多种，根据工艺特性的差别，可划分为冷压致密成型、热压致密成型和碳化致密成型。

（1）冷压致密成型　冷压致密成型一般是辊压成型，有水平轴式环模挤压成型、垂直轴式环模挤压成型和平面辊压成型。冷压致密成型工艺常用于含水量较高的原料。原料进入成型室后，在压辊或压模的转动作用下，进入压模与压辊之间，然后挤入成型孔，从成型孔挤出的原料被挤压成型，再用切刀切割成一定长度的颗粒状或块状燃料。该机型主要用于木材加工厂的木屑和秸秆碎料。成型设备一般比较简单，价格较低，但由于死角较大，引起无用能耗大，成型部件磨损较快。工作中易出现辊轮和成型孔堵塞现象。且由于燃料湿度较大，不含黏结剂，易吸湿变形，不利于长期保存、运输和使用。

（2）热压致密成型　热压致密成型有螺杆致密成型、活塞致密成型和冲压致密成型。热压致密成型工艺过程一般分为原料粉碎、干燥、挤压、加热、保型等几个环节。螺杆致密成型机是开发应用较早的生物质热压成型设备，主要包括驱动机、传动部件、进料机构、压缩螺杆、成型套筒和电加热等几部分。工作过程是将粉碎后的生物质经干燥后，从料斗中加入，螺旋推挤进入成型套筒中，并经螺杆压成带孔的棒状成品，连续从成型套筒中挤出。制约螺杆成型机发展的主要技术问题是螺杆和成型套筒磨损严重，使用寿命短。活塞和冲压式致密成型机改变了成型部件与原料之间的作用方式，在大幅提高成型部件使用寿命的同时，也降低了单位产品的能耗。原料经粉碎后，通过机械或风力形式送入压缩间。活塞或冲头前进时，把原材料压紧成型，并送入保型筒。活塞和冲压成型机一般造价较高，且振动噪声大，由于间断挤压，成型块质量有时有高低反差。特别是要求原料含水率较小，否则会使成型燃料膨胀、松散、甚至出现危险的“放炮”现象。

（3）碳化致密成型　炭化成型工艺的基本特征是，首先将生物质原料炭化或部分炭化，然后再加入一定量的黏结剂挤压成型。由于原料纤维素结构在炭化过程中受到破坏，高分子组分受热裂解转换成炭，并放出挥发分，使成型部件的磨损和能耗都明显降低。但炭化后的原料维持既定形状的能力较差，所以一般要加入黏结剂。碳化致密成型设备比较简单，类似于型煤成型设备。

三、生物质致密成型影响因素

生物质压缩成型的主要影响因素是温度、压力、成型过程的滞留时间、物料含水率和物料颗粒度．加热使生物质物料达到一定的温度，其主要作用为：①使生物质中的木素软化、熔融而成为粘结剂；②使所压缩燃料的外表层炭化，在通过模具或通道时能够顺利滑出而不会粘连，减少挤压动力消耗，因为生物质炭化产物具有部分石墨属性，而石墨是很好的固体润滑剂；③提供物料分子结构变化所需的能量。

目前为止，我国研究较多的是生物质燃料高压加热成型，因而成型影响因素的研究也主要集中在加热成型上。影响加热成型的主要因素有：原料种类、原料含水率、原料粒度、成型压力与模具尺寸、加热温度。这些影响因素在不同压缩成型方式下的表现形式也不尽相同。目前为止，我国对农作物秸秆成型影响因素研究的较多。

影响生物质压缩成型的因素非常复杂，早期研究主要关心的是压力与密度的关系，忽视了其他各种因素的影响。国内外学者对各因素的最优选择无法实现统一，这主要是因为压缩条件、压缩方式、压缩对象等还有较大的差异。从今后的研究趋势来看，要揭示纤维物料的压缩规律，必须对各种因素、各种性能指标进行系统的研究。

1．原料种类

不同种类的原料，其压缩成型特性有很大差异。原料的种类不但影响成型的质量，如成型块的密度、强度、热值等，而且影响成型机的产量及动力消耗。在大量的农林废弃物中，有的植物体粉碎以后容易压缩成型，有的就比较困难。例如木材废料一般难压缩（在压力作用下变形较小）；而纤维状植物秸秆和树皮等容易压缩（在压力作用下变形较大）。在不加热条件下，进行压缩成型时，较难压缩的原料就不易成型，容易压缩的原料则成型也较为容易。但是在加热的条件下进行压缩成型时，如棒状燃料成型机，木材废料虽然难于压缩，但木材本身的木质素含量高，在高温下软化能起粘结作用，因此，其成型反而容易。而植物秸秆和树皮等，原料的粘结能力弱，因此不易成型。所以原料种类对压缩成型的影响与成型方式有密切关系。

2．原料含水率

原料的含水率是生物质压缩成型过程中需要控制的一个重要参数。生物质原料的含水率合适可以使压缩成型效果佳，过高或过低都将不利于压缩成型。例如：对于颗粒成型燃料，一般要求原料的含水率在15%～25%左右；对于棒状成型燃料，要求原料的含水率不大于10%左右。

张百良、李保谦等人认为热压成型中，含水量太高会影响热量传递，并增大物料与模子的摩擦力，在高温时由于蒸汽量大，会发生气堵或“放炮”现象；含水量太低，影响木质素的软化点，原料内摩擦和抗压强度加大，造成太多的压缩能消耗。

O'Dogherty（1984）研究表明，当压力不变且含水量在要求范围时，随着含水量升高，压缩密度可达到最大值。而松弛密度一定时，随着含水量升高，所需压力变大，最大压力值正好对应着含水量的上限。在建立的恒定压力下松弛密度与含水量的指数关系式中，认为压块的松弛密度随含水量的升高以指数级下降。在对生物质原料的成型影响因素研究中，不同原料的木质素不同，但成型所需的适宜含水量基本一致。但是根据目前国内外文献来看，研究确定的含水量范围还是存在较大的差别，这是因为压缩方式、成型模具、成型手段、生物质原料的处理方式有较大差异。例如，活塞冲压比螺旋挤压对含水量要求的范围宽。

3. 原料颗粒度

原料颗粒度的大小也是影响压缩成型的重要因素。对于某一确定的成型方式，原料的粒度大小应不大于某一尺寸。例如：对于直径为6mm的颗粒成型燃料，通常要求原料的粒度不大于5mm。

一般来说，粒度小的原料容易压缩，粒度大的原料较难于压缩。有关学者在对不同粒径原料进行压缩试验时发现原料的粒径越小，在相同的压力及其实验条件下，其粒子的延伸率或变形率较大，即粒径越小，越容易成型。这种倾向在要求原料粒度较小的成型方式条件下较为明显。

原料的粒度同样影响成型机的效率及成型物的质量。例如原料粒度较大时，成型机将不能有效地工作，能耗大，产量小。原料粒度不均匀，特别是形态差异较大时，成型物表面将产生裂纹，密度、强度降低。但对有些成型方式，如冲压成型时，要求原料有较大的尺寸或较大的纤维，原料粒度小反而容易产生脱落。

4. 成型压力与模具尺寸

成型压力是植物材料压缩成型最基本的条件。只有施加足够的压力，原材料才能被压缩成型。试验说明：当压力较小时，密度随压力增加而增加的幅度较大，当压力增加到一定值以后，成型物密度的增加就变得缓慢。成型压力与模具（成型孔、成型容器）的形状尺寸有密切关系，这是因为大多数成型机都采取挤压成型方式，即原料从成型模具的一端连续压入，又从另一端连续挤出（出料端直径小于进料端直径），这时原料挤压所需要的成型压力与容器内壁面的摩擦力相平衡，即机器只能产生和摩擦力相同大小的成型压力，而摩擦力的大小与模具的形状尺寸有直接关系。

O'Dogherty和Wheeler（1984）在试验中选用与模子横截面相适应的填料量，分析模子直径在25～75mm范围变化时对成型的影响。在模内压缩密度给定时，随着模子直径增大，压缩所需的比能呈指数级下降。试验结果表明（Faborode，O'Callaghan等，1987），有效体积模量的变化、孔隙度指数的变化、模壁摩擦力的相对影响都与模子直径变化有关：当模子直径减小时，这些因素的变化都将导致比能随之减小。

国内目前主要采用圆筒模进行压缩成型研究，锥模和矩形模压缩成型相对于圆筒模压缩成型应用较少，因此关于这方面的研究也很少，尤其是矩形模。为了减小锥模压缩过程的摩擦力和消耗的压缩能，锥模的锥度、长度、入口直径是关键参数。郭康权（1995）在研究凸凹模压缩成型时指出，模具的锥度是影响粉粒体压缩流动性和成型性的主要因子，锥角大小偏大或偏小都会影响成型品质。在实际压缩成型时，要全面考虑各种因素来确定模子的尺寸参数，例如，在热压成型中，模子直径太大不利于传热和成型，太小又影响生产率。

5. 加热温度

加热温度也是影响压缩成型的一个显著因素。通过加热，一方面可使原料中含有的木质素软化，起到粘结剂的作用；另一方面还可以使原料本身变软，变得容易压缩。加热温度不但影响原料成型，而且影响成型机的工作效率。虽然温度对压缩成型有利，但是成型温度不宜太高，过高会造成模子退火、耐磨性降低、寿命缩短，而且会使物料碳化严重、阻力减小、成型失败。

此外对于含水量太高的物料，温度过高还易产生高压蒸汽，发生“放气”或“放炮”现象，使成型块出模后表面产生开裂现象。当然，在模子直径太大时，温度偏低也会使热量不易传导到物料心部，影响物料压缩成型的整体效果。

林维纪认为，在相同的条件下，不同类型的生物质原料所需成型的温度相差不大。考虑到加热温度的范围受原料含水量、模子直径、热能耗、压缩方式等因素制约，温度一般可以在140℃～260℃之间，根据实际情况进行调整。例如对于棒状燃料成型机，当机器的结构尺寸确定以后，加热温度就应调整到一个合理的范围。温度过低，不但原料不能成型，而且功耗增加；温度过高，电机功耗需减小，致使成型压力减小，成型物挤压不实，容易断裂破损，且棒料表面过热烧焦，烟气较大。有些成型方式，如颗粒燃料成型机，虽然没有外热源加热，但在成型过程中，原料和机器部件之间的摩擦作用也可将原料加热到100℃，同样可使原料所含木质素软化，起到粘结剂作用。

四、生物质压缩成型工艺及流程

生物质压缩成型在加工方式上可分为冷压成型与热压成型，干态成型与湿压成型，以及加粘结剂或不加粘结剂。根据主要工艺特征的差别，可将这些工艺从广义上分为常温湿压成型、热压成型和碳化成型和冷压态成型。

1. 常温湿压成型工艺

常温湿压成型工艺常用于含水量较高的原料。纤维类原料经一定程度的腐化后，会损失一定能量，但是其挤压、加压性能会有明显改善。纤维类原料在常温下，浸泡数日水解处理后，其压缩成型特性明显改善，纤维变得柔软、湿润皱裂并部分降解，易于压缩成型。利用简单的模具，将部分降解后的农林废弃物中的水分挤出，即可形成低密度的压缩成型燃料块。这一技术在泰国、菲律宾等国得到一定程度的发展，所生产的成型燃料块平均热值约23KJ/kg，被当地称为"绿色碳"，在燃料市场上具有一定的竞争能力。常温湿压成型一般设备比较简单，容易操作，但是成型部件磨损较快，烘干费用高，多数产品燃烧性能较差。

2. 热压成型工艺

热压成型工艺是目前普遍采用的生物质压缩成型工艺。其工艺流程为：原料粉碎—干燥混合—挤压成型—冷却包装。热压成型技术发展到今天，已有各种各样的成型工艺问世，总的看来可以根据原料被加热的部位不同，将其划分为两类：一类是原料只在成型部位被加热，称为"非预热热压成型工艺"；另一类是原料在进入压缩机构之前和在成型部位被分别加热，称为"预热热压成型工艺"。两种工艺的不同之处在于预热热压成型工艺在原料进入成型机之前对其进行了预热处理，这样降低了成型所需压力，从而大幅度提高了成型部件的使用寿命，显著降低了单位能耗。

3. 炭化成型工艺

根据工艺流程不同，炭化成型工艺又可分为两类，一类是先成型后炭化；一类是先炭化后成型。

（1）先成型后炭化工艺

工艺流程为：原料—粉碎干燥—成型—炭化—冷却包装。先用压缩成型机将松散碎细的植物废料压缩成具有一定密度和形状的燃料棒，然后，用炭化炉将燃料棒炭化成木炭。

（2）先炭化后成型工艺

工艺流程为：原料—粉碎除杂—炭化—混合粘结剂—挤压成型—成品干燥，包装。先将生物质原料炭化成粉粒状木炭，然后再添加一定量的粘结剂，用压缩成型机挤压成一定规格和形状的成品木炭。由于原料纤维结构在碳化过程中受到破坏，高分子组份受热裂解转换成炭并释放出挥发份，使其挤压成型特性得到改善，成型部件的机械磨损和挤压过程中的能量消耗降低。但是，炭化后的原料在挤压成型后维持既定形状的能力较差，贮运和使用时容易开裂和破碎，所以压缩成型时一般要加入一定量的粘结剂。如果在成型过程中不使用粘结剂，要保证成型块的贮存和使用性能，则需要较高的成型压力，这将明显提高成型机的造价。

4. 冷压成型工艺

生物质冷压成型工艺即在常温下将生物质颗粒高压挤压成型的过程。其粘接力主要是靠挤压过程所产生的热量，使得生物质中木质素产生塑化粘接。冷压成型工艺一般需要很大的成型压力，为了降低成型压力，可在成型过程中加入一定的粘结剂。如果粘结剂选择不合理，会对成型燃料的特性有所影响，因此在冷压成型工艺中，粘结剂的选择是致关重要的。

五、压缩成型设备及成型燃料特性分析

1. 生物质压缩成型设备

目前，国内外最常见的成型设备是螺旋挤压式成型机、活塞冲压式成型机和压辊式颗粒成型机。在我国，最常用的是螺旋挤压式成型，活塞冲压式成型和压辊式成型也有人研究，但多处于研究开发阶段。

（1）螺旋挤压式成型机

螺旋挤压式成型机利用螺杆挤压生物质，靠外部加热，维持成型温度为150℃～300℃使木质素、纤维素等软化，挤压成生物质压块。为避免成型过程中原料水份的快速汽化造成成型块的开裂和“放炮”现象发生，一般将原料的含水率控制在8%～12%之间，成型压力的大小随原料和所要求成型块密度的不同而异，一般在4900～12740Pa之间，成型燃料形状通常为直径50～60mm的空心燃料棒。螺旋挤压式成型机开发应用最早，当前应用最为普遍。这类成型机运行平稳、生产连续性好，主要问题是螺杆磨损严重、使用寿命短以及单位产品能耗高。为了解决螺杆首端承磨面磨损严重这一问题，现在大多采用喷焊钨钴合金，焊条堆焊618或碳化钨，或是采用局部渗硼处理和振动堆焊等方法对螺杆成型部位进行强化处理。如图5－15所示。

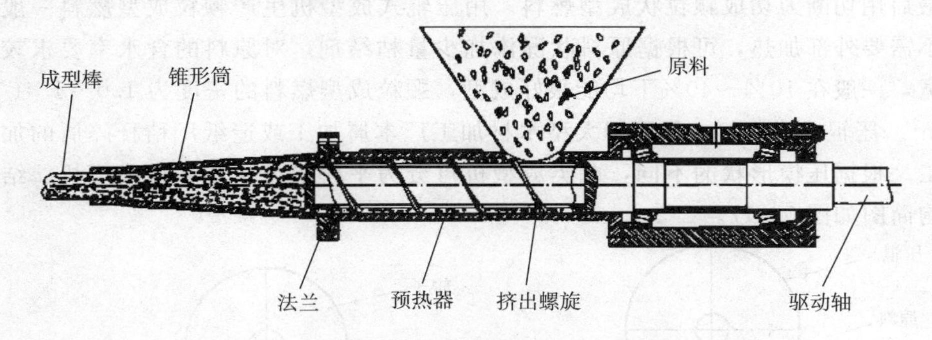

图5－15　螺旋挤压式成型机部件结构示意图

（2）活塞冲压式成型机

活塞冲压式成型机的成型是靠活塞的往复运动实现的。按驱动力不同分为机械式和液压式两种。机械式冲压成型机是利用飞轮储存的能量．通过曲柄连杆机构，带动冲压活塞，将松散的生物质冲压成生物质压块。液压式冲压成型机是利用液压油缸所提供的压力，带动冲压活塞使生物质冲压成型。

冲压式成型机通常用于生产实心燃料棒或燃料块，所得的产品是压缩块其密度介于 0.8～1.1t/m² 之间。其中液压式冲压成型机对原料的含水率要求不高，允许原料含水率高达 20%左右。活塞冲压式成型机通常不用电加热，成型物密度稍低，容易松散，与螺旋挤压式成型机相比，明显改善了成型部件磨损严重的问题，但由于存在较大的振动负荷，所以机器运行稳定性差，噪音较大，润滑油污染也较严重。如图 5-16 所示。

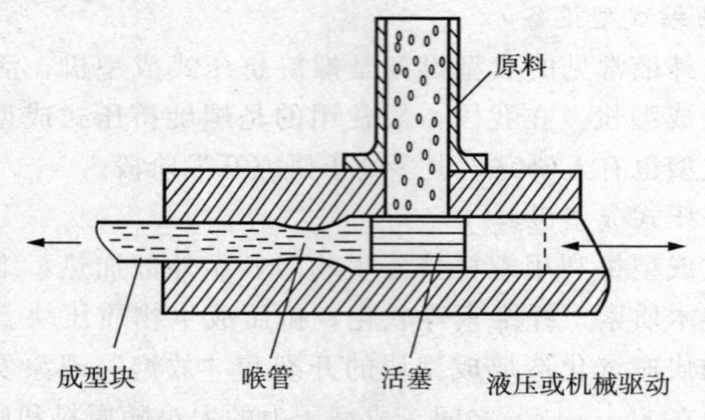

图 5-16　活塞冲压式成型机部件结构示意图

(3) 压辊式颗粒成型机

压辊式成型机的基本工作部件由压辊和压模组成。其中压辊可以绕自己的轴转动。压辊的外周加工有齿或槽，用于压紧原料而不致打滑。压模有圆盘或圆环形两种，压模上加工有成型孔，原料进入压辊和压模之间，在压辊的作用下被压入成型孔内。从成型孔内压出的原料就变成圆柱形或棱柱形，最后用切断刀切成颗粒状成型燃料。用压辊式成型机生产颗粒成型燃料一般不需要外部加热，可根据原料状况添加少量粘结剂，对原料的含水率要求较宽，一般在 10%～40%下均能很好成型，颗粒成型燃料的密度为 1.0～1.4t/m²。压辊式成型机主要用于大型木材加工厂木屑加工或造纸厂秸秆碎屑的加工。根据压模形状的不同，此类成型机可分为平模成型机和环模成型机。结构简图如图 5-17。

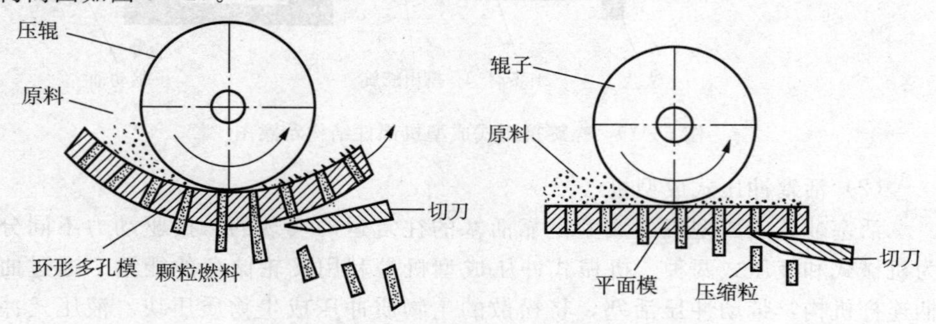

图 5-17　压辊式颗粒成型机部件结构图

2. 生物质成型燃料的特性

(1) 生物质成型燃料的物理特性

由于生物质材料的种类和成分不同，特别是受压缩方式和压缩条件的影响，其成型燃料的品质特性存在较大差异。在生物质成型燃料的各种品质特性中，除燃烧特性外，成型块的物理特性是最重要品质特性，它直接决定了成型块的使用要求、运输要求和贮藏条件，而松弛密度（Relax density）和耐久性（Durability）是衡量成型块物理品质特性的两个重要指标。

① 松弛密度

生物质成型块在出模后，由于弹性变形和应力松弛，其压缩密度逐渐减小，一定时间后密度趋于稳定，此时成型块的密度称为松弛密度。它是决定成型块物理性能和燃烧性能的一个重要指标值。松弛密度要比模内的最终压缩密度小，通常采用无量纲参数—松弛比，即模内物料的最大压缩密度与松弛密度的比值描述成型块的松弛程度。生物质成型块的松弛密度与生物质的种类及压缩成型的工艺条件有密切关系，不同生物质由于含水量不同，组成成分不同，在相同压缩条件下所达到的松弛密度存在明显的差异。密度随压缩过程中压力的增大而增大，表中最终压力是设定的压缩终止时的最大压力；压缩密度是指模内物料在最终压力时的压缩密度；松弛密度为成型块出模后松弛 2h 后的测定值。试验结果表明在温度和初始密度相同的条件下，随着压力增大，成型块的松弛密度增大，松弛比相应减小。

有研究表明切碎棉秆（粒度 0～3mm）在内径为 50mm 圆筒模内和最终压力为 74.9MPa 条件下，加热温度变化对松弛密度影响的测试结果。结果表明，在压力和初始密度相同条件下，常温压缩比加温压缩的松弛比大。

一般地，提高成型燃料的松弛密度有两种途径，一是采用适宜的压缩时间控制成型块在模具内压缩时的应力松弛和弹性变形，阻止成型块出模后压缩密度的减小趋势；二是将生物质原料粉碎，尽可能减小粒度，并适当提高生物质压缩成型的压力、温度或添加粘结剂，最大限度降低成型块内部的空隙率，增强结合力。

② 耐久性及其评价方法

耐久性反映了成型块的粘结性能，它是由成型块的压缩条件及松弛密度决定的。耐久性作为表示成型块品质的一个重要特性，主要体现在成型块的不同使用性能和贮藏性能方面，而仅仅通过单一的松弛密度值无法全面、直接地反映出成型块在使用要求方面的差异性。因此，耐久性又具体细化为抗变形性（Resistance to defor－mation）、抗跌碎性（Shatter resistance）、抗滚碎性（Tumbler resistance）、抗渗水性（Water resistance）和抗吸湿性（Hygr oscopity）等几项性能指标，通过不同的试验方法检验成型块粘结强度大小，并采用不同的指标来表示各项性能。

成型块的抗变形性，一般采用强度试验测量其拉伸强度和剪切强度，用失效载荷值表示成型块的强度；翻滚试验（Tumbler test）和跌落试验（Drop test）分别用来检验成型块的抗跌碎性和抗滚碎性，并用失重率反映成型块的抗碎性能。在上述这些试验中，美国、瑞典等国分别形成了各自的试验技术标准和评估标准，专门用于生物质成型块的耐久性评估。某些情况下，冲击试验及抗冲击指标（IRI）也常常作为一种非标准方法，检验成型块在特殊场合使用时的抗冲击变形能力。在抗渗水性能评价中，各种研究在试验方法和量化方式上略有不同，一种是计算成型块在一定时间内浸入水中的吸水率；一种是记录成型块在水中完全剥落分解的时间。

在最近研究中，Z. husain 等人在对成型块的抗变形性和抗渗水性检验时，对试验的成型块样本表面出现的纵向裂纹或内部出现的径向裂纹进行尺寸测量，作为一种综合反映成型块耐久性的方法。对于抗吸湿性，一般都采用成型块在环境湿度和温度条件下的平衡含水率作为评价指标。

值得注意的是，就各种评估成型块耐久性的试验方法而言，从本质上说都是检验成型块的粘结强度，但因为成型块内部的粘结力类型、大小和粘结方式复杂和度量困难，而无法对生物质是否成型准确界定，实现评估方法的统一。以生物质成型块的抗渗水性为例，试验中成型块在粘结程度和亲水程度上所表现出的复杂性，就是成型块内部作用力及成型块与介质间作用力共同作用的结果，必须要从力学特性、生化特性、电学特性、粒子特性等多方位进行分析，以揭示基于粒子、生化成分和液体为构架的成型块机体内各种作用力的交互作用规律，进一步深入探究成型块的成型机理。

(2) 生物质压缩成型的化学成分变化

在相同的压缩条件下，不同生物质成型块的物理品质却表现出较大差异，这与生物质本身的生物特性有一定关系，是由生物质的组织结构和组成成分不同而造成的。通常各种生物质材料的主要组成成分都是由纤维素、半纤维素、木质素构成，此外还含有水和少量的单宁、果胶质、萃取物、色素和灰分等。

在构成生物质的各种成分中，木质素普遍认为是生物质固有的最好的内在粘结剂。它是由苯丙烷结构单体构成的，具有三度空间结构的天然高分子化合物，在水中以及通常的有机溶剂中几乎不溶解，100℃才开始软化，160℃开始熔融形成胶体物质。因此，木质素含量高的农作物秸秆和林业废弃物非常适合热压成型。在压缩成型过程中，木质素在温度与压力的共同作用下发挥粘结剂功能，粘附和聚合生物质颗粒，提高了成型物的结合强度和耐久性。

生物质体内的水分作为一种必不可少的自由基，流动于生物质团粒间，在压力作用下，与果胶质或糖类混合形成胶体，起粘结剂的作用，因此过于干燥的生物质材料通常情况下是很难压缩成型的。Paivi Lehtikangas 研究认为，生物质体内的水分还有降低木质素的玻变（熔融）温度的作用，使生物质在较低加热温度下成型。

生物质中的半纤维素由多聚糖组成，在一定时间的贮藏和水解作用下可以转化木质素，也可达到粘结剂的作用。生物质中的纤维素是由大量葡萄糖基构成的链状高分子化合物构成，是不溶于水的单糖，因此纤维素分子连接形成的纤丝，在以粘结剂为主要结合作用的粘聚体内发挥了类似于混凝土中“钢筋”的加强作用，成为提高成型块强度的“骨架”。此外生物质所含的腐殖质、树脂、蜡质等萃取物也是固有的天然粘结剂，它们对压力和温度比较敏感，当采用适宜的温度和压力时，也有助于在压缩成型过程中发挥有效的粘结作用。

生物质中的纤维素、半纤维素和木质素在不同的高温下，均能受热分解转化为液态、固态和部分气态产物。将生物质热解技术与压缩成型工艺相结合，通过改变成型物料的化学成分，即利用热解反应产生的液态热解油（或焦油）作为压缩成型的粘结剂，有利于提高粒子间的粘聚作用，并提高成型燃料的品位和热值。A. Dem ir —bas 在最近的研究中，将榛子壳在 327℃热解产生的热解油作为压缩成型的粘结剂，结果显著提高成型燃料的松弛密度和耐久性等物理品质指标值。

3. 生物质成型燃料的燃烧过程

由生物质组成可知，生物质中含碳量较少，水分含量大。生物质中的碳多数为与氢结合成较低分子量的碳氢化合物，易挥发，燃点低。由于生物质燃料的这些特点，其燃烧过程与煤相比也有自己的一些特点，燃烧过程从点火后开始，将生物质整个燃烧过程分为三个阶段来分析。

（1）预热干燥阶段

生物质成型燃料在外界加热点燃的整个燃烧过程中，成型燃料表面在外界辐射热流量的作用下，温度逐渐升高，当温度达到约 100℃，生物质表面河生物质颗粒缝隙的水分逐渐被蒸发出来，燃料内的水分由液态变为气态，扩散到大气中。生物质成型燃料被干燥。

（2）热解燃烧阶段

生物质成型燃料热解燃烧阶段从点火后开始又可分为 4 个方面：

① 燃料热分解。燃烧生物质燃料受热后，低分子量的成分热解气化，到达着火温度后生成气相燃烧火焰。火焰温度加快了生物质中纤维素和半纤维素的热解，挥发份大量析出，燃烧速率增大。在辐射热流量的持续作用下，温度继续升高，到达一定温度约 200℃时，燃料内的部分半纤维素、纤维素和

木质素开始分解成为挥发分析出，挥发分的主要成分包括 CO，H_2，CO_2，CH_4，C_nH_m 等，这一过程就是热分解反应。纤维素的热解主要分两步：第一步是在 200℃左右开始，氢键发生断裂，导致纤维素的聚合度降低，此时热容量增大，但失重变化不明显；第二步是当温度达到 280℃～300℃时，碳水化合物发生正位异构化，生成水和脱水产物如左旋葡烯酮糖和吡喃衍生物。在更高温度下，以上的反应产物均可通过单体的分裂和中间产物的重新调整而继续发生分解反应，形成焦炭和挥发分。纤维素的分解产物主要包括 CO、CO_2、H_2、左旋葡萄糖、焦炭和大量醛、酮及有机酸类物质，半纤维素是生物质各种组分中最不稳定的，可在 220℃～325℃分解。半纤维素的热解反应与纤维素相似，也分两步进行：第一步半纤维素中的木聚糖分解成可溶于水的木糖基单体碎片，第二步木糖基单体碎片转化成短链或单链的单元结构的聚合物。温度继续升高，木糖基单体和不规则缩合的产物进一步裂解形成许多挥发性物质。与纤维素的热解产物相比，半纤维素可产生更多的气体和较少的焦油。木质素的结构比纤维素和半纤维素复杂，当木质素被加热到 180℃～200℃时，开始发生反应，弱脂肪键断裂，释放出大量的焦油产物，各种官能团裂解成小分子量的气体产物。当温度升高到 280～320℃以后，木质素热解生成大量的挥发性产物，并在气体中出现碳氢化合物，在更高的温度下，芳香键重排并缩合放出 H_2，醚键形成 CO，木质素热解时产生的焦炭要比纤维素和半纤维素高的多。

② 挥发分燃烧阶段。随着温度的继续升高，挥发分与氧的化学反应速度加速。当温度达到 260℃左右时，挥发分开始着火，着火开始时有轻微的爆燃，以后持续燃烧。当挥发分中的可燃气体着火燃烧后，释放出大量的热能，使得气体不断向上流动，边流动边反应形成扩散式火焰。挥发分中的可燃气体的燃烧反应速度取决于反应物浓度和温度。生物质成型燃料挥发分燃烧所放出的热能逐渐积聚，通过热传递和辐射向生物质内层扩散，从而使内层的生物质也被加热，挥发分析出，继续与氧混合燃烧，同时放出大量的热量，使得挥发分与生物质中剩余的焦炭温度进一步升高，直至燃烧产生的热量与火焰向周围传递的热量形成平衡。由于挥发分的成分比较复杂，故其燃烧反应也比较复杂。在此阶段发生的反应主要包括：

$2CO+O_2=2CO_2$，$2H_2+O_2=2H_2O$，$CH_4+2O_2=CO_2+2H_2O$，$C_nH_m+(n+m/4-x)\ O_2 \rightarrow (n-x)\ CO_2+(m/2)\ H_2O+xCO$。

③ 过度阶段。纤维素和半纤维素的热解速率下降，而挥发份仍能保持火焰；木质素高温炭化，通过氧化作用开始表面着火，燃烧速率较慢。此时，两种燃烧状态并存，直至生物质燃料中挥发份物质热解完毕，气相火焰熄灭。

④ 焦炭的表面燃烧。生物质燃料中的木质素已全部炭化，固定碳已被加

热到很高的温度，氧气与碳表面接触，发生燃烧反应，燃烧速率加快。

（3）固定碳燃烧阶段

生物质中剩下的固定碳在挥发分燃烧初期被包围着，氧气不能接触碳的表面，经过一段时间以后，焦炭的表面燃烧。在此阶段由于反应温度的不同可能发生以下几个反应。①碳与氧的反应：在高温下，氧与炽热的碳表面接触时，一氧化碳和二氧化碳同时产生，基本上按下列两式反应：$4C+3O_2=2CO_2+2CO$；$3C+2O_2=2CO+CO_2$。②碳与二氧化碳反应：与氧燃烧过程的初次反应产生的CO、CO_2又有可能与碳和氧进一步发生二次化学反应，反方程式为$C+CO_2=2CO$，$2CO+O_2\rightarrow 2CO_2$。③碳和水蒸气的反应：在高温燃烧过程中，生物质成型燃料中的水蒸气会不断向焦炭表面扩散，产生碳的气化，产生氢或甲烷气体，反应方程式如下：$C+2H_2O\ (g)\rightarrow CO_2+2H_2$，$C+H_2O\rightarrow CO+H_2$，$C+2H_2\rightarrow 2CH_4$。焦炭的表面燃烧生物质燃料中的木质素被炭化后，燃烧速率加快，出现第二个燃烧速率峰值，随后燃烧速率减慢，直至燃烧完成。

（4）燃尽阶段

固定碳含量较高的生物质成型燃料的碳燃烧时间较长，而且后期的燃烧速度变慢。一般将焦炭燃烧的后段称为燃尽阶段。随着焦炭的燃烧，灰分会不断产生，直至把剩余的焦炭包裹起来，阻碍气体的扩散，从而妨碍了焦炭的继续燃烧，降低了燃烧速度。灰渣中的残碳就是在此阶段产生的。至此生物质成型燃料完成整个燃烧过程。

以上4个阶段的燃烧过程，分界线不明显，存在交叉现象，并且三个燃烧阶段相互影响。

六、案例：安徽森美源家具有限公司粉尘压缩成型工艺

图5-18　安徽森美源家具有限公司粉尘压缩图（贾玉成供图）

第六章 生物质制氢技术

第一节 生物质制氢技术概述

氢气作为一种极为理想的“绿色能源”，其发展前景是十分光明的，人们对氢能开发和利用技术的研究一直进行着不懈的努力。常规的制氢方法主要有水电解法、水煤气转化法、甲烷裂化法等，这些方法均需耗费大量能量。水电解法是国内外广泛采用的制氢方法，电解槽在标准状况下制取1m^{3}氢气（纯度为99.5%）实际电能消耗是4.5～6.0kw/h。电解法制氢还需配套纯水制备系统和碱液配制使用设备，使氢气生产成本较高。随着氢气用途的日益广泛，其需求量亦迅速增加，常规的制氢方法已不能适应社会发展的需要，研究开发更为经济的、有良好环保性能的、可再生的制氢技术成为当今世界的热门课题之一，也是社会可持续发展的需要。

生物制氢技术作为一种无污染的清洁生产技术，已在世界上引起广泛重视，越来越多的科学家投身并致力于生物制氢技术的研究开发和应用，日本、美国等一些国家为此成立了专门机构，并建立了生物制氢的发展规划，以期通过对生物制氢技术的基础性和应用性研究，使该技术实现商业化生产。我国生物制氢的研究有很大进展，国家863项目也给予支持。

一、氢的性质

化学元素氢（H——Hydrogen），在元素周期表中位于第一位，它是所有原子中最小的。众所周知，氢分子与氧氢气（H_2）分子化合成水，氢通常的单质形态是氢气（H_2），它是无色无味，极易燃烧的双原子的气体，氢气是最轻的气体。在标准状况（0摄氏度和一个大气压）下，每升氢气只有0.0899

克重——仅相当于同体积空气质量的二十九分之二。氢是宇宙中最常见的元素，氢及其同位素占到了太阳总质量的84%，宇宙质量的75%都是氢。

氢具有高挥发性、高能量，是能源载体和燃料，同时氢在工业生产中也有广泛应用。现在工业每年用氢量为5500亿立方米，氢气与其他物质一起用来制造氨水和化肥，同时也应用到汽油精炼工艺、玻璃磨光、黄金焊接、气象气球探测及食品工业中。液态氢可以作为火箭燃料，因为氢的液化温度在−253℃。

氢能在21世纪有可能在世界能源舞台上成为一种举足轻重的二次能源。它是一种极为优越的新能源，其主要优点有：燃烧热值高，每千克氢燃烧后的热量，约为汽油的3倍，酒精的3.9倍，焦炭的4.5倍。燃烧的产物是水，是世界上最干净的能源。资源丰富，氢气可以由水制取，而水是地球上最为丰富的资源，演绎了自然物质循环利用、持续发展的经典过程。

二、氢能的特点

氢位于元素周期表之首，它的原子序数为1，在常温常压下为气态，在超低温高压下又可成为液态。作为能源，氢有以下特点：

(1) 所有元素中，氢重量最轻。在标准状态下，它的密度为0.0899g/l；在−252.7°C时，可成为液体，若将压力增大到数百个大气压，液氢就可变为固体氢。

(2) 所有气体中，氢气的导热性最好，比大多数气体的导热系数高出10倍，因此在能源工业中氢是极好的传热载体。

(3) 氢是自然界存在最普遍的元素，据估计它构成了宇宙质量的75%，除空气中含有氢气外，它主要以化合物的形态贮存于水中，而水是地球上最广泛的物质。据推算，如把海水中的氢全部提取出来，它所产生的总热量比地球上所有化石燃料放出的热量还大9000倍。

(4) 除核燃料外氢的发热值是所有化石燃料、化工燃料和生物燃料中最高的，为142，351kJ/kg，是汽油发热值的3倍。

(5) 氢燃烧性能好，点燃快，与空气混合时有广泛的可燃范围，而且燃点高，燃烧速度快。

(6) 氢本身无毒，与其他燃料相比氢燃烧时最清洁，除生成水和少量氨气外不会产生诸如一氧化碳、二氧化碳、碳氢化合物、铅化物和粉尘颗粒等对环境有害的污染物质，少量的氨气经过适当处理也不会污染环境巨，而且燃烧生成的水还可继续制氢，反复循环使用。

(7) 氢能利用形式多，既可以通过燃烧产生热能，在热力发动机中产生机械功，又可以作为能源材料用于燃料电池，或转换成固态氢用作结构材料。

用氢代替煤和石油，不需对现有的技术装备作重大的改造现在的内燃机稍加改装即可使用。

(8) 氢可以以气态、液态或固态的氢化物出现，能适应贮运及各种应用环境的不同要求。

由以上特点可以看出氢是一种理想的新的含能体能源。目前液氢已广泛用作航天动力的燃料，但氢能的大规模的商业应用还有待解决以下关键问题：

廉价的制氢技术：因为氢是一种二次能源，它的制取不但需要消耗大量的能量，而且目前制氢效率很低，因此寻求大规模的廉价的制氢技术是各国科学家共同关心的问题。

安全可靠的贮氢和输氢方法由于氢易气化、着火、爆炸，因此如何妥善解决氢能的贮存和运输问题也就成为开发氢能的关键。

许多科学家认为，氢能在二十一世纪有可能在世界能源舞台上成为一种举足轻重的二次能源。氢能是一种二次能源，因为它是通过一定的方法利用其他能源制取的，而不像煤、石油和天然气等可以直接从地下开采。在自然界中，氢易和氧结合成水，必须用电分解的方法把氢从水中分离出来。如果用煤、石油和天然气等燃烧所产生的热转换成的电支分解水制氢，那显然是划不来的。现在看来，高效率的制氢的基本途径，是利用太阳能。如果能用太阳能来制氢，那就等于把无穷无尽的、分散的太阳能转变成了高度集中的干净能源了，其意义十分重大。目前利用太阳能分解水制氢的方法有太阳能热分解水制氢、太阳能发电电解水制氢、阳光催化光解水制氢、太阳能生物制氢等等。利用太阳能制氢有重大的现实意义，但这却是一个十分困难的研究课题，有大量的理论问题和工程技术问题要解决，然而世界各国都十分重视，投入不少的人力、财力、物力，并且也已取得了多方面的进展。因此在以后，以太阳能制得的氢能，将成为人类普遍使用的一种优质、干净的燃料。

第二节　氢的制取途径

目前世界上氢气大部分以石油、天然气和煤为原料制取，小部分来自电解水等。开发制氢新技术，将主要考虑以水为原料，达到水分解制氢，氢燃烧生成水的循环过程。由于氢大量存在于水中，因此利用水制氢一旦技术成熟，达到实用化后，以氢为能源结构主要支柱便成为可能。原则上要求制氢技术满足大型化、高效率、低成本，使氢气得到应用。

一、氢的制取方法

目前96%以上工业氧气的生产原料主要为煤（18%）、石油（30%）和天然气（48%）等矿物燃料。氢能的制取方法可分为物理化学方法和生物方法两大类别，常规的制氢方法有以下5种：

① 水电解法：以铁为阴极面，镍为阳极面的串联电解槽（外形似压滤机）来电解苛性钾或苛性钠的水溶液，阳极产生 O_2，阴极产生 H_2。该方法成本较高，在电解过程只有15%的电能最终被转化为氢能，高达85%的电能得不到合理利用被白白地浪费掉。但产品纯度大，可直接生产99.7%以上纯度的氢气。目前工业用氢总量的4%来源于水电解法。

② 热化学法：这种方法采用高温热解进行制氢，水在3000℃条件下会发生热化学反应，生成 H_2 和 O_2。该方法对温度的要求较高，因此设备和能源的要求和花费较大，虽然经过研究人员的不懈努力，现在已经将热解温度降低到1000℃，但是与其他方法相比依然成本过高消耗过大。

③ 等离子化学法：以石油、煤、天然气与水蒸气等物质为原料进行一系列反应生成水煤气，然后将水煤气和水蒸气一起通过灼热的 Fe_2O_3（氧化剂）后就会产生 CO_2 和 H_2，经过简单的气体分离和干燥技术即可得到氢气。

④ 光电化学法：这是一种比较新的方法，主要原理就是利用一些半导体材料和电解质溶液使其组成光电化学电池，在阳光照射下通过电化学方法生产出 H_2 的过程。

⑤ 生物制氢法：通过发酵微生物或光合微生物的作用，在适当的工程条件下将大分子有机物分解成小分子有机酸以及氢气的过程。

相比之下，传统的利用物理、化学等手段制取氢气的方法由于能耗高、成本居高不下，且在生产过程中不可避免地要消耗不可再生能源和造成环境污染等缺点，使其自身的发展受到限制，而以生物为载体，以碳水化合物含量丰富的生物质为底物来源在一定条件下制氢的技术具有许多优点，如耗能少、常温常压下即可进行无需特殊环境、方法简单、底物原料来源广泛等，许多有机生物质都可以作为生物方法制氢的底物，最重要的是这种方法避免使用不可再生的一次能源，有效地缓解了环境污染。虽然早在1937年Nakamura就报道了微生物可以产生氢气的现象，但是直到20世纪70年代时第一次世界性的能源危机爆发后，人类对能源的需求以及日渐枯竭的能源现状引起了社会和政府的高度重视，生物制氢技术在这个阶段由于其可行性和清洁性从而逐渐受到许多国家的重视，人类从此以获取氢能为目的进行各种生物氢制取技术等多方面的研究。

二、发酵法生物制氢

生物法制氢可分为光合制氧和厌氧发酵制氢两大类，这两种方法都是以微生物为载体，前者利用光合细菌（及某些藻类）进行制氧，而厌氧发酵制氢是一种新兴的生物制氢技术，它利用厌氧发酵微生物作为反应主体，利用包括工农业废弃物在内的多种可再生的有机物作为底物（基质）来产生氢气。

1. 光发酵生物制氢系统

有关光发酵产氢的报道最早出现与1937年，Nakamura 观察到光发酵细菌能够在黑暗条件下释放氢气；1966年 Lewis 最先提出利用微生物制取氢气以缓解能源危机的想法。根据产氢条件将能够产生分子氢的微生物分为两个主要类群：光合生物——藻类和光发酵细菌；发酵产氯细菌——兼性厌氧的和专性厌氧发酵细菌。

利用水的光合成法生成氢气是将太阳能转换成化学能的生物学过程，经过转换后的化学能可以被利用而且能够被储存，其化学反应方程式为：

$$2H_2O—2H_2+O_2$$

光发酵产氢细菌（Photo－Fermentation Producing Hydrogen Bacteria，简写为 PFPHB）是地球上出现最早的具有原始光能合成系统的原核生物，主要分布于水生环境中光线能透射到的缺氧区和厌氧区，目前研究较多的产氢光发酵细菌主要包括深红红螺菌（Rhodospirillumrubrum）、球形红假单胞菌（Rhodopsmdomonas spheroids）、球形红微菌（Rhodomicrobium sphaeroides）、深红红假单胞菌（Rhodopseudomonas rubrum）等，这些光发酵细菌在厌氧、光照条件下利用小分子有机物或还原态无机硫化物等做为质子和电子供体产氧。由于光发酵细菌是原核生物，固氮酶在光发酵细菌产氢的过程中起着关键作用，光发酵细菌只含有光合系统 PS－I，不含有光合系统 PS－II，所以同绿藻和蓝细菌相比，光发酵细菌在产氢的同时不产生氧气，也就不存在氧气对酶的抑制，这些都提高了光发酵细菌产氢过程的复气含量和产氢效率。

光发酵细菌固氮和产氢过程都是由固氮酶催化的，因此其产氢条件与固氮条件大部分相同。外源有机物通过 EMP、TCA 循环生成 ATP、电子供体以及 CO_2，电子供体使 e^-（电子）进入胞内的电子传递链，低能态 e－光反应中心受到光的激发变成高能态，这些高能态 e－在此时有一部分离电子传递链，被传递给了铁氧还蛋白或黄素蛋白，随之传递给固氮酶的铁蛋白，最终传递给钼铁蛋白；另一部分电子则留在电子传递链中继续传递，直到最后转化生成 ATP。

表 6－1　光发酵细菌产氢底物及产氧能力

种类	微生物种属	产氢能力 mmolH_2/g drycellh
蓝细菌	Anabaena cylindrica B－629	1.103
	Anabaena variabilis SA1	2.1
	Nostoc flageliforme	1.7
	Oseillatoria sp. MIAMIBG7	5
	Spirulina platensis	0.4
	Calotrix membtanacea B－379	0.108
绿藻	Chlamydomonas reinhardii 137C	2.0
	Scenedesmus oblipuus D_3	0.3
光合细菌	Rhodobacter sphaeroides RV	3.3
	Rhdopseudomonas capaulata B10	2.4
	Rhodospirillum molischianum	6.2
	Rhodopseudmomonas palustris	1.9
	Rhodopseudomonas ruburm	0.89

正常情况下，PFPHB 的固氮和产氢过程同时进行，N_2不充足时固氮酶就开始利用 ATP、质子和电子等物质作为供体产生 H_2，氧酶在这个过程中主要起吸氧作用。具体反应式简写如下：

在 N_2等底物充足时：

$$N_2 + 12ATP + 6e + 6H^+ \rightarrow 2NH_3 + 12\ (ADP + Pi)$$

在 N_2等底物不充足时：

$$2H^+ + 4ATP + 2e \Leftrightarrow H_2 + 4\ (ADP + Pi)$$

由于 PFPHB 的产氢速率与藻类相比较快，能量利用率与暗发酵细菌相比较高，最重要的是它在产氢过程中能将产氢、太阳能利用与有机物去除这三部分有机亲合在一起，因而是国内外众多研究者关注的焦点，大量研究都表明许多微生物都具有产氢能力，表 6－1 罗列了一些产氧的藻类和光合细菌种属及其产氢能力。

由于不同菌种要求的生长条件各不相同，不同研究者在研究时选用的菌种、产氢底物也都不同，所以需要首先确定各自研究对象的最适产氢条件。从目前光合法生物制氢技术的主要研究成果与前景分析，该技术未来的研究动向可以从以下几个方面着手：光合产氢机理分析、参与产气过程的关键酶与限速酶的结构构建与酶活性加强、高效产氢基因工程菌种研究、产氢电子供体、抑制产氢的因素、光反应器的设计与改进、调整最适产氯条件（包括碳源、氮源、菌龄、光照强度、温度、pH 值、营养成分等生物因子和环境因子等）等研究。在这些研究点中，高效产氢工程菌的构建以及光反应器设计与改进等实用系统的开发直接涉及光发酵系统工业化运用，因此研究价值与研究空间较大。

2. 暗发酵生物制氢系统

发酵产氢微生物可以在发酵过程中分解有机物产生 H_2、CO_2和各种有机酸。它包括梭菌科中的梭菌属（Clostridium）肠杆菌科的埃希氏菌属（Escherichia）、肠杆菌属（Enterobacter），丁酸芽孢杆菌属（Clostridiumbutyricum）、克雷伯氏菌属（Klebsiellapneumoniae）、瘤胃球菌属（R. flavefaciens）、柠檬酸杆菌属（Citrobacter）、脱硫弧菌属醋微菌属（Acetomicrobiuni），以及乳杆菌属（Lactobacillus）某些种和芽孢杆菌属（Bacillus）。最近还发现螺旋体门和拟杆菌门的某些种属也能发酵有机物产氢。其中，研究比较多的是专性厌氧的梭菌科和兼性厌氧的肠杆科的微生物。

利用发酵细菌进行产氢具有产气速率高、可昼夜持续产氧、不需要光照、可利用的碳源范围广、可以利用的产氢反应器类型较多等优势。然而，无论是严格厌氧菌、兼性厌氧菌还是好氧菌，不同菌种对同样有机底物的利用和产氢能力各不一样，最大产氢速率和比产氧率是判断产氢细菌的产氢能力的主要指标，表 6－2 列出了目前研究较广泛的几株产氢菌种的最大产氢速率等数据，由表可知 B49 的最大产氢速率和比产氢率分别为 32.28mmolH_2/g. CDW. h 和 2.34molH_2/mol 葡萄糖，而 B. R3 的最大产氢速率高达 35.74mmolH_2/gCDW－h，比产氢率为 2.43molH_2/mol 葡萄糖，这两项指标均优于先前分离的菌株 B49，具有巨大的研究潜力以及产业化应用前景。

虽然与光发酵制氢系统相比，厌氧发酵生物制氢系统具有诸多优点，但它并没有成为目前工业氢制取的主要方法，这其中就是因为还存在着底物实际利用率较低、发酵产氢微生物不易驯化和培养等诸多因素需要考虑。

表 6－2　发酵细菌产氧能力

菌种名称	最大产氢速率（mmolH_2/g CDW·h）	比产氢率（mol H_2/mol 葡萄糖）	最适温度（℃）	最适 pH 值范围
Ethanoligenes harbinense YUAN－3		1.34	20～44	
Citrobacter sp Y19	32.3	2.49	36	6～7

（续表）

菌种名称	最大产氢速率（mmolH_2/g CDW·h）	比产氢率（mol H_2/mol 葡萄糖）	最适温度（℃）	最适 pH 值范围
Thermoanaerobacterium termosaccharolyticum		2.53	40～48	
PSU－2				
Citrobacter CND1		2.1	27～40	
B49	32.8	2.34	35	4.0～4.5
B. R3	35.74	2.43	30～35	3.5～5.5

第三节　氢的储存和利用方式

一、气态储氢

氢气可以像天然气一样使用巨大的水密封储罐用低压储存，该方法适合大规模储存气体时使用，由于氢气的密度太低，所以应用不多。气态高压储氢是最普通和最直接的储氢方式，通过调节减压阀就可以直接释放出氢气。目前，我国使用水容积为 40L 的钢瓶在 15MPa 高压储存氢气。这样的钢瓶只能储存 6m^3 标准氢气，重约半公斤，还不到高压钢瓶重量的 1%。缺点是储氢量小，运输成本过高。使用新型轻质复合材料的高压容器（耐压 35MPa 左右）则储氢密度可达 2%以上。新型复合高压氢气瓶的内胎为铝合金，外绕浸树脂的高强度碳纤维，所以其自重比老式的钢瓶轻很多（图 l）。目前 75MPa 的高压储氢容器已经上市，其质量储氢密度可达到 3%以上。人们正在研制 100MPa 的高压储氢容器。我国现在可以自行制造 35MPa 的高压储氢容器。高压储氢的优点很明显，在已有的储氢体系中，动态响应最好，能在瞬间提供足够的氢气保证氢燃料车高速行驶或爬坡，也能在瞬间关闭阀门，停止供气。高压气氢在零下几十度的低温环境下也能正常工作。高压气氢的充气速度很快，10 分钟就可以充满一辆大客车，是目前实际使用最广泛的储氢方法。其缺点是储氢密度还达不到美国能源部的要求，另外，用户也会担心高压带来的安全隐患。

二、液氢储存

通过氢气绝热膨胀而生成的液氢也可以作为氢的储存状态。液氢沸点仅20.38K，气化潜热小，仅0.91KJ. mol/l，因此液氢的温度与外界的温度存在巨大的温差，稍有热量从外界渗入容器，即可快速沸腾而损失。

液氢和液化天然气在大的储罐中储存时都存在热分层问题。即储罐底部液体承受来自上部的压力而使沸点略高于上部，上部液氢由于少量挥发而始终保持极低温度。静置后，液体形成下“热”上“冷”的两层。上层因冷而密度大，蒸气压较低；反之，底层因热而密度小，蒸气压较高。显然这是一个不稳定状态，稍有扰动，上下两层就会翻动，如果略热而蒸气压较高的底层翻到上部，就会发生液氢爆沸，产生大体积氢气，使储罐爆破。为防止事故的发生，大的储罐都备有缓慢的搅拌装置以阻止热分层。如果在液氢中加入胶凝剂，进一步降温就会生成液氢和固体氢的混合物（即胶氢），含有50%固体氢的胶氢的温度为13. SK，密度为81. 5Kg/m^3。我国已经可以自行生产液氢，并成功地用于航天航空事业。

液氢方式储运的最大优点是质量储氢密度高（按目前的技术可以大于5%）存在的问题是液氢蒸发损失和成本问题。

三、固体氢储存

研究发现，某些金属具有很强的捕捉氢的能力，在一定的温度和压力条件下，这些金属能够大量“吸收”氢气，反应生成金属氢化物，同时放出热量。其后，将这些金属氢化物加热，它们又会分解，将储存在其中的氢释放出来。这些会“吸收”氢气的金属，称为储氢合金。常用的储氢合金有：稀土系（ABS型）、铁系（AB型）、锆系（ABZ型）、镁系（AZB型）四大系列。自20世纪70年代起，储氢合金就受到重视。为改善合金的储氢性能和降低成本，科技工作者们在合金成分、制备工艺等方面进行不懈的探索。

储氢合金的优点是有较大的储氢容量，单位体积储氢的密度是相同温度、压力条件下气态氢的1000倍，也即相当于储存了1000个大气压的高压氢气，其单位体积储氢密度可高达40～50kg·H_2/m^3。储氢合金安全性也很好，即使遇枪击也不爆炸。

该方法的缺点是质量储氢密度低，多数储氢金属的储氢质量密度仅1.5—3%，在车上使用会增加很大的负载．另外，储氢合金易粉化。储氢时金属氢化物的体积膨胀，而解离释氢过程又会发生体积收缩。经多次循环后，储氢金属便破碎粉化，氢化和释氢变得越来越困难。例如具有优良储氢和释氢性能的$LaNi_5$，经10次循环后，其粒度由20目降至400目。如此细微的粉末，在释氢时就可能混杂在氢气中堵塞管路和阀门。储氢合金的低温特性不好，要使储氢合金释放氢，必须向合金供应热量，AB5 型合金需加热温度最低，为 40℃～50℃，而镁基合金则需加热到 300℃左右。实际应用中还需装设热交换设备，进一步增加了储氢装置的体积和重量。同时车上的热源也不稳定，因此储氢合金难以在汽车上应用。

四、储氢新方法

无机物储氢是有希望近期工业化的储氢方法之一。不少离子型氢化物，如络合金属氢化物 NH_3BH_4、NaBH 等加热可分解放出氢气，其理论质量储氢密度分别高达 19.6%和 10.7%，引起了科学家的注意。其实，这些可以算是较早的储氢材料，我国在 20 世纪 50 年代就开始了这类氢化物合成和应用的研究。近年来国内外的研究更注重实用化，主要聚焦在释放氢用催化剂、吸放氢速度控制、氢化物复用等方面。这类储氢系统用于氢燃料汽车的主要问题是系统的动态响应，另外，化合物的高昂价格也是大问题。除上述的氢化物外，我们常见的氨（NH_3）也是一种有效的氢载体，经分解和重整后可从中获得大量氢气。

有机物储氢也是一种有希望的储氢方法。有机液体化合物储氢剂主要是苯和甲苯，其原理是苯（或甲苯）与氢反应生成环已烷（或甲基环已烷），此载体在 0.IMPa、室温下呈液体状态，其贮存和运输简单易行，通过催化脱氢反应产生氢以供使用，该贮氢技术具有储氢量大（环已烷和甲基环已烷的理论贮氢量分别为 7.19%和 6.18%）、能量密度高、储存设备简单等特点，已成为一项有发展前景的贮氢技术。

有机液体氢化物作为氢载体的贮氢技术是在 20 世纪 80 年代发展起来的。美国布鲁克海文国家实验室（BNL）首先成功地将 LaNis 等粉末加入到 3%左右的十一烷或异辛烷中，制成了可流动的浆状储氢材料。近年来浙江大学在国家氢 973 项目的支持下，系统研究了高温型稀土—镁基储氢合金及其氢化物在浆液中催化液相苯加氢反应的催化活性，对合金相结构、微观结构形貌、表面状态及吸放氢性能的影响及其相关机制，提出字合金表面与有机物中碳原子发生电荷转移的新机制。但该体系的缺点也很突出，加氢时放热量大、脱氢时能耗高，脱放氢时的温度在 1000℃左右，也正是氢循环时的高温限制了它的应用。该系统能否应用的关键性问题是要开发出低温高效、长寿命的脱氢催化剂。

碳质储氢材料一直为人们所关注。碳质储氢材料主要是高比表面积活性炭、石墨纳米纤维和碳纳米管。特殊加工后的高比表面积活性炭，在 2～4MPa 和超低温（77K 为液氮的温度）下，质量储氢密度可达 5.3%～7.4%，但低温条件限制了它的广泛应用。

纳米碳材料是 20 世纪 90 年代才发展起来的储氢材料。已报道的储氢碳材料包括纳米碳纤维、纳米碳管等高碳原子簇材料。1995 年，有科学家报道纳米碳纤维的吸附特性与常规活性碳的吸附特性正好相反，表明纳米碳纤维有可能对小分子氢显示超常吸附。1997 年，美国人 A. CDillon 等曾报道单壁纳米碳管对氢的吸附量比活性碳大得多，其吸附热也约为活性碳的 5 倍。最令人心动的结果是 1998 年，美国东北大学罗德里格斯教授（Rodrig uez）等报道的试验结果，她们得到纳米石墨纤维在 12MPa 下的储氢容量高达 23.33L/g 纳米石墨纤维的试验结果，比现有的各种储氢技术的储氢容量高出 1～2 个数量级，引起了世人的瞩目。按照她的结果推算，用现有汽车的油箱大小的体积，装上纳米碳储氢，一次储氢足够氢燃料电池汽车行驶 8000 公里。此外，1999 年 7 月 2 日的《科学》杂志介绍了新加坡国立大学的科学家在碳纳米管中嵌入钾离子和锉离子后，在 200℃～400℃时吸放氢的数据相当高。一时，纳米碳储氢成为炙手可热的题目，世界上许多科学家都参与研究开发纳米碳储氢。经过几年的努力，发现纳米碳的储氢容量也就在 1%左右，并不像原先期望的那样高。先期的数据严重偏的高原因在于当时对纳米碳储氢机理认识不足，试验设计有错误。目前，还有人研究纳米碳储氢，但总的看来研究处于低潮。

另外还有一些复合储氢方法，如同时使用高压和储氢合金、同时使用高压和液氢等，希望提高储氢容量，改善储氢系统特性。

第七章　能源生态模式与生物质能项目工程技术经济分析

第一节　能源生态模式及其特点

一、相关概念

能源生态工程系统：指农村地区，利用当地可以获取的可再生能源资源，运用生态学原理，在促进良性循环的前提下，充分开发能源资源的潜力，促进分层多级利用物质、防止环境污染的生产工艺系统，以达到经济与生态效益同步发展。

生物质能源生态产业链：是某一区域的企业，模仿自然生态系统中的生产者、消费者和分解者，以生物质为基础，以生物质能源利用技术、生态技术、链接技术为关键，以产品和副产物为纽带，构建的一种既具有经济效益又具有生态效益的，物质、能量和信息闭环形流动的产业组织。

农村能源：指农村地区的能源供应与消费，涉及农村地区工农业生产和农村生活多个方面。它属于能源建设与行业管理的范畴，而不是一个单纯的能源生产或加工种类的划分，主要包括农村电气化、农村地区能源资源的开发利用、农村生产和生活能源的节约等。在中国，农村能源的开发主要包括薪柴、作物秸秆、人畜粪便等生物质能（包括制取沼气和直接燃烧），以及太阳能、风能、小水电、小窑煤和地热能等，多属于可再生能源。农村能源的节约则主要包括省柴节煤炉（灶、炕）、农业机械节能、农产品加工节能等。

能源模式："四位一体"、"猪一沼一果"、"五位一体"、"4F 循环模式"等。

二、能源生态模式意义与特点

生物质是指通过光合作用而形成的各种有机体，包括所有的动植物和微生物。而所谓生物质能源，就是太阳能以化学能形式：存在生物质中的能量形式，即以生物质为载体的能量。它直接或间接地来源于绿色植物的光合作用，可转化为常规的固态、液态和气态燃料，取之不尽、用之不竭，是一种可再生能源，同时也是唯一一种可再生的碳源。生物质能的原始能量来源于太阳，所以从广义上讲，生物质能是太阳能的一种表现形式。目前，很多国家都在积极研究和开发利用生物质能。生物质能蕴藏在植物、动物和微生物等可以生长的有机物中，它是由太阳能转化而来的。有机物中除矿物燃料以外的所有来源于动植物的能源物质均属于生物质能，通常包括木材及森林废弃物、农业废弃物、水生植物、油料植物、城市和工业有机废弃物、动物粪便等。地球上的生物质能资源较为丰富，而且是一种无害的能源。地球每年经光合作用产生的物质有1730亿吨，其中蕴含的能量相当于全世界能源消耗总量的10～20倍，但目前的利用率不到3%。依据来源的不同，可以将适合于能源利用的生物质分为林业资源、农业资源、生活污水和工业有机废水、城市固体废物和畜禽粪便等五大类。能源生态模式是很好的一种利用模式，其价值体现如下：

1. 经济价值

生物质能源是世界第四大能源，仅次于煤炭、石油和天然气。根据生物学家估算，地球陆地每年生产1000～1250亿吨生物质，海洋年生产500亿吨生物质。生物质能源的年生产量远远超过全世界总能源需求量，相当于目前世界总能耗的10倍。

我国的生物质能也极其丰富，现在每年农村中的稻秆量约6.5吨，林业废弃物（不包括炭薪林），每年约达3700m^3，相当于2000万吨标煤。到2010年将达7.26亿吨，相当于5亿吨标煤。柴薪和林业废弃物数量也很大，如果考虑F1益增多的城市垃圾和生活污水，禽畜粪便等其他生物质资源，我国每年的生物质资源达6亿吨标煤以上，扣除一部分做饲料和其他原料，可发为能源的生物质资源达3亿多吨标煤。随着农林业的发展，特别死炭薪林的推广，生物质资源还将越来越多。同时，随着社会经济的发展，农民生活水平的提高，农村的能源消费总量越来越大，能源消费结构也发生了很大改变，清洁无污染的优质能源消费比例逐渐提高。工业方面，由于常规能源的大量消耗，能源日益紧缺，能源价格越来越高，生产成本加大，能源日益成为企业生存发展的瓶颈。

因此发展生物质能技术，构建生物质能源生态产业链，推动农村经济的发展，帮助这些地区脱贫致富，实现小康目标，改变城乡二元经济结构，改善能源消费结构，突破制约经济社会发展的能源瓶颈，对促进整个国民经济的健康平稳较快发展具有重要的战略意义。

2. 生态价值

传统的常规能源的利用严重影响了我们的生活质量，甚至危及到了经济社会和人类生存的地步。而生物质能源是一种清洁的能源。硫、氮含量低，燃烧过程中生成的 SO_x、NO_x 较少，生物质作为燃料时，由于它在生长时需要的二氧化碳相当于它排放的二氧化碳的量，因而对大气的二氧化碳净排放量近似于零，可有效地减轻温室效应。

生态型产业链是一种循环经济，位于生态产业链中的下游企业以上游企业的副产物或废物为原料，通过一些变废为：i的工业技术和工艺流程，将副产物或废物转化为可销售的材料和产品，从而实现物质和能量的梯级循环利用和对环境的零排放零污染。

生物质能源对环境的破坏主要是源于人们对生物质能源不合理的开发和利用，所以，构建生态型产业链对生物质能源进行合理有效的发和利用，在推动社会经济发展的同时具有重大的生态价值。

3. 社会价值

构建生态产业链，有效合理开发生物质能源，推动农村经济发展，改善农村落后面貌，这对改变我国城乡二元经济结构，推动城乡经济协调发展，保证我国经济平稳健康发展，加快实现小康社会步伐具有重要的现实意义。

构建生态产业链，有效合理发生物质能源，改善能源消费结构，减少对常规能源的需求，有效遏制甚至扭转生态环境恶化趋势，具有重大的社会意义。构建生态产业链，有效合理开发生物质能源，缓解我国能源供需矛盾，破解经济发展能源桎括，化解其他国家队我国的能源威胁，具有重要的国际战略意义。

根据能源生态模式运行的规律，总结其特点如下：

（1）充分利用当地可以获取的可再生能源；

（2）以生态学原理为指导，实现资源配置的优化，多层次利用；

（3）项目与保护农村生态环境密切联系；

（4）规模往往比较小，但与提高农村经济发展和农民生活水平紧密相关。

第二节　技术经济评价指标

一、静态投资回收期（*PB*）

$$PB=T-1+(K-EM_j)/M_T$$

PB——静态投资回收期；

T——累计净收益开始大于初始投资的年份；
K——初始投资；
MJ——第 j 年的净收益；
MT——第 T 年的净收益。

二、动态投资回收期

$$M_j' = M_j / (1+i)^t$$

M_j'——第 j 年的净收益现值；
M_j——第 j 年的净收益；
i——贴现率。

三、成本效益分析

(1) 净现值（NPV）：效益现值减去成本现值；如果净现值大于零，项目可行；

(2) 益本比（B/C）：效益现值除以成本现值；如果效益成本比大于 1，项目可行；

(3) 内部收益率（IRR）：指使净现值为零时的贴现率；如内部收益率超过投资机会成本或基准收益率，项目经济上可行。

第三节　生态模式工程实例分析

一、“猪、沼、果”南方能源生态模式

“三位一体”农村能源生态模式以土地资源为基础，以太阳能为动力，以沼气为纽带，把种植和养殖相结合，通过生物能转换技术，将沼气池畜（禽）舍、厕所、果园连在一起，组成农村能源综合利用体系。以 0.33 公顷地为基本生产单元，在果园东侧建一座 $20m^2$ 的太阳能畜（禽）舍和一个 $1m^2$ 的厕所，畜（禽）舍下部为一个 $6\sim10m^3$ 时的沼气池。

人畜粪便和落叶、落果作为沼气池的发酵原料，沼气池为果树提供优质的有机肥，沼液可以喂猪和为果树喷施叶面肥，并且兼治果树的一些病虫害，沼气作炊事燃料和直接点灯照明。

投资概算：一个基本生产单元的“三位一体”农村能源生态模式约需投资 6815 元。其中：0.33 公顷果园约需投资 1700 元，建一个容积为 $8m^2$ 的沼气池约需 1615 元，建造一个面积为 $20m^2$ 的太阳能畜（禽）舍约需 2000 元，

建造一个面积为 $1m^2$ 的厕所约需 500 元，水电等基础设施约需 1000 元。

建造一个面积为 $8m^3$ 的沼气池所需费用如下：人工费 630 元（21 个工，30 元/工）；材料费 440 元；配件费 245 元；模板费 100 元；技术指导费 200 元。

效益分析：0.33 公顷果园通过施用沼液、沼渣，可使果树增产 20%，并且果品的品质明显提高，增加收入约 5000 元。养猪 1 年可出栏 10 头生猪，每头生猪可获利 150 元，此项可收益 1500 元。沼气用于炊事、照明，一年可节约原煤、电费折合人民币 300 余元。采取该模式，每年增收节支累计达 6800 元左右。

二、“四位一体”北方能源生态模式

“四位一体”生态模式是在自然调控与人工调控相结合条件下，利用可再生能源（沼气、太阳能）、保护地栽培（大棚蔬菜）、日光温室养猪及厕所等 4 个因子，通过合理配置形成以太阳能、沼气为能源，以沼渣、沼液为肥源，实现种植业（蔬菜）、养殖业（猪、鸡）相结合的能流、物流良性循环系统，这是一种资源高效利用，综合效益明显的生态农业模式。运用本模式冬季北方地区室内外温差可达 30℃以上，温室内的喜温果蔬正常生长、畜禽饲养、沼气发酵安全可靠。

图 7－1 是四位一体模式图，这种生态模式是依据生态学、生物学、经济学、系统工程学原理，以土地资源为基础，以太阳能颤动力，以沼气为纽带，进行综合开发利用的种养生态模式。通过生物转换技术，在同地块土地上将

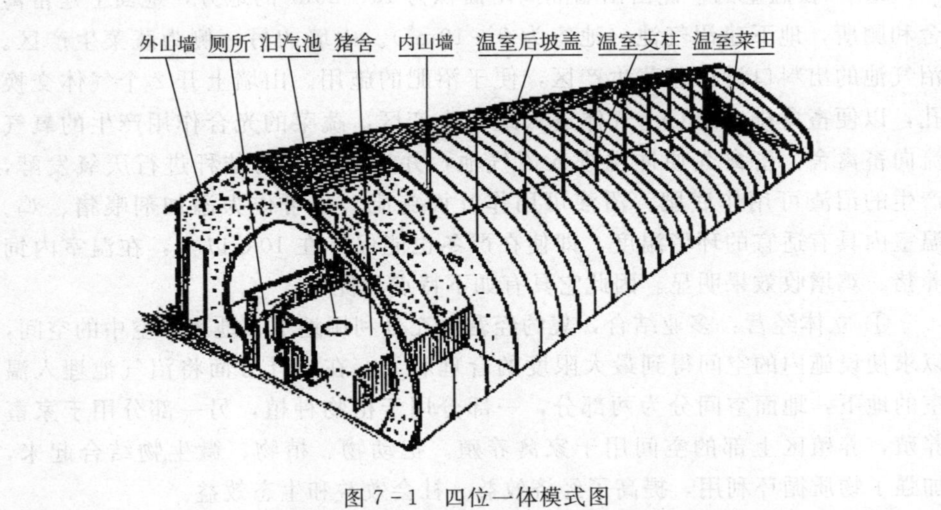

图 7－1　四位一体模式图

节能日光温室、沼气池、畜禽舍、蔬菜生产等有机地结合在一起，形成一个产气、积肥同步，种养并举，能源、物流良性循环的能源生态系统工程。

图 7-2 四位一体流程图，这种模式能充分利用秸秆资源，化害为利，变废为宝，是解决环境污染的最佳方式，并兼有提供能源与肥料，改善生态环境等综合效益，具有广阔的发展前景，为促进高产高效的优质农业和无公害绿色食品生产开创了一条有效的途径。

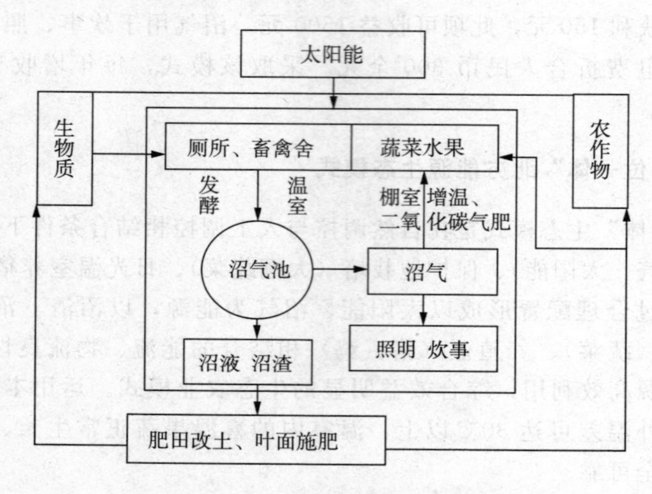

图 7-2 四位一体流程图

1. “四位一体”种养生态模式特点

“四位一体”种养生态模式的基础设施为塑膜覆盖日光温室（面积为 6m×70m），在温室的一侧由山墙隔离出面积为 15～20m² 的地方，地面上建畜禽舍和厕所，地下建沼气池（池容为 8～10m³）。山墙的另一侧为蔬菜生产区。沼气池的出料口设在蔬菜生产区，便于沼肥的施用。山墙上开 2 个气体交换孔，以便畜禽排出的 CO_2 气体进入蔬菜生产区，蔬菜的光合作用产生的氧气流向畜禽舍。畜禽粪便冲洗进入沼气池，并加入适量的秸秆进行厌氧发酵，产生的沼渣可用作底肥，沼液可用作叶面施肥，也可作为添加剂喂猪、鸡。温室内具有适宜的环境温度，即使在严冬也能保持在 10℃以上，在温室内饲养猪、鸡增收效果明显。因此它具有如下特点和优势：

① 立体经营：多业结合，集约经营。充分利用地下、地表和空中的空间，以求使设施内的空间得到最大限度的合理利用。在设计方面将沼气池埋入温室的地下，地面空间分为两部分，一部分用于植物种植，另一部分用于家畜养殖，养殖区上部的空间用于家禽养殖。把动物、植物、微生物结合起来，加强了物质循环利用，提高了经济效益、社会效益和生态效益。

② 保护环境：由于该模式，充分循环利用了各种资源并不对自然产生危

害，因此该模式保护改善了自然环境与农村的卫生条件。

③ 多级利用：植物的光合作用为畜禽提供新鲜氧气；畜禽呼吸吐出的二氧化碳给植物的光合提供了原料；沼液用于叶面肥料和作物的杀虫剂；沼渣用作农田的有机肥及蘑菇栽培的基质；沼气中的①甲烷提供给日光温室可增温和光照，②二氧化碳可促进植物的光合作用。

④ 系统高效：这里所说的高效化可以从两个方面加以理解：其一是系统运行效率高，这主要体现在通过各种技术接口，强化了系统内部各组成部分之间的相互依赖和相互促进的关系，从而保证了整个系统运行的高效率；其二是系统的效益高，这主要是由于系统的生产严格遵循了自然规律，也就是实现了生态化生产，所以模式生产的农产品的品质和产量就得到了提高，从而保证了系统的高效产出。

2. "四位一体"种养生态模式的优点

一是增产效果明显，品质改良显著。模式内的蔬菜提前上市40天，生长期处延长20——30天，产量有大幅度的提高。大棚黄瓜畸形少，瓜直色正，口感好，深受消费者欢迎。

二是增重育肥效果显著。沼液为弱碱性，有利于猪、鸡的生长发育；沼液富含多种有机氨基酸、维生素及复合消化酶、能促进生物体的新陈代谢和提高饲料利用率。用沼液作饲料添加剂，猪平均日增重0.7 kg以上，最高可达0.77 kg，提高了出栏率；养鸡育肥快，出栏时间可提前7～10天。

三是有利于节约能源。在大棚内建沼气池解决了冬季不产气的问题，$10m^3$ 沼气池年产沼气可达 $810m^3$ 除用于照明、做饭、烧水外还可以为蔬菜生长提供 CO_2 气肥，有利于提高棚温和增加光照时间。

四是提供有机肥源，培肥地力。一个 $10m^3$ 沼气池一年可产6吨沼渣，用沼渣作基肥，可减少化肥的施用量，降低生产成本，减轻了农业污染，提高了土壤有机质含量。长期使用沼肥，可使土壤疏松、结构优化，土壤肥力显著提高。

五是防病虫害效果明显。施用沼渣、沼液对黄瓜、番茄的早期落叶、黄斑病等病虫害有抑制作用。对虫害防治效果明显，对蚜虫、红蜘蛛等虫害的防治效果达90%以上；减少农药使用次数，有利于无公害蔬菜的生产。

3. "四位一体"种养模式的效益分析

（1）经济效益分析

"四位一体"种养生态模式内蔬菜产量高，品质好，销售快，每组大棚一般年收入6000～10000元，增加经济收入1500元左右。大棚内养成猪所出栏6～8头，可获经济收入800元以上，纯收入2300元以上。总之，"四位一体"种养生态模式每组大棚比普通大棚年增收0.4～0.8万元。大棚建设投入当年即可收回，并略有节余。一次投资，多年受益，经济效益十分显著。

（2）社会效益和生态效益分析

“四位一体”捉养生态模式有效地改善了农村生态环境卫生，推动了畜牧业的发展，在种养综合利用方面是一个创举，对丰富菜篮子发挥了重要作用，加快了在农村大力推广节能实用技术的进程。该种养模式的生态效益更为突出，大棚内建沼气池，池上搞养殖，既能消化处理秸秆，又能使粪便入池进行厌氧发酵，减少环境污染，而且沼渣、沼液又是上好的无公害肥料，长期使用，可减少病虫害发生。

总之，“四位一体”种养生态模式实现了生态效益、经济效益和社会效益的同步增长，加快了农业系统内部能量、物质的转化和循环，对保持农业生态平衡起到了积极作用。“四位一体”种养生态模式所生产出的农产品基本符合国家规定的无公害农产品质量标准，推广这种模式是发展无公害农业、绿色农业、有机农业的有效途径。因此，“四位一体”种养生态模式是推动农业可持续发展、创建绿色生态家园的新型生产模式，具有推广价值。

三、“大同乐土”生态循环经济模式

模式的设计理念是尊重生命、尊重自然、回归自我。设计思路是在村民自主自愿的基础上将土地流转整合在一起进行现代化生态农业耕种，村民们整体搬迁入生态社区，利用农村生物质生产沼气、沼肥和发电，提供居民的用气用电和生态农业所需的有机肥料；利用电动汽车作为交通工具和物流工具；发展生态农业利用高品质的养殖和种植生态产品为城乡居民解决就业和增收。

模式主要有四个核心模块单元：生态社区、生态农业、生物质能源、新能源汽车。

模式的设想是将粗放式的直线经济发展方式转变为精细化的生态循环经济方式，具体就是以下设想：

（1）以生物质能源为主的新能源逐步取代以石油煤炭为代表的化石能源，化石能源逐步走向特定应用区域。

（2）以分散化的独立生态小区或生态新农村逐渐取代高度集中化的城市小区，引导人们分流到合理均衡的居住状态，当城市的人流压力逐渐减缓时，城市也将走向修复性的生态化。

（3）以生态农业逐步取代以化肥农药为标志的现代农业，修复生态环境、改善土壤结构，从根本上解决食品和粮食的安全问题，同时提供大量的就业岗位。

（4）以电动汽车逐步取代燃油型汽车，燃油型的汽车可以根据需要改装

成电动汽车，替换下的发动机可以改装成小型沼气发电机。城市的尾气、噪音污染将会得到根本性的解决，高烈度的交通事故会减少很多。

以上四个方面是紧密联系互为补充互为推动的。

1. 生态社区

村民的居民住宅由生物质发电模块集中供气、供电、供暖，同时因地制宜采取诸如太阳能热水器、水源热泵、地源热泵等成熟技术辅助供暖，同时广泛用各种环保的保温节能材料减少能量的耗损，最终还要实现所有居民住户的两管双气三线（自来水管道、燃气管道、燃气、暖气、电力、通讯、有线电视及网络）铺设。村民们聚集生活成一个社区，社区集中建造学校、幼儿园、养老院、卫生院、超市、文化娱乐设施等，由社区集中提供教育、养老、医疗、文化娱乐等服务。一个模式就是一个相对独立完整的生态社区。最终的理想追求就是达到全方位的生态化，彻底摆脱化石能源，确切地说就是人们的“衣、食、住、行”最终都要达到无污染无碳排的生态化理想状况。

2. 生态农业

生态农业是指在保护、改善农业生态环境的前提下，遵循生态学、生态经济学规律，运用系统工程方法和现代科学技术，集约化经营的农业发展模式。生态农业是一个农业生态经济复合系统，将农业生态系统同农业经济系统综合统一起来，以取得最大的生态经济整体效益。它也是农、林、牧、副、渔各业综合起来的大农业，又是农业生产、加工、销售综合起来，适应市场经济发展的现代农业。

生态农业要求农业发展同其资源、环境及相关产业协调发展，强调因地、因时制宜，以便合理布局农业生产力，适应最佳生态环境，实现优质高产高效。生态农业能合理利用和增殖农业自然资源，重视提高太阳能的利用率和生物能的转换效率，使生物与环境之间得到最优化配置，并具有合理的农业生态经济结构，使生态与经济达到良性循环，增强抗御自然灾害的能力。

我国有着历史悠久的传统农业，在精耕细作、用养结合、地力常新、农牧结合等方面都积累了丰富的经验，这也是生态农业的精髓。

生态农业的生产属于劳动密集型，可以提供大量的就业岗位。

生物质能源例如大型沼气工程将会为生态农业提供必要的电力和有机沼肥，这一切都是环保无污染而且持续循环的。

3. 生物质能源

生物质能源是指利用生物质资源进行开发，生物质是指可再生的有机物质，如农作物、树木等植物及其残体、畜禽粪便等有机废弃物。我国生物质资源非常丰富，目前预估相当于6～7亿吨标准煤。因此，将这些大量的可再生性生物质资源加以利用，替代化石资源，具有很好的前景。

这一块资源并没有得到有效利用，例如玉米、小麦、水稻秸秆，因为无法得到有效利用被大量焚烧和用于发酵还田，期间产生的二氧化碳和甲烷严重污染了周围空气环境和增加了碳排量。如果能将这块资源有效转化为生物质能源，则在降低空气污染和有效减排的同时，又提供了一种新的清洁能源，减弱了农村乡镇对传统能源的依赖，调整改善了我国传统的能源结构，对改善农村环境、提升农村生活水平具有很重要的作用和现实意义。

该模块将会产生巨量的沼渣沼液等有机肥料，这些有机肥料将用于种植粮食和有机果蔬，剩余的可制成固液体肥料出售，这一过程将逐步改善和提高土壤质量，最终实现人类生活与地球环境的共同提高和改善。

必须要指出的是生物质能本身是一个系统运转的工程，对它必须要系统地加以运用，它的综合系统效果才会最大限度地发挥出来，如果单一用于供气或发电，反而会受到诸多制约，例如沼气工程产生的沼渣沼液本身是优质的有机肥，但如果得不到有效利用和处理，反而成为一个污染源。

下图 7－3 是临沂市罗庄区盛泉大型沼气工程现场图片，该工程日生产沼气 4000 立方米，年产有机沼肥 3000 吨。沼气用于职工和附近居民免费生活用能，有机沼肥用于发展生态农业。

图 7－3　临沂市罗庄区盛泉大型沼气工程示意图（来自互联网）

4. 新能源汽车

新能源汽车是指以车载电源为动力，用电机驱动车轮行驶，符合道路交通、安全法规各项要求的车辆。由于对环境影响相对传统汽车较小，在原油价格持续攀升的背景下其前景被广泛看好。新能源汽车的组成包括：电力驱动及控制系统、驱动力传动等机械系统等。

模式大规模复制后，会极大带动新能源汽车的生产和销售，新能源汽车尤其是性价比很高的以铅酸蓄电池为动力的纯电动汽车最适合在农村发展，农村应用的特点，一是行驶里程不是很远，二是行驶路线相对固定，三是停放和充电方便，这些特点决定了对电动汽车的性能要求不需要太高。铅酸电池动力的电动汽车技术成熟造价低廉易回收，时速可在40～60km之间，充一次电可行驶100千米以上，完全可以替代两轮、三轮的电动车，出行运输更方便也更安全，当地居民的生活质量将因此得到很大提高。纯电动汽车廉价、易造的特点决定了它很容易在短期内对现有的四缸机燃油汽车产业链形成巨大冲击，但资源的压力和经济发展的需要又要求必须开发这个领域，因此将这个产品政策性的引导到农村市场是上下兼顾的两全之策。电动汽车的巨大需求会逐步优化汽车产业链。

电动汽车的大量增加势必会增加电力的供应压力，由于我国70%的电力供应来自火电，实际间接地增加了煤炭的开采和燃烧发电的压力，这个过程反而不环保不低碳了。但如果有生物质发电作为配套，利用生物质发电来为电动汽车充电，则会降低对传统能源的需求压力，电动汽车真正环保低碳了。

未来以沼气为基础的燃料动力电池是铅酸动力电池比较理想的升级方案。

四、霄坑村庭院循环经济模式

霄坑村素有安徽省百佳生态村之称，属于池州市贵池区梅村镇，全村分为12个村民组，428户，1632口人，全村森林覆盖率达到98%。该村走养殖—沼气—种植这一循环经济建设之路，通过改水、改厕、养猪等方式大力发展沼气工程。该村是贵池区最早建设沼气工程的试点村，1999年建沼气池25口，每口沼气池国家补贴240元，2000年发展到140口，每口沼气池国家补贴1000元，2002年农业部财政拨款30万用于该村的沼气池建设。近几年全村已建设生态家园示范户186户，建造三结合（猪栏、厕所、沼池）沼气池186口，其中五个一配套（即一口沼气池、一台太阳能、一个太阳能取暖圈、一口小水具、一块园地）沼气池90口，已被农业部评定为生态家园富民计划示范村。目前，该村建起了沼气服务站，配备了专业技术人员，并配有沼液车，为村民提供免费服务。为了更好地建设沼气工程项目，贵池区农村能源办在霄坑村办起了农村沼气国债项目服务网点。

沼气工程的建设有效解决了农村生活能源问题，又能获得农业生产所需的有机肥料，改善农村人居环境，具有良好的经济、生态和社会效益。

1. 经济效益分析

为了对沼气工程效益进行分析，课题组主要成员设计了霄坑村农户沼气调查表，对霄坑村428户农户采取等距抽样的方法，共抽取总样本数38个，其中有32户拥有沼气（表7-1）。

表 7-1　霄坑村沼气工程建设调查情况统计表

沼气池容积（立方米）	初次建造成本（元）	获得补贴（元）	农户每年节省能源支出（元）
5	1000	300	1000
8	1200	300	1200
10	1300	700	1200
12	1300	700	1200

霄坑村农户沼气工程建设调查问卷资料显示沼气池容积不同，其初次建造成本、补贴和农户每年节省的能源支出都有所差异。表1中沼气池容积为5立方米时，初次建造成本为1000元左右，获得补贴300元。由于在霄坑村很多农户用沼气做饭，减少了薪炭柴的采伐，部分稻麦秸秆用作饲料，促进了养殖业的发展，农户每年节约1000元左右的能源支出。随着沼气池容积的增大，其建造成本也有所增加，但所获得的补贴和节省的能源开支也有所上升。以沼气气工程建设为中心的庭院循环经济模式，更能彰显沼气工程建设所带来的巨大经济效益，霄坑村庭院循环经济模式图。

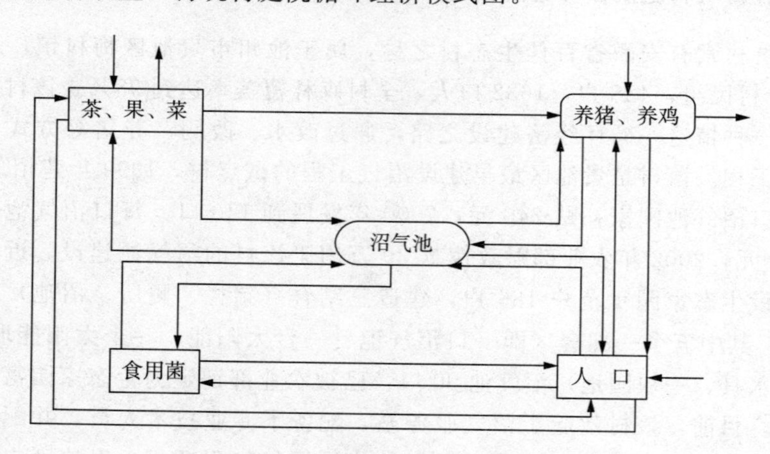

图 7-4　霄坑村庭院循环经济模式图

农户用沼液、沼渣喂猪、养鸡，减少了饲料投入；用沼渣培植食用菌，用沼气作为食用菌温室用能，大大降低食用菌生产成本；用沼肥种茶、种果和种菜，节省了肥料开支。霄坑村的这种种养相结合的庭院循环经济模式，开辟了山区农民增收节支的新途径，取得了显著的经济效益，使霄坑村迈入了小康村的行列。由此我们可以看出该村提高资源物质循环的高效利用率和环境同化能力在农业产业化经营和农民增收致富方面发挥了重要作用。

2. 生态效益分析

霄坑村山高谷深，常年云雾缭绕，雨水充沛，野生茶资源丰富，适宜发展有机茶生产，茶叶经济成为霄坑的主导产业，其中猪—沼—茶生态种养技术在该村的循环经济发展中发挥了良好的生态效益。

(1) 利用这种种养技术，通过在茶园内增施沼肥，并利用生物间食物链及相生相克的原理进行茶园内有害生物的综合治理，从而达到改良土壤与提高有机茶相结合，茶园内禁施化肥、农药、激素促进了有机茶的生产，同时提高了茶叶的品质。目前，霄坑绿茶已通过国家环保总局有机商品发展中心认证。霄坑人生产茶叶的积极性得到了提高，改造老茶园，发展新茶园，茶园总面积达 3000 亩。

(2) 粪便进沼池，使霄坑人的居住环境得到了改善。通过沼气工程建设，实现了农村生活污水、人畜粪便的资源化利用，变废为宝。

(3) 农户广泛使用沼气，解决了农村部分生活用能，有效地保护了生态植被。

3. 社会效益分析

霄坑沼气池的建设使农户用上优质的清洁能源，基本上不需要砍柴、买煤，减轻了劳动强度，解放了劳动力，摆脱了过去烟熏火燎的传统生活习俗。建池与改厕、改圈、改厨相结合，实现了圈厕分离，厨圈分离，有效地改善了农户的生活条件和生活习惯。同时，随着沼气建设的不断发展，使农民群众逐步认识到解决农村环境污染对保护环境和自身健康的重要性，增强了环境保护和循环经济发展的意识，彻底改变了多年来形成的一些生活陋习。乡镇领导同志和村基层干部普遍反映，沼气建设增强了基层党组织的凝聚力和号召力，密切了干群关系，促进了农村精神文明建设和公共卫生事业的发展。农民的生存环境的改善，提高了农民的生活质量，社会效益明显加快农业产业结构调整，促进农村经济向高效农业、生态农业方向发展，使人与自然更加和谐。

参考文献

[1] 张无敌，周长平，刘士清．论沼气及其综合利用与现代农业相结合[J]．生态科学，1998，17（2）：114—117

[2] 周孟津，张榕林，蔺金印．沼气实用技术［M］．北京：化学工业出版社，2004

[3] 张希衡．废水厌氧生物处理工程［M］．北京：中国环境科学出版社，1996

[4] 胡纪萃，周孟津，左剑恶．废水厌氧生物处理理论与技术［M］．北京：中国建筑工业出版社，2003

[5] 陈坚．环境生物技术［M］．北京：中国轻工业出版社，1999

[6] 曲静霞，姜洋，何光设，潘亚洁，农业废弃物干法厌氧发酵技术的研究［J］．可再生能源，2004，2：40—41

[7] 张波，张丽丽，徐剑波，等．城市生活垃圾的厌氧消化处理现状和研究进展［J］．中国沼气，2003，21（4）：17—22

[8] 樊国锋，赵颖，王萍．两相 UASB 反应器相分离［J］．华侨大学学报，2001，22（4）：432—436

[9] PNHobson. In.：SubbaRao NS（ed）Aduan. In Agricult. Microb. Landon Buffer worth Scientific，1982：523

[10] 涂卫峰．生物垃圾厌氧发酵的原理研究［学位论文］．合肥：合肥工业大学，2006

[11] 陈朝猛．城市有机垃圾厌氧消化及其营养调控技术研究［学位论文］. 长沙：湖南大学，2005

[12] 鲁楠．新能源概论［M］．北京：中国农业出版社，1997

[13] 李刚，杨立中，欧阳峰．厌氧消化过程控制因素及 pH 和 Eh 的影响分析［J］．西南交通大学学报，2001，36（5）：518—522

[14] 何丽红．畜禽粪便高温厌氧干发酵关键参数优化研究［学位论文］．武汉：华中农业大学，2004

[15] 徐曾符．沼气工艺学［M］．北京：农业出版社，1981

[16] 兰劲涛．影响有机固体废弃物厌氧成气因素的研究［学位论文］．重庆：重庆大学，2005

[17] 李刚，欧阳峰，杨立中．两相厌氧消化工艺的研究与进展［J］．中国沼气，2001，19（2）：25—29

[18] 周富春．完全混合式有机固体废物厌氧消化过程研究［学位论文］．成都：重庆大学资源及环境科学学院，2006

[19] 董金锁，薛开吉．农村沼气实用技术［M］．河北：河北科学技术出版社，1999

[20] 焦瑞身．微生物工程［M］．北京：化学工业出版社，2003

[21] 王飞，蔡亚庆，仇焕广．中国沼气发展的现状、驱动及制约因素分析［J］．农业工程学报，2012，28（1）：184—189

[22] 孔维涛．低温沼气发酵优良菌系的筛选及优势菌群分析［学位论文］．河北：河北农业大学，2013

[23] 王革华，李俊峰．农村能源项目经济评价［M］．北京：科学技术出版社，1994

[24] 刘荣厚．新能源工程［M］．北京：中国农业出版社，2006

[25] 张雷著．能源生态系统：西部地区能源开发战略研究［M］．北京：科学出版社，2007

[26] 刘荣厚．生物质能工程．北京．化学工业出版社．2009.9

[27] 程安东．可再生能源微生物转换技术．北京．科学出版社．2009.5

[28] GREGG DAVID，SASSLER JOHN N. A techno－economical assessment of the pretreatment and fraction steps of a biomass to ethanol process［J］. Applied Biochemistry and Biotechnology，1996，57：71—79

[29] TORGET R，WERDENE P，HIMMEL M，et al. Dilute acid pretreatment of short rotation woody and herbaceous crops［J］. App－Biochem Biotechnol，1990，24—25：115—126

[30] 廖荣俊，余学军，夏雨钟．竹粉的稀酸预处理及酶解技术研究［J］．竹子研究汇刊，2011，30（4）：26—30

[31] 黄素梅，王敬文，杜孟浩．酸水解竹加工剩余物制还原糖的研究［J］．安徽农业科学，2010，38（20）：10891—10897

[32] 张金萍，周本智，王敬文等．竹材纤维甲酸水解产糖的研究［J］．纤维素科学与技术，2008，16（4）：34—37

[33] ZHAO，X. B.，ZHANG，L. H，LIU，D. H. Comparative study on chemical pretreatment methods for improving enzymatic digestibility of Crofton weed stems［J］. Bioresource Technology，2007，8

[34] 徐忠，汪群慧，姜兆华．氨预处理大豆秸秆纤维素酶解产糖影响的研究 [J]．高校化学工程学

报，2004，18（6）：773－776

[35] KIM T H，LEE Y Y. Pretreatment and fractionation of corn stover by ammonia recycle percolation process [J]．Bioresource Technology，2003，1（90）：39－24

[36] KLINKE，H. B，AHRING，B. K，SCHMIDT，A. S，THOMSEN，A. B. Characterization. of. degradationproductions from alkaline wet oxidation of wheat straw [J]．Bioresource&Biotechnology，2002，1（82）：15－26

[37] 汪丹妤，王海燕，薛国新．麦草浆臭氧漂白中戊聚糖含量的变化 [J]．纸和造纸，2004，23（5）：58－59

[38] 本刊讯．日本开发出竹子提取生物乙醇新技术 [J]．化工科技市场，2009，32（1）：62

[39] 周广麒，郭茵，吴琼．超声波对甜高粱秸秆酶水解影响的研究 [J]．中国酿造，2008，199（22）：54－57

[40] 仝明，姚春才．微波辅助预处理对玉米秸秆酶解的影响 [J]．南京林业大学学报，2009，33（4）：91－94

[41] IMAI M，IKARI K，SUZUKI ISAOi M. High－performance Hydrolysis of cellulose Using Mixed Cellulase species and Ulreasonication Pretreatment [J]．Bichemical Engineering Journal，2004，17（2）79－83

[42] AVELLRA B K，GLASSER W G. Steam－assisted biomass fractionation：process considerations and economic evaluation [J]．Biomass and Bioenergy，1998，14（3）：205－218

[43] 陈育如，夏黎明，吴棉斌．植物纤维原料预处理基础的研究进展 [J]．化工进展，1999（4）24－26

[44] 潘亚杰，张雷，郭军，等．农作物秸秆生物法降解的研究 [J]．可再生能源，2005，3：33－35

[45] TZHERZASCH M J，KARIMI K. Enzyme－based hydrolysis processes for ethanol from lignocellulosic materials：A review [J]．Bioresources，2007，2（4）：707－738

[46] JINGPING GE，GUOMING LIU，XIAOFENG YANG，et al. Optimization of xylose fermentation for ethanol production by Candida shehatae HDYXHT－01 [J]．Chinese Journal of Biotechnology，2011，27（3）：404－411

[47] VERMA D，KANAGARAJ，JIM S X. Chloroplast－derived

enzyme cocktails hydrolyze lignocelluloses biomass and release fermentable sugars [J] . Plant Biotechnology Journal，2020，8 (3)：332—350

[48] MURAI T，UEDAM，KAWAGUCHI T，et al. Assimilation of cellooligosaccharides by a cell surfaceengineered yeast expressing—glucosidase and carbonxymethyl cellulase from aspergillus aculeatus. [J] . Applied Environment Microbiol，64 (12)：4857—4861

[49] GEORGE P PHILIPPIDIS，TAMMY K Smith，Limiting factors in the simultaneous saccharification and fermentation process for conversion of cellulosic biomass to fuel ethanol [J] . Applied Biochem&Biotech，1993，39 (40)：41—58

[50] OLSSON L，HAHN. Fermentation of lignocellulosci hydrolysates for ethanol for production [J] . Enzyme and Microbial Technology，1996，18：312—331

[51] 姚梦吟，刘晓风，袁月详．一株选择性降解木质素菌的筛选机其对玉米秸秆的降解 [J] . 应用与环境学报，2009，15 (3)：427—431

[52] WU Z W，LEE Y Y. Nonisothermal simultaneous saccharification and fermentation for directconversion of lignocellulosic biomass to ethanol [J]. Applied Biochem&Biotechnol，1998，70：479—492

[53] 夏黎明，余世袁，丁红卫．固定化休哈塔斯酵母细胞发酵玉米秸秆水解液的研究 [J] . 林产化学与工业，1994，14 (1)：51—55

[54] 忻耀年．生物柴油的发展现状与应用前景 [J] . 中国油脂，2005，30 (3)：49—53

[55] 李昌珠，蒋丽娟，程树棋．生物柴油—绿色能源 [M] . 北京：化学工业出版社，2005

[56] 谓天伟，王芳，邓利，徐家立，干．丽婚．生物柴油的生产和应现代化丨：.2002，22 (2)：4—6

[57] 韩毅，邓宇．生物柴油的发展现状及新技术 [J] . 化工技术与开发. 2007，36 (3)：19—25

[58] . 干一平，翟抬，张金利，李评，韩振亭？生物柴油制备方法研究进展 [J] . 化1：进展 . 2003，22：8—12

[59] 宁守俭．生物柴油产业步入跨越发展一 2011 年问顾与 2012 年展望 [J] . 中国生物柴油 . 2012，1：1—4

[60] Haifeng Liu，Chia — fon Lee，Ming Huo，Mingfa Yao. Comparison of ethanol and butanol as

additives in soybean biodiesel using a constant volume combustion chamber [J], EnergyFuels. 2011, 25: 1837—1846

[61] Adams C, Peters J F, Rand, et al. Investigation ofsoybean oil as diesel fuel exter. Endurance tests [J]. JAOCS. 1983, 60 (8): 1574—1579

[62] Michad J. Haas, bnproving the economics ofbiediesel producdcm tbrougji the use of lowvalue lipids as feedstocks: vegetable oil soapstock [J]. Fuel Processing Technology. 2005, 86: 1087—10%

[63] Satoshi Furuta, Hiromi Matsuhashi, Kazushi Arata. Biodiesel fiiel {Hoduction with solidamcHphous—zirconia catalysis in fixed bed reactoifJ]. Biomass and Biometgy. 2006, 30 (10): 870—873

[64] Lara Pizarro A V, Park E Y. Lipase — catalyzed productkm of biodiesel fuel from vegetable oils contained in waste activated bleaching ea] 1h [J]. Process Biochemistry. 2003, 38 (7): 1077—1082

[65] 李香春，叛宗园. 脂肪_特性及其应用 [J]. 粮食与油脂. 2003, 3: 19—20

[66] Esper Boel, Biigitte Huge — Jensen, Mogens Christensen, Lars Thim, Niels P. Fiil. Rhizomucor miehei triglyceride lipase is syndiesized as a precursor [J]. Lipids. 1988, 23 (7): 701—706

[67] Villeneuve P, Muderhwa J M, Graille J, Haas M J. Customizing lipases for biocatalysis: asurvey of chemical, physical and molecular biological approaches [J]. Journal of Molecular Catalyze B: Enzymatic — 2000, 9 (4—6): 113—148

[68] Jegannathan K R, Abang S, Poncelet D, Chan E S, Ravindra P. Production of biodiesel using immobilized lipase — a critical review [J]. Critical Review Biotechnology. 2008, 28 (4): 253—264

[69] Du W, Xu Y, Liu D, Zeng J. Comparative study on lipase — catalyzed transformation of soybean oil for biodiesel production with different acyl acceptors [J]. Journal of MolecularI Catalyze B: Enzymatic. 2004, 30 (3—4): 125—129

[70] Wang J, Huang Q, Huang F, Wang J, Huang Q. Lipase — catalyzed production of biodiesel from high acid value waste oil using ultrasonic assistant [J]. Chinese Journal of—Biotechnology. 2007, 23 (6): 1121—1128

[71] Lu J, Deng L, Zhao R, Zhang R, Wang F, Tan T. Pretreatment of immobilized Candida sp. 99 — 125 lipase to improve its methanol tolerance for biodiesel production [J]. Journal ofMolecular Catalyze B: Enzymatic.

2010，62（1）：15—18

［72］Tan T，Nie K，Wang F. Production of biodiesel by immobilized Candida sp. 99—125 lipaseat high water content ［J］. Applied Biochemistry and Biotechnology. 2006，128（2）：109—116

［73］Iso M，Chen B，Eguchi M，Kudo T，Shrestha S _ Production of biodiesel fuel from triglycerides and alcohol using immobilized lipase ［J］. Journal of Molecular Catalyze B：Enzymatic. 2001，16（1）：53—58

［74］Sails A，Pinna M，Monduzzi M，Solinas V. Comparison among immobilised lipases on macroporous polypropylene toward biodiesel synthesis ［J］. Journal of Molecular Catalyze B：Enzymatic. 2008，54（1—2）：19—26

［75］Salis A，Pinna M，Monduzzi M，Solinas V. Biodiesel production from triolein and short chain alcohols through biocatalysis ［J］. Journal of Biotechnology. 2005，119（3）：291—299

［76］Shah S，Gupta M N. Lipase catalyzed preparation of biodiesel from Jatropha oil in a solvent free system ［J］. Process Biochemistry. 2007，42（3）：409—414

［77］Yesiloglu Y _ Immobilized lipase — catalyzed ethanolysis of sunflower oil ［J］. Journal of American Oil Chemistry Society. 2004，81（2）；157—160

［78］Shah S，Sharma S，Gupta M N. Biodiesel preparation by lipase—catalyzed transesterification of jatropha oil ［J］. Energy Fuels，2004，18（1）：154—159

［79］Shieh C J，Liao H F，Lee C C. Optimization of lipase—catalyzed biodiesel by response surface methodology ［J］. Bioresource Technology. 2003，88（2）：103—106

［80］贺序，徐岩，滕云，王栋．华根霉全细胞脂肪酶催化合成生物柴油m. 催化学报．2008，29（1）：41—46

［81］李治林，李迅，王飞，蒋剑春．全细胞生物催化制备生物柴油研究［J］．林产化学与工业．2009，29（2）：1—5

［82］Yamaguchi S，Takeuchi K，Mase T，Matsuura A. Efficient expression of mono — and diacylglycerol lipase gene from Penicillium camembertii U — 150 in Aspergillus oryzae under the control of its own proinoter ［J］. Bioscience Biotechnology Biochemistry. 1997，61（5）：800—805

[83] 何耀强，王炳武，谭天伟．假丝酵母99—125脂肪酸的发酵工艺研究[J]．生物工程学报．2004，20(6)：918—921

[84] Takahashi，S.，Ueda，M.，Tanaka，A，Independent production of two molecular froms of a recombinant Rhizopus oryzae lipase by KEX2—engineered strains of Saccharomyces cerevisiae [J]. Applied Microbiology and Biotechnology. 1999，52(4)：534—540

[85] Beer H D，McCarthy J E G，Bomscheuer U T，Schmid R D. Cloning，expression，characterization and role of the leader sequence of a lipase from Rhizopus oryzae [J]. Biochimica et Biophysica Acta. 1998，1399(2—3)：173—180

[86] 张慧慧，梁艺福．超临界法制备生物柴油的研究进展[J]．云南化工．2008，35(5)：77—80

[87] Ayhan Demirbas. Biodiesel production via non—catalytic SCF method and biodiesel fiael characteristics [J]. Energy Conversion and Management. 2006，47(15—16)；2271—2282

[88] 谢明霞，张敏华，姜沿锡．超临界甲醇制备生物柴油的研究[J]．化学与生物工程．2007，24(9)：40—42

[89] Demirbas A. Biodiesel production from vegetable oils via catalytic and non—catalytic supercritical methanol transesterification methods [J]. Progress in Energy and Combustion Science. 2005，31(5—6)：466—487

[90] 王成，刘忠义，陈于陇，徐玉娟，吴继军．生物柴油制备技术研究进展[J]．广东农业科学．2012，1：107—112

[91] 张爱华，张玉军，肖志红，李培旺，李吕珠．批徒丁烷磺酸硫酸氧盐离子液体催化制备生物柴油[J]．石油化工：．2009，38(4)：389—393

[92] 胡震，于海莲．超卢波法制备生物柴油的新工艺研究[J]．粮油加工．2009，9：86—88

[93] 周彩荣，七晓华，程养燕．微波法由棉籽油制备生物柴油[J]．郑州大学学报(工学版)．2008，29(4)：51—53

[94] 王云，俞云良，陆向红，徐之超，计建炳．水力空化技术强化酯交换反应合成生物柴油的研究[J]．浙江工业大学学报．2008，36(1)：12—15

[95] Chen H X，Liu N A，Fan W C. Two—step consecutive reaction model and kinetic parameters relevant to the decomposition of Chinese forest fuels [J]. Journal of Applied Polymer Science，2006，102：571—576

[96] 黄承洁，姬登祥，于凤文，等．生物质热解动力学研究进展[J]．

生物质化学工程，2010，44（1）：39－43

［97］刘倩．基于组分的生物质热裂解机理研究 P］．杭州：浙江大学，2009

［98］Home P A，Williams P T. Influence of temperature on the products from the flash pyrolysis ofbiomass ［J］．Fuel，1996，75（9）：1051－1059

［99］Bradbury A G，Sakai Y，Shafizadeh F. A kinetic model for pyrolysis of celIuIose ［J］．Journal of Applied Polymer Science，1979，23（11）：3271－3280

［100］Antal M J J，Varhegyi G. Cellulose pyrolysis kinetics：the current state ofknowledge ［J］．Industrial & Engineering Chemistry Research，1995’34（3）：703－717

［101］虞艳芬．纤维素热裂解机理试验研究［D］．杭州：浙江大学，2003

［102］Arseneau D R Competitive reactions in the thermal decomposition of celIulose ［J］．Canadian Journal of Chemistry，1971，49（4）：632－638

［103］Mok W S L，Antal Jr M J. Effects of pressure on biomass pyrolysis. I. Cellulose pyrolysis products ［J］．Thermochimica Acta，1983，68（2）：155－164

［104］Boutin O，Ferrer M，Lede J. Radiant flash pyrolysis of cellulose ～Evidence for the formation of short life time intermediate liquid species ［J］．Journal of Analytical and Applied Pyrolysis，1998，47（1）；13－31

［105］Boutin O，Ferrer M，Lede J. Flash pyrolysis of cellulose pellets submitted to a concentrated radiation：experiments and modeIIing ［J］．Chemical Engineering Science，2002，57（1）：15－25

［106］Lede J，Blanchard F，Boutin 0. Radiant flash pyrolysis of cellulose pellets：products and mechanisms involved in transient and steady state conditionsfJ］，Fuel，2002，81（10）：1269－1279

［107］Wooten J B，Seeman J I，Hajaligol M R. Observation and characterization of cellulose pyrolysis intermediates by 13C CPMAS NMR. A new mechanistic model ［J］，Energy fuels，2004，18（1）：1－15

［108］何翠激，陈玉萍，覃洁萍，等．木薯莲杆及叶化学成分初步研究［J］．时珍国医国药，2011（4）：908－909

［109］Williams P T，Besler S. The pyrolysis of rice husks in a thermogravimetric analyser and static batch reactor ［J］．Fuel，1993，72（2）：151－159

［110］Koufopanos C A，Lucchesi A，Maschio G. Kinetic modelling of the pyrolysis of biomass and biomass components［J］. The Canadian Journal of Chemical Engineering，1989，67（1）：75－84

［111］Di Blasi C，Lanzetta M. Intrinsic kinetics of isothermal xylan degradation in inert atmosphere［J］. Journal of Analytical and Applied Pyrolysis，1997，40：287－303

［112］Beaumont 0. Flash pyrolysis products from beech wood［J］. Wood and Fiber Science，1985，17（2）：228－239

［113］Simkovic I，Varhegyi G，Antal M J，et al. Thermogravimetric/mass spectrometric characterization of the thermal decomposition of（4－0－methyl－D－glucurono）－D－xylan［J］. Journal of Applied Polymer Science，1988，36（3）：721－728

［114］谭洪．生物质热裂解机理试验研究［D］．浙江：浙江大学，2005

［115］Sharma R K，Wooten J B，Baliga V L，et al. Characterization of chars from pyrolysis of lignin［J］. Fuel，2004，83（11）：1469－1482

［116］Greenwood P F，Van Heemst J D H，Guthrie E A，et al. Laser micropyrolysis GC－MS of lignin［J］. Journal of Analytical and Applied Pyrolysis，2002，62（2）：365－373

［117］Jegers H E，Klein M T. Primary and secondary lignin pyrolysis reaction pathways［J］. Industrial & Engineering Chemistry Process Design and Development，1985，24（1）：173－183

［118］Miiller－Hagedom M，Bockhorn H，Krebs L，et al. A comparative kinetic study on the pyrolysis of three different wood species［J］. Journal of Analytical and Applied Pyrolysis，2003，68：231－249

［119］Maschio G，Koufopanos C，Lucchesi A. Pyrolysis，a promising route for biomass utilization，Bioresource Technology，1992，42，219－231

［120］Maggi R，Delmon B，Comparison between slow and flash pyrolysis oils from biomass，Fuel，1994，73（5），671－676

［121］Vltolo，S. and Ghetti，P. Physical and combustion characterization of pyrolytic oils devrived from biomass material upgraded by catalytic hydrogenation，Fuel，1994，73（ll），1810－1812

［122］GrangeP，Laurent E，Maggi R，et al. Hydrotreatment of pyrolysis oils from biomass，reactivity of various categories of oxygenated compounds and preliminary techno－economical study. Catalysis Today，1996，29，297－301

[123] Williams P T, Besler S, The influence of temperature and heating rate on the slow pyrolysis of biomass, Renewable Energy, 1996, 7 (3), 233 —250

[124] Raveendran K, Ganesh A, Khilar K C. Pyrolysis characteristics of biomass and biomass components, Fuel, 1996, 75 (8), 987—998

[125] Encinar J M, Beltran F J, Gonzalez J F, et ah Pyrolysis of maize, sunflower5grape and tobacco residues, J Chem Tech Biotechnol, 1997, 70, 400—410

[126] Piskorz J, Radlein D St A G, Scott D S, et ah Pretreatment of wood and cellulose for production of sugars by fast pyrolysis, Journal of Analytical and Applied Pyrolysis, 1989, 16, 127—142

[127] Pan W P, Richards G N. Influence of metal ions on volatile products of pyrolysis of hazelnut shell. Bioresource Technology, 1998, 66, 247—252

[128] Demirbas A, Kinetics for non — isothermal flash pyrolysis of hazelnut shell, Bioresource Technology, 1998

[129] Raveendran K, Ganesh A, Khilar K C. Influence of mineral matter on biomass pyrolysis characteristics. Fuel, l995, 74 (12): 1812 —1822

[130] 王黎明,王述洋.国内外生物质热裂解液化装置的研发进展 [J].太阳能学报,2006,27 (11):1180—1185

[131] Ralph P. Overend Biomass Conversion Technologies, National Renewable Energy Laboratory, Golden, Colorado 80401, USA, 2002

[132] E. A. Bramer and G. Bremb. A novel technology for fast pyrolysis of biomass: Pyrolysis Reactor Twente University

[133] Allen Rindfleisch, Nicole Humphries, etc. Detailed design of pyrolysis reactor. The optimum production of Ketene from Acetone, November 15, 2002

[134] J. Abedia, Y. D. Yeboaha, J. Howardb, and K. B. Botac Development of a catalytic fluid bed steam reformer for production of hydrogen from biomass, 2001

[135] 董玉平,邓波,景元琢,等.中国生物质气化技术的研究和发展现状 [J].山东大学学报 (工学版),2007 (2):1—7

[136] 常轩,齐永锋,张冬冬,等.生物质气化技术研究现状及其发展 [J].现代化工,2013,33 (6):36—40

[137] Milosavljevic 1，Suuberg EM. Cellulose thermal decomposition kinetics：Global mass losskinetics [J] . Ind. Eng. Chem. Res，1995，34 (4)：1081－1091

[138] 陈起朋，曾显华，胡林顺，等．生物质气化技术及进展 [J] ．广东化工，2011，38 (3)：26－27

[139] 刘慧．气化燃烧系统中稻壳气化过程的模拟研究 [D] ．哈尔滨工业大学硕士学位论文，2011

[140] Gordillo G，Annamalai K. Adiabatic fixed bed gasification of dairy biomass with air and steam [J]，Fuel，2010，89 (2)：384－391

[141] 郝功涛．松木热解动力学及固定床气化产气特性研究 [D] ．重庆大学硕士学位论文，2012

[142] Lenis YA，Agudelo AF，Perez JF. Analysis of statistical repeatability of a fixed bed downdraft biomass gasification facility [J]. Applied Thermal Engineering，2013，51 (1－2)：1006－1016

[143] 丁兆运．农村生物质资源的合理利用途径探讨 [J] ．安徽农业科学，2008，36 (5)：2012－2013

[144] McKendry P. Energy production from biomass (part3) gasification technologies [J] . Bioresource Technology，2002，83 (1)：55－63

[145] Puig－Arnavat M，Bruno JC，Coronas A. Review and analysis of biomass gasification models [J]，Renewable and Sustainable Energy Reviews，2010，14 (9)：2841－2851

[146] 许敏．生物质热解气化特性分析与试验研究 [D] ．天津大学硕士学位论文，2008

[147] 刘焕志．双循环流化床颗粒循环流率实验及其模型研究 [D] ．华北电力大学硕士学位论文，2011

[148] 陈冠益，高文学，颜蓓蓓，等．生物质气化技术研究现状与发展 [J] ．煤气与热力，2006，26 (7)：20－26

[149] 高宁博．高温过热水蒸气的制备及生物质高温气化重整制氢特性研究 [D] ．大连理工大学硕士学位论文，2009

[150] 袁浩然，鲁涛，熊祖鸿，等．城市生活垃圾热解气化技术研究进展 [J] ．化工进展，2012，31 (2)：421－427

[151] 朱红．生物质气化过程运行工况研究 [D] ．华北电力大学硕士学位论文，2011

[152] 伊晓路．稻壳循环流化床气化实验研究 P] ．天津大学硕士学位论文，2008

[153] 吕鹏梅，常杰，熊祖洪，等．生物质在流化床中的空气一水蒸汽气化研究 [J]．燃料化学学报，2003，31(4)：305－310

[154] 肖志良，左宋林．生物质气化与催化剂的研究进展 [J]．生物质化学工程，2012，46 (1)：39－44

[155] Klass DL. Biomass for renewable energy，fuels，and chemicals [M]．California：ACADEMIC Press，1998：289－303

[156] 陈蔚萍，陈迎伟，刘振峰．生物质气化工艺技术应用与进展 [J]．生物质化学工程，2007，37 (1)：35－41

[157] 何元斌．生物质压缩成型燃料及成型技术（二）[J]．农村能源，1995，(6)：19－21

[158] 何元斌．生物质压缩成型燃料及成型技术（三）[J]．农村能源，1996，(1)：18－20

[159] 何元斌．生物质压缩成型燃料及成型技术（四）[J]．农村能源，1996，(2)：14－16

[160] 何元斌．生物质压缩成型燃料及成型技术（一）[J]．农村能源，1995，(5)：12－14

[161] 胡东南．农林废弃物生物质压块燃料 [J]．广西科学院学报，1994，10 (2)：68－69，74

[162] 黄明权，张大雷，等．影响生物质致密成型因素的研究 [J]．农村能源，1999，(1)：17－18

[163] 蒋剑春．生物质能源应用研究现状与发展前景 [J]．林产化学与工业，2002，22 (2)：75－80

[164] 蒋剑春，刘石彩，等．林业剩余物制造颗粒成型燃料技术研究 [J]. 林产化学与工业，1999，19 (3)：25－30

[165] 金涌．生物质快速裂解过程——农村可持续发展能源的开发 [J]．大自然探索，1998 (4)：15－17

[166] 雷群．生物质燃料成型机的技术问题探讨 [J]．木材加工机械，1997，(1)：35－36，39

[167] 雷群．生物质燃料成型机套筒寿命问题的探讨 [J]．农村能源，1997，(5)：21－22

[168] 李瑞阳．21 世纪的重要能源——生物质能 [J]．今日启明星，1999：25－27

[169] 李学斌．用木质废物生产燃料棒的工艺和设备 [J]．林业机械与木工设备，1999，(6)：31－33

[170] Das D，Veziroglu TN. Hydrogen production by biological

processes: a survey of literature. Int. J. Hydrogen Energy [J], 2001, 26: 13－28

[171] Nandi R, Sengupta S. Microbial production of hydrogendan overview. Crit RevMicrobiol [J], 1998, 24: 61－84

[172] Cheong DY, Hansen CL. Bacterial stress enrichment enhances anaerobic hydrogen production in cattle manure sludge. Appl Microbiol Biotechnol [J], 2006, 72: 635－643

[173] 李雯，宋倩雯，张念慈等．光发酵制氧的研究现状与发展 [J]．化工进展，2010，29：79－83

[174] Hidayet Argun, Fikret Kargi. Bio－hydrogen production by different operational modes of dark and photo－fermentation: An overview. Int. J. Hydrogen Energy [J], 2011, 36 (13): 7443－7459

[175] Das D, Veziro _ glu TN. Hydrogen production by biological processes: survey of literature. Int J Hydrogen Energy [J] 2001, 26: 13－28

[176] Basak N, Das D. The prospect of purple non－sulfur (PNS) photosynthetic bacteria for hydrogen production: the present state of the art. World J Microbiol Biotechnol [J], 2007, 23: 31－42

[177] 戚峰．生物质高效水解及发酵产氧的机理研究 [D]．杭州，2007年4月

[178] Ren NQ, Wang BZ, Huang JC. Ethanol－type fermentation from carbohydrate in high rate acidogenic reactor. Biotechnol Bioeng [J], 1997; 54 (5): 428 － 433

[179] Nanqi Ren, Jianzheng Li, Baikun Li, et al. Biohydrogen production from molasses by anaerobic fermentation with a pilot － scale bioreactor system. Int. J. Hydrogen Energy [J], 2006, 31 (15): 2147－2157

[180] Duu－Jong Lee, Kuan－Yeow Show, Ay Su. Dark fermentation on biohydrogen production: Pure culture. Bioresource Technology [J], 2011, 102: 8393－8402

[181] Argun H, Kargi F, Kapdan I. Hydrogen production by combined dark and light fermentation of ground wheat solution. Int. J. Hydrogen Energy [J], 2009, 34: 4305－311

[182] Kim DH, Han SK, Kim SH, Shin HS. Effect of gas sparging on continuous fermentative hydrogen production. Int. J. Hydrogen Energy [J], 2006, 31 (15): 2158－2169

[183] Krupp M, Widmann R. Bio－hydrogen production by dark fermentation: experiences of I continuous operation in large lab scale. Int. J. Hydrogen Energy [J], 2008, 34: 4509－4516

[184] Luo Q Xie L, Zou Z, Wang W, Zhou Q, Shim H. Anaerobic treatment of cassava stillage for hydrogen and methane production in continuously stirred tank reactor (CSTR) under high

organic loading rate (OLR). Int. J. Hydrogen Energy [J], 2010, 35: 11733－11737

[185] Taguchi F, Mizukami N, Saito－Taki T, Hasegawa K. Hydrogen production from continuous fermentation of xylose during growth of Clostridium sp. Strain No. 2. Can J Microbial [J], 1995, 41: 536－540

[186] Rachman MA, Nakashimada Y, Kakizono T, Nishio N. Hydrogen production with high yield and high evolution rate by self－flocculated cells of Enterobacter aerogenes in a packedbed reactor. Appl Microbiol Biotechnol [J], 1998, 49: 450－454

[187] Laurie JC, Roar LI. Hydrogen gas production by an Ectothiorhodospira vacuolata strain. Appl Environ Microbiol [J], 1991, 57: 594－596

[188] Noike T., Takabatake H., Mizuno 0., et al.. Inhibition of hydrogen fermentation of organic wastes by lactic acid bacteria [J]. Int. J. Hydrogen Energy, 2002, 27 (11): 1367－1371

[189] Tanisho S, Kuromoto M, Kadokura N. Effect of CO_2 on hydrogen production by fermentation. Int. J. Hydrogen Energy [J], 1998, 23 (7): 559－563

[190] Hawkes FR, Dinsdale R, Hawkes DL, Hussy I. Sustainable fermentation hydrogen production: challenges for process optimization. Int. J. Hydrogen Energy [J], 2002, 27: 1339－1347

[191] David BL, Lawrence P, Murray L. Biohydrogen production: prospects and limitations to practical application. Int. J. Hydrogen Energy [J], 2004, 29: 173－185

[192] Yokoi H, Saitsu AS, Uchida H, Hirose J, Hayashi S, Takasaki Y. Microbial hydrogen production from sweet potato starch residue. J. Biosci Bioeng [J], 2001, 91: 58－63

[193] Yokoi H, Maki R, Hirose J, Hayashi S. Microbial production of hydrogen from starch manufacturing wastes. Biomass Bioeng [J], 2002, 22:

389—395

[194] Kadar Z，Vrije TD，van Noorden GE，Budde MAW，Szengyel Z，Reczey K，Claassen PAM：Yields from glucose，xylose，and paper sludge hydrolysate during hydrogen production by the extreme thermophile Caldicellulosiruptor saccharolyticus. Appl Biochem Biotechnol [J]，2004，113（116）：497—508

[195] Ren NQ，Cao GL，Wang AJ，Lee DJ，Guo WQ，Zhu YH：Dark fermentation of xylose and glucose mix using isolated Thermoanaerobacterium thermosaccharolyticum W16. Int. J. Hydrogen Energy [J]，2008，33（21）：6124—6132

[196] 林维纪，张大雷．生物质致密成型技术的几个问题 [J]．农村能源，1998，(6)：16—17

[197] 白金明主编．沼气综合利用．北京：中国农业科技出版社，2002

[198] 白廷弼．新型家用水压式沼气池．兰州：甘肃科技出版社，1990

[199] 卞有生编著．生态农业中废弃物的处理与再生利用．北京：化学工业出版社，2000

[200] 曹国强．沼气建池．北京：北京师范学院出版社，1986

[201] 顾树华，张希良，王革华编著．能源利用与农业可持续发展．北京：北京出版社，2001

[202] 郭世英，蒲嘉禾编著．中国沼气早期发展历史．重庆：科技文献出版社重庆分社，1988

[203] 国家标准．户用沼气池施工操作规程 GB/T4752—2002. 北京．中国标准出版社，2002

[204] 胡海良，卢家翔编著．南方沼气池综合利用新技术．南宁：广西科技出版社，1998

[205] 黄光裕主编．农村沼气实用技术．长沙：湖南科技出版社，1992

[206] 林聪主编．沼气技术理论与工程．北京：化学工业出版社，2006

[207] 李长生．农家沼气实用技术．北京：金盾出版社，1995

[208] 刘英主编．农村沼气实用新技术．成都：农业部沼气科学研究所，2002

[209] 农业部环境能源司，中国农学会．农村沼气技术挂图．北京：中国农业出版社，2003

[210] 农业部环境能源司，中国农业出版社编绘．生态家园进农家．北京：中国农业出版社，2001

[211] 农业部环境能源司，中国农业出版社编绘．沼气用户手册．北京：

中国农业出版社，2002
[212] 农业部环境能源司．北方农村能源生态模式．北京：中国农业出版社，1995
[213] 农业部环境能源司．沼气技术手册．成都：四川科技出版社，1990
[214] 农业部环境能源司．中国沼气十年．北京：中国科学技术出版社，1990
[215] 农业部人事劳动司编著．沼气生产工．北京：中国农业出版社，2004
[216] 农业部沼气科学研究所．农村沼气生产与利用100问．北京：中国农业科技出版社，2001
[217] M. 德莫因克，M. 康斯坦得等著．欧洲沼气工程和沼气利用．成都：成都科技大学出版社，1992
[218] 彭景勋．小康型沼气池．北京：中国农业出版社，1997
[219] 邱凌．农村庭园沼气技术．杨凌：农业部沼气产品质检中心西北工作站，2003
[220] 邱凌．农家沼气综合利用技术．西安：西北大学出版社，1997
[221] 邱凌．沼气与庭园生态农业．北京：经济管理出版社，1997
[222] 邱凌主编．农村沼气工程理论与实践．西安：世界图书出版公司，1998
[223] 邱凌主编．沼气发酵与综合利用．杨凌：天则出版社，1990
[224] 司孟津，张榕林，蔺金印．沼气实用技术．北京：化学工业出版社，2004
[225] 司孟津主编．沼气生产利用技术．北京：中国农业大学出版社，1999
[226] 宋洪川，张元敌，尹芳编著．农村户用沼气池知识问答．昆明：云南科技出版社，2003
[227] 王革华主编．农村能源基础知识．北京：中国农业大学出版社，1999
[228] 谢建主编．太阳能利用技术．北京：中国农业大学出版社，1999
[229] 杨邦杰主编．农业生物环境与能源工程．北京：中国科学技术出版社，2002
[230] 姚永福，徐洁泉主编．中国沼气技术．北京：中国农业出版社，1989
[231] 苑瑞华．沼气生态农业技术．北京：中国农业出版社，2001
[232] 张百良主编．农村能源工程学．北京：中国农业出版社，1999

[233] 张无敌，宋洪川，尹芳编著．沼气发酵残留物综合利用技术．昆明：云南科技出版社 2003

[234] 张无敌著．沼气发酵残留物利用基础．昆明：云南科技出版社，2002

[235] 郑平，冯孝善主编．废物生物处理理论和技术．杭州：浙江教育出版社，1997

[236] 李世祥，成金华．中国能源效率评价及其影响因素分析 [J]．统计研究，2008，25（10）：18—27

[237] 征福．建立能源利用效率评价指标体系的研究 [J]．能源与环境，2007（2）：1—3

[238] 王简辞，张欢利．基于省级数据的我国能源利用效率有效性评价 [J]．生态经济，2009，2009（8）：77—79